원시 의식과 진화 의식

장혜영 지음

어문학사

작가의 말

　뇌, 의식, 지각, 마음, 감정, 기억 등 일련의 정신 현상은 인간이라면 누구나 다 가지고 있는 공통 기능 구조이다. 따라서 이 분야에 대해서는 비단 심리학자뿐만 아니라 기타 연구 활동이나 글을 쓰는 모든 문필가文筆家들도 당연하게 발언권을 가지고 있다고 해야 할 것이다. 그럼에도 뇌와 의식에 관련된 정신 활동이 이제야 학계의 핫한 이슈로 급부상한다는 현실 자체가 아이러니하고 이해가 안 될 뿐이다. 자신의 몸 안에 설치된 기본 기능조차 모르는 인간이 어떻게 우주의 합법칙성을 알고 진리를 터득할 수 있겠느냐는 말이다. 더구나 학문을 하는 사람만이 아니라, 나처럼 문학을 하는 사람은 물론이고 그 외의 모든 사람들도 깨어 있거나 잠들어 있거나를 막론하고 정신 활동에 대해 항상 경험하고 친히 목도하고 있으니, 정신 활동에 대한 연구에서 제외돼야 할 예외는 없다고 생각한다.

　과학은 실험의 결과물이다. 그런데 예를 들어 우리 같은 소설가들과 관련 연구에 종사하지 않는 문필가들은 뇌와 의식에 대한 과학적 실험을 진행할 수 있는 학술적 조건이 미비한 것이 사실이다. 그러나 과학계에서 실험을 통해 도출한 결과적 데이터가 우리에게도 엄연히 존재하고 있으며, 적어도 정신 활동이라는 분야에서는 우리 모두가 전문가들과 다를 바 없는 경험을 매일 똑같이 하고 있기 때문에 직접적인 실험 결과를 어느 정도 얻을 수 있다는 유익한 점도 없지 않다. 나는 바로 이 지점에서 자신감을 얻고 용기 있게 불타오르는 쟁론에 뛰어들게 되었다. 기존의 연구 성과들을 세심하게 다시 검토하고 본인의 경험을 녹여 붙여서 감히 새로운 주장을 펼칠 수 있었다. 물론 이른바 내가 주장하는 새로운 가설은 어디까지나 주관적이기 때문에 학계의 준엄한 검증과 앞으로의 연구 실험에서 입증되어야 할 것이다. 하지만 이 세상의 모든 새로운 주장과 가설들은 처음에는 어떤 것이든지 그 속에 스며든 주관성을 완벽하게 제거할 수는 없을 것이다. 이런 판단은 문외한인 내가 연구에 감히 뛰어들며 느꼈던 최초의 주저감을 어느 정도 지워 주었으며 흔들리는 심신을 든든하게 붙들어 주어 드디어 책을 끝낼 수 있도록 하는 힘 있는 동기가 되어 주었다.

나는 우선 이 책에서 원시 의식과 진화 의식이라는 새로운 가설을 수립하고 그 기저에 생명 보존 법칙이라는 기본 시스템을 깔아둠으로써 뇌 의식 분야에 대한 전혀 새로운 주장을 펼쳐 나갔다. 한편 학자들에 의해 신비화 또는 신격화된 뇌의 기능에서 과장된 부분을 배제하고 그것에 예속되어 그동안 질식되었던 원시 의식의 본래 모습을 독자들에게 드러내 보여줄 수 있도록 힘썼다. 뇌에서 해방된 시각을 비롯한 지각들과 감정, 마음 등 원시 의식 각자에 고유한 원래 기능을 되찾아 줌으로써 신체에서 차지하는 그것들의 위치를 확고히 다질 수 있었다. 원시 의식이 뇌의 식민지로부터의 '광복'을 이룰 때 가장 눈부신 활약을 한 신체 기능은 무엇보다 먼저 생명 보존 법칙일 것이다. 생명 보존 법칙은 생명체가 탄생하던 최초부터 설계되어 신체 안에 장착된 원시적인 기능이다. 이 원시 기능은 아직 뇌가 진화하기 전부터, 대뇌피질이 생성되기 이전부터 변연계와 함께 생명체 내에서 모든 인체 기관들을 관리해 온 원초적인 기능이라고 할 수 있다.

뿐만 아니라 본능, 욕망, 꿈과 상상에 대해서도 나만의 독보적인 견해를 피력하기 위해 노력했다. 프로이트의 있지도 않은 '무의식' 이론을 비판했고 신신비주의와 좀비 이론에 대해서도 에누리 없이 비판의 메스를 들이댔다. 의식은 그동안 이들 학자들에 의해 전혀 엉뚱한 모습으로 변질되었으며 신비한 존재로 둔갑했지만 나는 그 모든 허울을 한 껍질 한 껍질 벗겨버리고 원유의 모습을 되찾았다. 꿈 역시 프로이트와 라캉에게서 부당하게 탄압받은 '억압'을 풀고 렘수면이라는 특이한 '절반의 의식'에 되돌려 놓았다.

한편 진화 의식인 뇌의 해석 기능과 언어의 사유 기능에 대해서도 나의 주장을 신선하게 제시하려고 시도했다. 뇌의 해석 기능에 언어가 필요함을 전제했고, 언어가 사유에 필수적인 요소가 아님에도 불구하고 사유의 질을 높이는 데 기여할 수 있었던 원인으로서 언어의 특징과 은유를 지목하고 그 탄생에 대한 의미 있는 연구를 진행했다. 그 은

유의 탄생 덕분에 인류는 철학과 문학이라는 학문을 소유한, 동물 중의 가장 으뜸이 될 수 있었다. 당연하게 언어를 전제하지 않는 이미지 사유(형상 사유)와 언어 사유의 본질적인 차이에 대해서도 언급했다.

한마디로 이 책은 뇌, 의식과 관련한 나의 개인적인 견해를 솔직하게 밝힌 저서이다. 그러나 한편으로는 기존의 과학 실험 연구 성과들에 대한 검토를 철저하게 수행하려고 애썼을 뿐만 아니라 되도록 객관성과 과학성을 유지하려고 남다른 심혈을 기울였다. 모든 부분에서 실험 결과들과 비교하면서 나의 개인적인 의견을 피력했다. 그렇지만 일부 부분에서는 주관적 입장이 우세를 점한 적이 없지 않았던 것도 사실이다. 특히 시각 이론에서, 망막의 원뿔세포가 반사된 그림자가 아니라 눈 밖의 3차원 현실 세계를 직접 본다고 주장한 부분이 한 예이다. 이 부분의 설명은 앞으로 실제 과학 실험을 통해 한 단계 더 깊숙한 검증이 필요할 것이라고 본다. 아무튼 모든 가설은 처음에는 흠결이 존재하기 마련이다. 시간의 검증 앞에서 붕괴되는 부분에 대해서는 기회가 허락하는 대로 계속해서 수정 작업을 해 나갈 것이다.

이 책은 초유의 열대야가 기승을 부리고 연일 계속되며 살인적인 폭염을 퍼붓는 속에서 고통스러운 산고 끝에 드디어 탄생되었다. 나역시 이제는 나이가 들어서인지 젊었을 때와는 달리 시력이 떨어지고 무더위도 추위와 마찬가지로 거뜬하게 버텨내는 데 한계가 있는 것 같다. 기후 변화에 악영향을 주지 않으려고 되도록 에어컨을 작동시키지 않으려 했지만, 시간이 갈수록 늘어나는 온열 질환자의 숫자에 불안함을 느껴 정작 켜면 이번에는 또 냉방병 때문에 약을 챙겨 먹어야 했다. 에어컨과 선풍기 사이에서 선택의 갈등을 겪다 보니 나는 결국 오늘날 인류가 직면한 최대의 위험은 포식자도, 전쟁도, 정적政敵도 아닌 바로 기후 변화라는 진실을 절실하게 깨닫게 되었다. 전 세계의 현명한 지도자들은 당장 소모적인 전쟁, 정쟁과 같은 갈등을 중지하고 머리를 맞대고 변화된 기후를 원상 복귀시키는 방법에 대해 지혜를 모아야 할 것이다. 더 이상 방관하거나 지체하다간 떼죽음을 당한 가축들처럼 인간에게도 돌이킬 수 없는 재앙이 도래할 것이기 때문이다.

끝으로 갈수록 어려워지는 출판 여건에서도 흔쾌히 출판을 허락해 주시고 멋진 도서를 만들어 주신 윤석전 사장님께 숭고한 경의를 표한다. 또한 좀 더 예쁘고 질 좋은 책을 제작하기 위해 불철주야로 고생을 마다하지 않은 조은별 편집자님과 제작팀에도 감사의 인사를 드린다.

아울러 우연하게 이 책을 펼치는 독자 여러분들에게도 항상 행운이 깃들기를 바란다.

서론

①

최근 들어 미국을 위시한 서방 세계에서 센세이션을 일으킨 뇌와 의식과 관련된 연구 붐은, 마치 강진 이후에 몰아치는 쓰나미처럼 심리학은 물론 생리학, 신경생리학, 언어학, 신경언어학, 철학 등 문자 그대로 인문학계를 온통 뒤덮어버리고 있다. 이 줄기찬 기세에 비해, 한국을 비롯한 동양의 연구는 이 분야에서 침체 상태에 안주하고 있는 실정이다. 명칭만 연구일 뿐 그냥 해외에서 출판된 원전을 번역 출판해 소개하는 식이거나 좀 더 들어가 보았자 서방의 새로운 이론에 대한 해설서 같은 차원의 답보 상태에 만족하는 수준이다. 이렇듯 불합리하게 조성된 동양의 이론적 공백을 나라도 나서서 조금이나마 메워야겠다는 사명감에서 소설 창작을 잠시 미뤄두고 이 담론에 천착하게 되었다. 동양이 세계적인 연구 추세에서 약세에 처해야만 할 특별한 이유가 없기 때문이다. 다른 모든 잡담 제쳐 놓고 단도직입적으로 말해, 뇌와 의식에 대한 서방 학계의 연구는 다양하고 복잡하지만 두 가지로 집약해 분석할 수 있다고 생각한다. 첫째는 뇌와 의식의 기능을 최대한 부풀려 과학의 외의外衣를 입혀서 과장하는 수법이고, 둘째는 그와 같은 주장에 의혹 또는 반기를 드는 수법이다.

뇌 의식 문제에 대한 본격적인 담론에 들어가기에 앞서, 먼저 제1장의 지면을 할애하여 프로이트와 라캉의 이론에 대해 간단하게나마 언급하고 지나가는 것이 옳은 순서라고 생각한다. 그것은 사실이야 어떻든 한 시기, 이들의 '무의식 이론'이 심리학계는 물론 인문학 전반에 막대한 영향을 미친 것은 사실이기 때문이다. 오늘날에는 그들의 이론이 실험에 바탕을 두지 않은 비과학적인 주장으로 치부되어 점차 잊혀져 가는 실정이지만, 이론 체계가 하도 방대한 나머지 모든 것을 비판 대상으로 삼는다는 것은 별 의미가 없기 때문에 그들이 이론적 중추로 삼았던 몇 가지 문학 작품에 대한 검토와 분석으로만 담론을 마무리하려고 한다. 프로이트와 라캉의 이론 중에서 가장 눈에 띄는 부분이 '무의식'과 '억압된 욕망'인데, 이 가설의 내원이 다름 아닌 그리스신화 『오이디푸스 왕』과 앨런 포의 단편 추리소설 「도둑맞은 편지」 그리고 셰익스피어의 비극 『햄릿』인 만큼 이 작품들에 대한 분석으로 만족할 수밖에 없다.

뇌와 의식의 기능에 대한 담론을 계속 이어가려면 과장을 배제하고 기능을 줄였을 때 발생하게 되는 반작용에 대한 해결책부터 강구

해야 한다. 즉 뇌의 기능이 위축되면 그 기능을 대신할 다른 시스템이 신체 내에서 발견되어야 한다. 그렇지 않을 경우 해당 부위의 역할은 작동을 멈추게 될 수밖에 없기 때문이다. 나는 축소된 뇌와 의식의 기능을 대신할 신체 건축학적 구조를 '생명 보존 법칙'에서 찾으려고 한다. 이 단어는 비록 새롭고 생소한 표현이지만, 다른 동물들은 물론 모든 생명이 탄생하는 최초의 기원과 함께 생명체 내에 설계되고 장착된 원시 기능이다. 생명 보존 법칙은 아직 뇌가 충분하게 진화하기 전에도 유기체 내에 존재하며 모든 내부 기능들을 두루 총괄해 왔다. 그것은 의식이면서 동시에 사람들이 말하는 뇌 의식과는 전혀 다른 기능이다. 신체 상황과 신체에 영향을 주는 외부 자연 현상에 대해 시시각각으로 정보를 입수하고, 관련 기관이나 부위에 전달하지만 그것이 무엇이며 왜 그런지를 해석하고 분석하지 않는, 이른바 '원시 의식'이다. 즉, 모든 자극과 정보에 대해 알고 느끼고 신호를 전달만 할 뿐 판단하거나 주해를 달지 않는다. 생명 보존 법칙을 진화 의식과 다른 원시 의식으로 분류하는 것은 그것의 기원이 원초적 생명이나 지각, 본능, 욕망, 감정 등과 같이 생명 최초부터 존재했기 때문이다. 물론 그런 의미에서 감각과 감정, 마음, 욕망 등도 원시 의식에 속하는 것이다. 내가 이 책에서 분석할 '원시 의식'이라는 단어는, 그것이 언어를 이용해 해석과 분석을 수행하는 진화 의식으로서의 뇌 의식과 나란히 병존하는 원시적인 앎이고 느낌이라는 이유에서 만들어진 신조어이다.

원시 의식에서 으뜸을 차지하는 기능은 당연히 생명 보존 법칙이고, 그다음 순서는 자연스럽게 시각, 청각 등을 망라한 지각일 것이다. 감각 기관의 기원은 생명체의 기원과 거의 그 탄생 시점을 같이 하고 있다. 시각기관인 눈은 포유류가 나타나기 이전의 해양 동물인 삼엽충 시대에 이미 탄생했으며 청각 및 후각기관인 귀와 코 역시 그에 별반 뒤지지 않을 것으로 추정된다. 또한 동물은 먹어야만 살 수 있으므로 입은 그 기원이 최초의 동물 탄생 시점과 같을 것이고, 촉각기관인 피부도 비슷할 것으로 보인다. 이 책의 감각 담론에서 문제 삼는 것은 뇌보다 먼저 생긴 지각 기능들을 모두 훨씬 후속 기관인 뇌와 연결시켜 사고하는 심리학계의 부당한 통설이다. 그리하여 나는 이 책을 통해 시각, 청각, 후각, 미각, 촉각이 저마다 뇌와는 독립적인 자신만의 특유한 기능을 가지고 있음을 강력하게 주장할 것이다. 특히 시각 이론에서는 기존에 존재하는 이론들과 가설들을 면밀하게 검토한 기반 위에서 나의 새로운 주장을 전개하려고 한다.

한편 나는 감정과 기억이라는 심리학적 측면의 연구에서도 기존 이론들에 존재하는 허점과 불합리한 요소들을 비판함으로써, 과학의 외피를 걸치고 합리성을 주장하는 학문적 오만을 제거하고 그 자리에 내가 수립한 가설을 대신 들여세울 것이다. 기억의 종류에는 시각, 청각, 후각 등 오감이 접수한 정보는 물론 신체 내부 자극에 대한 신호의 기억도 포함된다. 이러한 원시정보와 저장된 기억 사이에는 어떠한 차이가 존재하는가? 또 나는 이 책에서 신체 내의 여러 가지 정보들이 기억되는 장소는 어디인지에 대한 궁금증도 풀어 줄 것이다. 그리고 그 모든 다양하고 복잡한 기억들이 대뇌피질에 기억된다는 가설은 믿을 만한지에 대해서도 들여다볼 것이다. 물론 2차적인 기억의 소환과 재생 과정, 소환 주체에 대해서도 꼼꼼히 따져 볼 것이다.

우연일지 몰라도 욕망, 꿈이라고 말하면 자연스럽게 프로이트와 라캉이 머릿속에 떠오른다. 그들이 창시한 정신 분석 이론에서는 억압된 욕망이 꿈으로 나타나고 꿈은 언어처럼 구조화된 무의식이라고 주장한다. 하지만 사실 욕망은 억압되지 않고, 꿈은 더구나 그 억압된 욕망이 아니다. 오히려 욕망은 연기될 뿐 눌리지 않고 항상 자신의 목적을 추구하며, 꿈은 죽은 욕망이 아니라 살아 있는 욕망이다. 의식은 꿈을 꾸는 렘수면 중에는 도리어 활성화되지만 꿈속에 나타나는 욕망을 억압하지 않고 협력하여 꿈의 이야기를 엮어 낸다. 다만 욕망이 요청한 주제가 모호한 탓에 망막 상이 꿈에 제공하는 이미지 자료가 정확하지 못해 무질서하고 비논리적인 이야기가 만들어질 뿐이다. 반면, 상상의 제조는 깨어 있는 뇌 의식의 참여로 꿈보다 합리적이다. 다만 그 특유의 과장법 때문에 왕왕 비현실성을 띠게 된다. 상상에서 애용되는 과장법은 은유의 탄생을 위해 자궁의 역할을 수행한다. 단어 교체로 생성되는 은유는 의미의 자리바꿈으로 과장되거나 변형된다. 원본 의미는 그 뒤에 모습을 감춰버리고 대신 은유가 표면에 등장한다. 문학예술에서 사용되는 은유는 모두 여기서 발원한다.

마지막으로는 뇌의 진화 역사를 돌이켜 보고 마음과 의식의 관계에 대해 숙고해볼 것이며, 갈무리로 언어의 탄생 역사와 사유와의 관계에 대한 담론을 진행하려고 한다. 우리가 말하는 뇌의 대뇌피질은 불과 5억 년 전에 진화했다고 전해진다. 그 이전 생명의 초기에는 인간에게도 변연계라는 동물 뇌가 신체의 모든 정신 활동을 조절하는 기능을 수행했다. 그런데 변연계마저도 아직 생성되지 않았던 더 이른 시기, 지구상의 모든 생명은 유기체 내에 생명 보존 법칙의 시스템이 설치되어 생존을 확보할 수 있었다. 이 생명 보존 법칙은 생명의 기원과 더불어 생겨났을 뿐만 아니라 지금도 모든 유기체 안에서 그 기능이 충분하게 작동되고 있다. 마음 역시 이 생명 보존 법칙의 필요에 따라 설계된 정신 형태로서 의식과는 별도로 존재한다. 다만 언어는 뇌의 진화와 보조를 함께 하며 발전한 진화 의식으로서 교제와 의미 전달 기능은 물론 사유 기능까지 가지고 있다. 언어가 존재하지 않았다면 인류의 오늘날과 같은 휘황찬란한 문화는 상상도 할 수 없었을 것이다. 이런 의미에서 언어의 공로는 위대하다고 단언할 수 있지만 언어가 인간 정신 현상의 모든 것을 대신할 수는 없음을 명심해야 한다.

②

어차피 내가 말하려고 의도한 것은 의식을 원시적인 것과 진화적인 것으로 구분한 다음 전자前者를 생명 보존 법칙의 초기 시스템에 종속시키려는 것이었다. 그런 만큼 나는 이 책을 통해 주장하려는 원시 의식과 진화 의식에 대해서도 몇 마디 더 짚고 넘어가야 할 것 같다. 지금까지 원시 의식에 대해, 아니면 그와 비슷한 이론에 대해 논급한 학자는 하나도 없는 것으로 알고 있다. 관련 담론을 보면 알게 되겠지만 내가 말하는 원시 의식은 다른 학자들이 말하는 '초급 의식'이나 다마지오가 제시한 새로운 가설인 '핵심 의식'하고도 견해가 다르다. 또한 의식은 신비론자들의 주장처럼 그 고유한 신비함 때문에 이해할 수 없는 수수께끼 같은 미스터리도 아니다. 의식은 간단하게 표현하면 내부 또는 외부의 자극에 반응하는 신체적인 '앎'이고 '느낌'이다. 뿐만 아니라 의식은 또한 낯선 외부 현상에 대해 이해하려는 '해석'이며 '판단'이기도 하다. 이처럼 의식이 항상 두 가지 기능을 동시에 가지고 있음에도 불구하고, 다마지오와 같은 극히 일부 학자들을 제외하고는 심리학 연구에 종사하는 거의 모든 사람들이 전통적으로 그것을 통합된 하나의 완전체로 인식하려고 시도해 온 것이 사실이다. 하지만 그렇게 일방적으로 단정할 수는 없다. 의식의 요체要諦는, '앎' 또는 '느낌'과 '해석' 또는 '판단' 기능이 서로 동일한 의식이지만 관할 주체와 인지 과정이 전혀 다르다는 점이다. 전자가 의식과 분리된 독자적인 상태에서의 '의식'이라면 후자는 문자 그대로 '뇌 의식' 자체다. 뇌와 '분리'되었음에도 불구하고 '의식'을 굳이 의식이라고 주장하는 이유는 그 기능의 기저에 대상을 인지하고 그것에 즉각적으로 반응하는 이른바 '깨어 있는' 시스템이 깔려 있기 때문이다. 그리고 '느낌'과 '해석'은 공간적으로만 상징적 동시성을 가질 뿐, 시간적으로는 전자와 후자 사이를 벌려 놓는 선후 관계 때문에 분리되면서 확연한 차이를 드러낸다. 원시 의식은 항상 먼저 발생하고 진화 의식은 그것에 반응하는 형태로 뒤를 이어 생겨난다. 이런 차이에도 불구하고 양자를 '의식'이라는 하나의 범주에 무작정 묶어버리려는 학문 행위는 전혀 과학적이지도 합리적이지도 않다. 아니, 그 둘은 하나로 묶을 수도 없거니와 묶어서도 안 되는 서로 다른 두 개의 존재이다. 나는 이런 명분 하나만으로도 의식을 두 단계로 구분하는 쪽이 신빙성도 충분하고 설득력의 당위도 높아질 것으로 간주한다. 그 방향이 전파傳播를 과녁으로 삼기보다 진리에 훨씬 더 접근할 수 있기 때문일 것이다.

이와 같은 필요성이 대두하는 이유는 의식을 기존 가설에 따라 단지 뇌 의식 하나만이라고 볼 경우에 발생하는 문제점 때문이다. 기존의 의식 이론에 적용하면 누군가 늑대를 만났을 때 금수를 알아본 '앎'은 의식에 속하고 거기서 일어나는 공포감, 두려움과 같은 느낌은 의식과 상관없는 감정으로 분해하게 된다. 사실 포식자에 대한 '앎'은 뇌 의식이 포착한 것이 아니며 시각이 과거의 직간접적인 동일한 이미지와 비교를 통해 얻어 낸 결과물이다. 그런데 시각 역시 느낌을 동반하고 있다. 자연의 산수를 일견했을 때 아름답다고 반응하는 마음은 시각의 '간看과 지知' 그리고 감정의 '느낌'이 연대하여 생성된 하나의 정신 현상이다. 이 정신 현상이라는 개념은 뇌 의식은 물론이고 감정, 마음, 욕망, 꿈 등 신체 내에서 수시로 나타나는 일종의 비물질적이고 비공간적인 추상적 형식의 깨어 있음을 지칭한다. 의식이 신체의 전반적인 정신 작용의 통일체에 하나로 묶이는 것은 의식을 두 단계로 구분하는 것과 전혀 모순되지 않는다. 그것은 하나이면서 동시에 둘이기 때문이다. '깨어 있음'으로 하나가 되고 '느낌'과 '해석'의 시간적 파열로 둘이 된다. 내가 통합적인 하나의 의식을 원시 의식과 진화 의식으로 분류하는 이유는, 전자의 경우에는 그것의 실체가 유기체의 존재를 가능하게 하는 생명 보존 법칙에 의해 처음부터 신체 건축학적으로 설계되어 생명체에 장착된 최초의 의식이기 때문이다. 후자는 끊임없는 진화를 통해 맨 나중에야 탄생한 후발 주자라는 측면에서 원초적이고 원시적인 의식과 갈려진 것일 뿐이다. 이 양자는 기능 면에서만 차이를 보일 뿐 동일한 인지 능력을 소유한 깨어 있음이라는 점에서는 다를 바 없다.

포괄적인 의미에서 '깨어 있음'이라고 할 때 원시 의식과 진화 의식은 동일한 의식의 범주에 속하지만, 시간적 측면에서 '느낌과 해석'이라는 기능별 차이로 고려될 때에는 다시 두 단계로 나뉘어진다. 느낌이 자극적인 대상에 대한 수동적인 반응이라면 해석은 자극적인 대상에 대한 주도적 또는 의지적인 반응이라고 할 수 있다. 반응 형식이 수동적이냐 능동적이냐에 따라 의식은 동전의 양면처럼, 눈속임술의 마술처럼 순식간에 앞뒷면으로 갈라지는 것이다. 바로 이 지점에서 통합적인 의식은 원시 형태와 발달 형태로 이분되는 것이다. 한 면이 뇌와 결렬된 원시 의식이라면 반대로 다른 한 면은 원시 의식에 반응하는 뇌 의식, 즉 진화 의식이 되는 것이다. 물론 이 둘이 이분되더라도 깨어 있음이라는 동일한 의식의 특성은 변하지 않는다. 그러나 이 둘을 원시 의식과 진화 의식으로 갈라놓음으로써 뇌 의식과 지각, 감정, 마음, 기억 등 그동안 심리학 분야에서 풀리지 않은 채 끝없는 쟁론거리로 남아 있던 많은 난제들이 쉽게 풀릴 수 있다는 유익한 점이 있다. 나는 이 책을 통해 생명 보존 법칙의 드팀없는 기반 위에 기대어 원시 의식과 진화 의식을 분리 병립함으로써 지금까지 심리학을 괴롭혀 온 해묵은 문제점들을 새롭고 신선하게 풀어나갈 것이다. 그 담론 범위를 말할 것 같으면 지각, 감정, 마음, 암시, 욕망, 꿈, 상상, 뇌, 의식, 언어 등 심리학 연구가 다루는 모든 분야를 총망라할 것이다. 그러니 과분한 요구일지라도 기대해도 실망하지는 않을 것이다. 다만 나의 주장은 새로운 가설인 만큼 이해하는 데 시간이 좀 더 걸릴 수도 있다. 하지만 혹여라도 의식을 이해하는 데 약간의 도움이 될지도 모르니 인내심을 가지고 읽어 보기 바란다.

목차

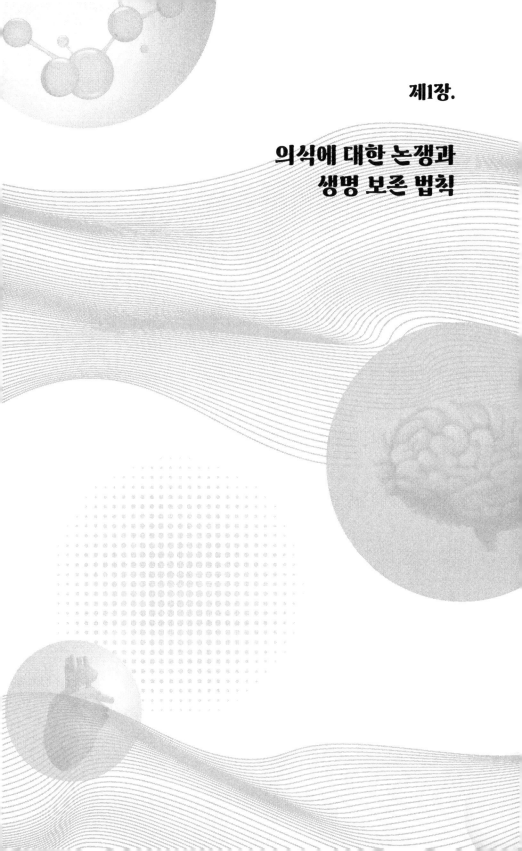

제1장.

의식에 대한 논쟁과 생명 보존 법칙

제1절

프로이트와
라캉 이론 비판

나는 이 책의 집필을 통해 최근 서양 심리학계의 의식 관련 연구 동향 및 다양한 주장과 가설들을 검토하고 합리적인 부분과 오류를 분류함으로써 이에 대응하는 나 자신의 새로운 견해와 주장을 펼치려고 한다. 사람들은 흔히 과학이야말로 인간 지성의 가장 완벽한 진리를 대변한다고 확신한다. 그것은 과학이 상상이나 추측이 아닌 엄밀한 실험 결과만을 문제 해결의 정답으로 제시하기 때문일 것이다. 그러나 아쉽게도 객관적 실험 결과는 원시 데이터 그대로가 아니라 2차 가공—개인의 해석이 첨부되어야만 최후 정답이 된다. 그런데 그 해석은 실험자 본인뿐만 아니라 다수 학자들의 참여로 이루어지기 마련이다. 2차 해석 과정에서 과학적인 실험 데이터는 주관 견해와 판단이 개입할 수밖에 없다는 지점에서 차이가 나타난다. 학자마다 견해가 천차만별이기 때문이다. 심지어 상상과 추론이 가능한 다른 연구 분야의 기존 이론이 도입, 접목될 때에는 과장과 허구까지 가능해진다. 우리는 그러한 이론 비약을 프로이트와 라캉의 신화학, 언어학의 무단無斷 수입을 통한 이색적인 '심리학적' 해석에서 경험했다. 따라서 어떤 이론이든 과학적 실험 결과와는 무관하게 해석 오류가 발생할 확률을 배제할 수 없다. 그 실제 실험자가 누구이든 결과에는 해석이 필요하며, 그 해석이 또 실험 결과와 함께 타자에 의해 해석된다고 할 때 과학은 누구나 동참할 수 있는 것이 된다. 과학적 방법은 실험을 통해 그 데이터를 해석 또는 분석하여 가설을 도출한다. 실험이 성공적이라고 할 때 가설의 정확성은 데이터 분석에 의존한다. 실험 여건이 부족하므로, 본서에서는 기존의 실험에 기초한 가설에 대한 정밀 분석을 통해 허점을 집어 내는 방식으로 새로운 가설을 수립할 것이다.

내가 의식을 다루는 담론에서 생명 보존 법칙을 가장 먼저 본론으로 제기하는 목적은 그것이 의식과 직접적인 연관이 있기 때문이다. 물론 지금까지 그 어느 학자도 생명 보존 법칙을 의식의 영역에 끌어들이려 한 학자는 없다. 생리학, 신경학, 유전학, 세포학, 심지어 언어학과 문학작품까지 끌어들이면서도 그 누구도 생명 보존의 법칙 같은 생리적 기능을 의식과 접목시킬 엄두조차 내지 못한 것도 엄연한 사실이다. 그러나 나는 생명 보존 법칙이 어떻게 의식과 연계되는지를 규명하고 여기서 한 걸음 더 나아가 그 기능의 범위와 역할에 대해 분석할 것이다. 따라서 필자는 의식 담론에서 생명 보존 법칙이 당연히 선행되어야 한다고 단언한다.

근래 의식 관련 연구 성과들을 일별하면 대체로 그 주장들을 세 가지로 분류할 수 있다. 의식 불가지론, 의식 신비론, 의식의 뇌 지배론이다. 프로이트와 라캉 이론이 이 분류에서 배제된 원인은 연대가 앞선 탓도 있지만 그 주장이 심리학적, 생리학적 주장과는 너무 동떨어진 이론이기 때문이다. 그러나 나는 의식을 둘러싼 논쟁을 살펴보기전에 이들 이론의 문제점에 대해 간단히 짚고 넘어가려고 한다. "오늘날 프로이트의 정신 분석 이론은 문학적 상상력을 불러일으키는 분야에 있어서 현대 심리학에 비해 훨씬 중요한 역할을 수행"[1]할 뿐만 아니라 철학, 심리학, 임상 실천은 물론 전반 인문학 분야에서도 정신 분석 이론이 한 시기 일정한 영향력을 발휘했음을 무시할 수 없기 때문이다. 심지어 정신 분석 이론은 심리학, 정신병리학을 넘어 철학, 문학, 인문학 분야에 이르기까지 그 영향력이 미치지 않은 곳이라고는 없을 정도로 문화적 파장이 컸다.

정신분석학 이론의 불합리성을 귀납하면 다음과 같다. 과학적 실험과는 연관이 없는 문학 작품—그리스신화『오이디푸스 왕』이나 소설「도둑맞은 편지」, 고전 비극『햄릿』등을 끌어들여 자신들의 주장을 입증하려고 했다. 의식을 무턱대고 '억압'하여 '무의식'을 조작해낸 다음 그 무의식에 얼토당토않게도 소쉬르 언어학 이론의 굴레를 억지로 뒤집어씌웠다. 성욕을 '무의식'의 유령 마술병에 집어넣은 다음 온갖 현란한 수사와 언어 마법을 부려 성 의식 유일 결정론을 조작했다. 나

---

[1] 『对"伪心理学"说不』基思·斯坦诺维奇(Stanovich, K.E.)著. 窦东徽, 刘肖岑译. 人民邮电出版社. 2012. 1. p.26. 如今, 弗洛伊德的精神分析理论在激发文学想象方面比在当代心理学中扮演着更重要的角色。

는 아래에 프로이트와 라캉의 방대한 정신 분석 이론 가운데서 『오이디푸스 왕』, 「도둑맞은 편지」와 『햄릿』의 새로운 재해석을 통해 '무의식', 성욕 등에 대한 이론적 오류와 그 불합리성을 지적하려고 한다.

1. 『오이디푸스 왕』 신화의 재해석

프로이트와 라캉의 "정신 분석은 오이디푸스를 교의로 삼고"[2] "신화를 척도로 무의식을 측정"[3]하는 기상천외한 둔갑술을 부리며 그들 이론의 중추로 삼으려고 시도하고 있다. 프로이트는 자신의 신경증 정신 분석 이론에 '오이디푸스 콤플렉스' 신화를 도입한 이유에 대해 다음과 같이 설명하고 있다.

> 이러한 인식을 뒷받침해 주는 재료로써 옛부터 전해 내려오는 전설이 있다. …… 그것은 『오이디푸스 왕』 전설과 소포클레스가 지은 동명의 희곡이다.
>
> 우리는 모두 어머니에게 최초의 성적 자극을, 아버지에게 최초의 증오심과 폭력적 희망을 품는 운명을 짊어지고 있는지도 모른다.[4]

---

2   『안티 오이디푸스』 질 들뢰즈, 가타리 지음. 김재인 옮김. 민음사. 2014. 12. 15. p.99.

3   동상서. p.110.

4   『꿈의 해석』 지그문트 프로이트 지음. 김인순 옮김. 열린책들. 2020. 1. 25. 신판 38쇄 pp.318, 320.

그 아이는 이것을 계기로 '거세 콤플렉스(Kastrationskomplex)'를 얻게 된다. …… '거세 콤플렉스'는 신화(물론 그리스 신화만을 이야기하는 것은 아니다)에 그 뚜렷한 흔적을 남겨 놓았다.[5]

테바이 왕 라이오스의 장차 출생할 아들 오이디푸스가 아버지를 살해하고 어머니와 결혼하리라는 신탁이 떨어지자, 그가 "태어난 지 겨우 사흘밖에 안 되었을 때 왕은 아이의 두 발뒤꿈치를 뚫고 한데 엮어"[6] 깊은 산속에 버리라고 명령하지만 양치기는 아이를 이웃 나라 코린토스의 왕 폴뤼보스와 왕비 메호페에게 보낸다. 오이디푸스는 자신이 장차 아버지를 살해하고 어머니와 결혼하리라는 포이보스 신의 충격적인 예언을 듣고 급히 잔인한 운명이 기다리는 코린토스를 피해 멀리 다른 고장으로 달아난다. 그러나 우연히 삼거리에서 마차를 만나고 수행원들과 실랑이를 벌이다가 결국은 아버지까지 모조리 죽여버린 다음 스핑크스의 죽음의 질문에 대답하고 테베로 들어가 권좌에 오르며 자신을 낳은 친모인 왕비와 결혼한다. 보다시피 이 신화에는 프로이트가 제시한 '오이디푸스 콤플렉스' 가설의 부친 살해는 물론 어머니와의 결혼 장면까지 필요한 모든 내용이 완벽하게 구비되어 있다. 하지만 아쉬운 것은 프로이트 자신이 주장하는 최초 살인(부친 살해)의

---

5   『꼬마 한스와 도라』 지그문트 프로이트 지음. 김재혁, 권세훈 옮김. 열린책들. 2019. 10. 20. p.14.

6   『오이디푸스왕·콜로누스의 오이디푸스·안티고네』 소포클레스 지음. 김성진 편역. 도서출판린. 2023. 7. 3. p.85.

원인이 결여되어 있다는 점이다. 프로이트는 자신의 저작에서 '오이디푸스 콤플렉스'에 대해 이렇게 말하고 있다.

> 어머니의 젖가슴이나 다른 대체물을 빠는 것이 아이에게는 첫 번째이자 가장 힘찬 활동이었기에, 그 활동은 틀림없이 아이를 빠는 즐거움과 친숙해지도록 했을 것이다. 우리가 보는 견지에서 아이의 입술은 성감대처럼 작용하며, 따뜻한 젖의 흐름에 의한 자극은 의심할 바 없이 쾌감의 원천이다. 이 성감대의 만족감은 무엇보다도 먼저 양분을 섭취하려는 욕구의 만족과 관계된다. 즉, 성적인 행동은 우선 첫째로 자기를 보존하려는 기능들 중의 하나에 속하며, 나중에도 그것과 무관해지지 않는다. 젖을 실컷 먹고 발그레한 뺨에 행복한 미소를 띤 채 잠이 든 아기를 본 사람이라면 누구나 그 모습이 나중에 성적인 만족감을 얻었을 때의 전형적인 표정이라는 생각을 하지 않을 수 없을 것이다.[7]

> 오이디푸스 콤플렉스는 어린 시절 초기의 성적 시기에 나타나는 중요한 현상이다.[8]

> 오이디푸스 콤플렉스란 어린아이가 부모에 대하여 느끼는 사랑의 욕망과 적대적 욕망의 총체이다. 우리가 오이디푸스(Oedipus) 신화를 통해 알고 있듯이 오이디푸스 콤플렉스는 근친상간적 욕망을 실현하는 것을 방해하는 경쟁자인 동성의 부모를 죽이고 싶다는 욕망으로, 근친상간의 대

---

7 『성욕에 관한 세 편의 에세이-2. 유아기의 성욕』 지그문트 프로이트 지음. 김정일 옮김. 2019. 6. 30. pp.66~67.

8 동상서. p.293.

상인 이성의 부모에 대해서는 성적 욕망으로 나타난다. 프로이트는 바로 이 오이디푸스 콤플렉스를 정신분석학의 주춧돌로 보았으며, 신경증은 오이디푸스 콤플렉스를 극복하지 못하고 그것에 사로 잡혀 있기 때문에 발생한다고 생각했다. …… 어린아이가 어머니의 젖을 빠는 행위는 '구순충동'의 표현으로서 넓은 의미의 성적 활동이며, 사랑스럽게 아이를 쓰다듬는 것 같은 부모의 애정 표현도 정신분석학적 의미에서는 성적 활동으로 이해될 수 있다. 시선과 목소리의 교환을 수반하는 의사소통, 똥 누이기, 심지어 몸의 어느 한 부분을 때리는 것도 마찬가지이다. 어린이의 성적 '지식'은 성인들의 애정 어린 양육과 돌봄('유혹')을 통해 아이의 무의식과 육체 속에 각인된다.[9]

그런데 신화에서는 그 어느 구절에서도 젖 빨기나 머리를 쓰다듬는 것 같은 어머니와 자식 간의 일반적인 '성적 활동' 관계를 찾아볼 수 없다. 오이디푸스는 태어난 지 겨우 사흘 만에 내다 버려졌기에 '어린 시절' 자체가 부모와 단절되어 있다. 따라서 "아버지를 '제거하고서' 아름다운 어머니와 단둘이만 남고 싶어 하는, 다시 말해 그녀와 자고 싶어 하는 어린 오이디푸스"[10]가 생겨날 환경적, 심리적 토대가 애초

9   『라캉의 재탄생』「자끄 라캉, 프로이트로의 복귀: 프로이트·라캉 정신분석학 - 이론과 임상(홍준기)」 김상환, 홍준기 엮음. 창작과 비평사. 2002. 5. 30. pp.45~46.

10   『꼬마 한스와 도라』지그문트 프로이트 지음. 김재혁, 권세훈 옮김. 열린책들. 2019. 10. 20. p.142.

부터 마련되지 않은 형국이다. 물론 어머니에 대한 소유욕과 아버지에 대한 거부 반응 역시 싹이 틀 토양을 상실할 수밖에 없을 것은 분명하다. 아버지에 대한 어머니와의 밀착된 생활 환경과 심리 교류로부터 아버지에 대한 제거 욕망이 싹트기 때문이다. 게다가 아이가 죽도록 산에 내다 버리라고 양치기한테 내준 사람은 아버지가 아니라 어머니이다. 그 이유 역시 아이를 위해서가 아니라 남편에게 들이닥칠 불행을 막기 위해서였다.

폴 조셉 블랑, <라이오스를 살해하는 오이디푸스>

제1장. 의식에 대한 논쟁과 생명 보존 법칙

복카치오, 『De mulieribus claris』, <이오카스테 삽화>

오이디푸스: 뭐라고? 왕비가 내주었단 말이냐?

양치기: 그렇습니다. 임금님.

오이디푸스: 무엇 때문에?

양치기: 제게 죽여 없애라는 것이었죠.

오이디푸스: 그럴 수가? 제 자식이면서!

양치기: 불길한 신탁이 두려웠기 때문이랍니다.

오이디푸스: 무슨 신탁?

양치기: 그 아이가 아버지를 죽인다는 것이었습니다.[11]

---

11 『오이디푸스왕·콜로누스의 오이디푸스·안티고네』 소포클레스 지음. 김성진 편역. 도서출판린. 2023. 7. 3. p.124.

[사진 1] 오이디푸스의 부친 살해는 어머니와 결혼하기 위해서가 아니라 위험으로부터 자신을 보호하려는 자위自衛적인 반격이었다.

알렉상드르 카바넬, <오이디푸스와 이오카스테>

따라서 도리어 이 내용은 프로이트가 "부모와 자녀 사이의 성적인 매력이 얼마나 이른 시기에 형성될 수 있는가를 증명"하는 데 실패하게 하였고 "또한 오이디푸스 이야기도 이러한 애정 관계의 전형을 문학적으로 창작"[12]한 것이 아님을 입증하고 있다. '오이디푸스의 콤플렉스'는 "엄마가 아이에게 너무 애정을 쏟은 나머지 한스를 너무 쉽게,

---

12   『꼬마 한스와 도라』 지그문트 프로이트 지음. 김재혁, 권세훈 옮김. 열린책들. 2019. 10. 20. p.243.

그리고 자주 침대로 끌어들임으로써 그의 신경증을 유발시켰다"[13]라는 한스의 경우와도 전혀 다른 스타일이다. 오이디푸스에게는 아예 생모나 생부가 부재한다. 하지만 극본에는 테이레시아스라는 아폴론 신을 섬기는[14] 장님이 등장하며 그에 의해 오이디푸스의 부친인 선왕 라이오스 살인과 모친과의 결혼이 예언된다. 운명, 역병, 주술 등에 능란한 테이레시아스는 오늘날 우리나라의 무당과 흡사한 사람임을 알 수 있다.

　　오이디푸스: 말할 수 있는 것이든 없는 것이든, 하늘의 일이든 땅의 일이든, 모든 것에 통달하신 테이레시아스 님이시여! 비록 앞을 보지는 못하지만 어떤 역병이 이 나라를 덮칠지 그대는 알고 있소. 위대한 예언자여! 그대야말로 우리의 보호자이자 유일한 구원자요. …… 그러니 점치는 새소리든 무엇이든 그대가 아는 온갖 점성술을 아끼지 말고 그대 자신과 나라와 이 몸을 위해 그 죽음 때문에 일어나는 모든 재앙에서 구해주오.[15]

신탁(神託)의 사전적 해석은 "신이 사람을 통해서 그의 뜻을 나타내거나 인간의 물음에 대답하는 일"이다. 조선 시대에도 무격의 술법 중에서 신탁(神託)을 "제 스스로 이르기를 '신이 내 몸에 내렸다'고 하며,

13　　동상서. p.39.

14　　『오이디푸스왕·콜로누스의 오이디푸스·안티고네』 소포클레스 지음. 김성진 편역. 도서출판린. 2023. 7. 3. p.63.

15　　『오이디푸스왕·콜로누스의 오이디푸스·안티고네』 소포클레스 지음. 김성진 편역. 도서출판린. 2023. 7. 3. p.56.

요망한 말로 여러 사람을 혹하게 하는 자는 …… 참형에 처"[16]한다는 금지령이 내려진 적이 있다. 프로이트가 과연 이러한 고대 그리스 로마신화의 운명론이나 민간에서 유행하는 비과학적 토속신앙(土俗信仰)을 믿고 심리학이라는 언감생심 과학의 영역에까지 끌어들였을까? 오이디푸스의 부친 살해는 어머니 때문도, 출생 후 모친과의 심리학적 교류 과정에서 발생한 현상도 아닌, 출생 전에 이미 결정된 숙명이다. 그리고 어머니를 소유하기 위한 부친 살인이 남자아이들에게 보편적인 현상이 되려면 이 신화 말고 적어도 한 편이라도 더 있어야 한다. 그러나 놀랍게도 동시대의 이른바 3대 비극 작가인 아이스킬로스, 소포클레스, 에우리피데스 중에 에우리피데스의 작품 『타우리스의 이피게네이아』만 일견해도 정반대의 스토리를 목격하게 된다.

> 이피게네이아: 한 가지만 더, 아가멤논의 아내는 살아 있나요?
>
> 오레스테스: 그 여자 아들이 살해했습니다.
>
> 이피게네이아: 왜?
>
> 오레스테스: 그 여자가 그의 아버지를 살해했기 때문에.

---

16 『조선 무속고』 이능화 지음. 서영대 역주. 창비. 2008. 10. 6. p.220.
丁未/議政府條陳禁淫祀之法: 巫女等或稱古今所無之神, 或稱當代死亡將相之神, 別立神號, 自謂神托於己, 妖言惑衆者, 依造妖言妖書律處斬。〈세종실록 101권〉, 세종 25년 8월 25일 정미.

오레스테스: 난 증오로 눈이 멀었어요.

이피게네이아: 누구를?

오레스테스: 모든 사람들 / 어머니……(원문) 아폴론…… 나 자신.[17]

    여기서 이피게네이아는 아가멤논과 클리타임네스트라의 딸이며 오레스테스는 어려서 헤어진 이피게네이아의 남동생이다. 클리타임네스트라는 딸 이피게네이아를 트로이전쟁의 승리를 위한 제물로 바친 남편 아가멤논을 살해하고 아들 오레스테스는 오이디푸스처럼 아버지가 아닌 어머니를 살해한다. 그것은 아버지를 살해한 어머니에게 복수하기 위한 살해였다. 게다가 오레스테스와 어머니 클리타임네스의 모자 관계는 오이디푸스와 부모의 이별 관계와는 달리 '구순 충동', '쓰다듬기', '시선과 목소리의 교환', '의사소통, 똥 누이기' 등 '부모의 애정 표현'이나 '넓은 의미의 성적 활동'이 충분하게 보장된 환경에서 생활함으로써 프로이트가 말하는 정신분석학적 조건이 구비된 상태임에도 아들의 최초의 살인 대상이 적대적 욕망의 대상, 아버지가 아니라 어머니다. 심지어 오레스테스는 어머니를 사랑하지도 않으며 실명할 정도로 '증오'한다. 한마디로 그리스신화 시대에도 오이디푸스 콤플렉스는 모든 남자아이들을 포괄할 수 없는, 즉 일반화될 수 없는 극히 개인적인 현상임을 알 수 있다.

---

17   『그리스 비극』 존 바틴, 캐네스 카벤더 지음. 오경숙 옮김. 지식을 만드는 지식. 2015. 5. 29. pp.581, 594.

이 신화는 인간 생명 보존 법칙이 잘 드러난 스토리를 구사하고 있어 눈길을 끈다. 안전의 확보는 생명 보존 법칙에서 으뜸으로 되는 기능이다. 자연환경 속에서 인간은 생명 안전을 보장하기 위해 도주, 은폐, 제거 등 주로 세 가지 방법을 동원한다. 조건과 능력이 위험물보다 열등할 때는 도망가고 장기 공존할 때는 은폐하며(구석기시대 인류는 자신보다 강대한 포식자들을 피해 동굴에 숨어서 생활했다.) 조건, 능력이 상대방보다 우월하거나 비슷하면 제거한다. 신화에서는 태어난 지 3일밖에 안 되는 무능한 자식을 위험물로 느껴 어른인 부모가 제거한다. 조건, 능력이 성장한 오이디푸스는 자신을 공격, 위협하는 부친과 그 수행원들을 제거한다. 이 두 가지 사건은 모두 개인의 안전을 확보하기 위한 방법의 하나일 따름이다. 안전을 위해서는 (부친이라는 사실을 모른 채) "두 갈래로 갈라진 몽둥이를 꺼내 내(오이디푸스) 머리를 힘껏 내리쳤다"[18]라는 이유만으로 위험물로 간주하고 때려죽이며 자신이 낳은 자식도 서슴없이 제거한다. 이처럼 "프로이트식의 연구 방법은 심리학 연구에 대한 사람들의 느낌을 철저하게 오도"[19]할 따름이다.

이 지점에서 "라캉은 프로이트에 대한 강력한 오독誤讀을 통해 정신분석학의 혁명을 시작"[20]했다. 라캉은 심리학이라기보다 신화와 토

---

18 『오이디푸스 왕·콜로누스의 오이디푸스·안티고네』소포클레스 지음. 김성진 편역. 도서출판린. 2023. 7. 3. p.91.

19 『对"伪心理学"说不』基思·斯坦诺维奇(Stanovich, K.E.)著. 窦东徽, 刘肖岑译. 人民邮电出版社. 2012. 1. p.2.

20 『雅克·拉康－阅读你的症状(上)』吴琼著. 中国人民大学出版社. 2011. 5. p.22. 拉康是通过对佛洛依德的强力误读来开启其精神分析学的革命。

속신앙에 바탕을 둔 프로이트의 이론에 "소쉬르·야콥슨(R. Jakobson)·레비스트로스(C, Levi-Strauss) 같은 구조주의 언어학자나 인류학자의 이론을 원용해 무의식을 설명"[21]하는 데 평생을 바쳤다. 프로이트도 『꿈의 해석』에서 초보적인 언어 도입과 "생물학적 모형을 포기하고 주관적 경험에 대한 언어 보고에 기초한 모형을 채택했다."[22] 하지만 라캉은 프로이트의 오이디푸스 콤플렉스 이론이 살아 있는 생물학적, 역사적 신화라는 사실을 과감하게 버리고 그 껍데기(죽어버린 상징적 의미)만 벗겨 은유로 둔갑시키던 나머지 급기야는 "무의식은 언어의 구조를 갖고 있다."[23]라는 "자신이 만든" 비과학적인 "유령"에 "기생"[24]하기에 이른다. 심리학과 언어 접목은 그의 논문 「도둑맞은 편지」 세미나에서 제시한 기표 이론에서 잘 드러난다. 그의 이론대로라면 언어가 없는 시대의 인류에게는 의식도 무의식도 존재하지 않는다는 말이 된다. 언어가 없으니 무의식이 언어처럼 구조화될 수 없기 때문이다. 그러나 라캉은 그것을 미리 간파했는지 "태초에 분명 말(언어)이 존재했다."[25]라고 단언한다.

---

21 『라깡의 재탄생』「자끄 라캉, 프로이트로의 복귀: 프로이트·라캉 정신분석학 – 이론과 임상(홍준기)」김상환, 홍준기 엮음. 창작과 비평사. 2002. 5. 30. p.87.

22 『기억을 찾아서』에릭 R. 캔델 지음. 전대호 옮김. 알에이치코리아. 2014. 12. 5. p.402.

23 『에크리』자크 라캉 지음. 홍준기 등 옮김. 새물결출판사. 2019. 1. 25. p.988.

24 『雅克·拉康-阅读你的症状(上)』吴琼著. 中国人民大学出版社. 2011. 5. p.19. 拉康就像是一个寄生在他出的幽灵。

25 『에크리』자크 라캉 지음. 홍준기 등 옮김. 새물결출판사. 2019. 1. 25. p.318.

2. 소설 「도둑맞은 편지」의 재해석

라캉은 「도둑맞은 편지」라는 정지된 사물의 이동을 언어 또는 상징 즉 "시니피앙이 교대되는 방식으로" 분석할 뿐만 아니라 이런 "시니피앙의 자리바꿈이 주체의 행위, 운명, 거절, 무분별, 성공, 숙명을 결정하며, 심리적 소여所與에 속하는 모든 것은 싫건 좋건 마치 군장軍裝처럼 시니피앙의 대열을 따른다."라고 주장한다. 그에게서 "시니피앙의 자리바꿈"이라는 "상징적 질서"는 곧바로 "주체들이 상호주체적 반복 과정에서 저마다 자리를 바꾸면서 교대되는 방식"과 다를 바 없을 뿐만 아니라 결국에는 "상징적 질서는 더 이상 인간에 의해 구성되는 것이 아니라 오히려 인간을 구성하는 것"[26]으로 요술을 부리다가 언어 구조로 탈바꿈하기까지 한다. 타자들(도둑과 경시청장 등)에 의해서만 자리바꿈이 가능한 정적 편지와 자율적 교대가 가능한 주체와의 등가교환을 차치하더라도 이 해석에는 인류의 유일한 피조물인 언어가 거꾸로 인간을 구성한다는 주장에는 아무런 과학적 근거도 없다는 데서 역시 문제가 존재한다.

여기서 "편지"(시니피앙)는 보편성과 유사성을 지닌다. 전화나 이메일이 없었던 당시에는 편지가 유일한 통신수단이었을 것이므로 왕비의 편지도 결코 이 하나만은 아니었을 것이다. 그런 유사성의 통로가 개통되었기에 편지의 이동(자리바꿈)은 가능했다. 편지는 스스로가 아니라 타자의 조종에 의해 왕비한테서 "문제의 편지와 비슷한 편지 한 통"과

---

26   동상서. pp.40, 23, 60.

슬쩍 바뀌져 D 장관의 수중에 들어간다. 편지는 다시 C. 오귀스트 뒤팽에 의해 "D 장관의 명함꽂이"에서 "복제한 편지"[27]와 바꿔치기당한다. 편지는 왕비의 편지와 봉투가 유사한 다른 편지 덕분에 훔치는 자에 의해 자리바꿈한다. 그런데 여기서 주의해야 할 것은 편지가 왕의 검열 앞에서 고난도의 서커스 동작처럼 자리바꿈(도둑맞고)하는 것은 편지의 보편성과 유사성(시니피앙) 때문이 아니라 내용(시니피에) 때문인데도 라캉은 기표에게 절대권을 부여하고 있다는 지점이다. 프로이트는 한 걸음 더 나아가 부풀려진 기표의 권한을 "무의식적 주체"[28]에게까지 배당한다. 편지(시니피앙)가 도난당해야만 했던 원인이 편지(시니피앙)를 넘어선 내용(시니피에)이었다면 무의식이 억압당해야 했던 이유는 '의식'이다. 그러나 모든 사건에 앞서 우리가 놓치지 말아야 할 하나의 스토리가 있다. 우선 파리 경찰청장 G 씨의 말에 귀를 기울여 보자.

그래? 그 서류가 제삼자에게 폭로되면—그 제삼자의 이름은 밝히지 않겠지만—가장 높은 지위에 있는 분의 명예가 손상되고, 이런 사실 때문에 문서를 쥐고 있는 사람은 그 지체 높은 분에 대해 막강한 영향력을 갖게 돼. 그래서 그 지체 높은 분의 명예와 안전이 매우 위태로워질 수 있다네.[29]

27　『에드거 앨런 포 단편선』 에드거 앨런 포 지음. 김석희 옮김. 열린책들. 2021. 6. 9. pp.284, 308.

28　『雅克·拉康-阅读你的症状(下)』 吴琼著. 中国人民大学出版社. 2011. 5. p.312. 主体是无意识的.

29　『에드거 앨런 포 단편선』 에드거 앨런 포 지음. 김석희 옮김. 열린책들. 2021. 6. 9. p.283.

만약 그가(왕) 문제의 편지에 대해 알게 되면 다름 아니라 부인의 "명예와 안위"가 위태로워질지도 모른다.[30]

여기서 중요한 것은 '서류'나 '문서(시니피앙)'가 아닌 그 안에 적힌 편지 내용(시니피에)이다. 서류나 문서는 "비슷"하거나 "더러워지고 구겨지고 찢어진" 다른 편지로 쉽게 대신할 수도 있지만 왕비의 편지 내용은 다른 아무것으로도 대신할 수 없는 유일무이한 단 하나뿐이다. "무의식이 의식으로 전환될 수 있는"[31] 것처럼 그 편지 내용을 폐쇄했던 억압이 왕의 개입으로 풀리고 '의식으로 전환(폭로)'되는 순간 경찰청장의 말에 따르면 왕비의 '명예가 손상'될 뿐만 아니라 신변 "안전이 매우 위태로워질 수" 있다고 한다. 왕비의 신변 안전에 대한 위험은 라캉 자신도 이미 알고 있다. 그럼에도 소쉬르의 공시언어학적 기표와의 짝사랑에 빠진 라캉은 의도적으로 안위의 위태로움이라는 소설의 이 선명한 예술적 테마의 중차대한 스토리에 극력 고개를 돌려 외면한다. "인간을 구성하는" 편지가 시니피앙의 자체적 표면 의미와 라캉이 입힌 금색 안전 도금을 뚫고 나와 왕비에게 위해가 되는 독액을 발산할 때, 그것은 이미 '편지'라는 형식(시니피앙)이 아니라 편지 속의 '내용(시니피에)'이 부각될 수밖에 없는 상황에 처한 것이기에 무시당

---

30   『에크리-1부 「〈도둑맞은 편지〉에 관한 세미나」』자크 라캉 지음. 홍준기 등 옮김. 새물결출판사. 2019. 1. 25. p.19.

31   『정신분석학의 근본 개념』지그문트 프로이트 지음. 윤희기, 박찬부 옮김. 열린책들. 2019. 4. 30. p.161.

할 운명을 타고 났을 것이다. 안위—그것은 인간이 그 무엇보다 우선시하는 생명 보존 법칙으로서, 생명체가 위험을 느끼면 자연스럽게 안전 기능이 발동된다. 위험(편지)으로부터 안전을 담보하기 위해서 생명체는 최적의 격리 장소를 선택해야 한다. 단도직입적으로 말해 이 작품의 주제는 미풍에 찰랑거리는 그 무슨 수면 위의 잔물결이 아니라, 수심 깊이 용용하게 흐르는 생명체의 고유 안전 기능과 그것을 해독하고 대응하는 지적 능력 사이의 한판 대결이다. 왕비는 당연하게 자신의 명예와 안전을 위협하는 내용이 들어 있는 위태로운 편지를 찾으려 하며 그 편지를 미끼로 왕비를 마음대로 쥐락펴락하려는 D 장관은 편지를 빼앗기지 않으려고 숨겨놓기 마련이다. 게임은 바로 이 지점에서 시작된다. 우리는 앞에서 안전을 도모하는 데는 도주, 은폐, 제거 세 가지 방법이 있음을 이미 살펴보았다. 위험물로부터 안전을 도모하기 위해 숨기는 행위는 전통적, 본능적으로 깊고도 은밀하고 폐쇄된 공간을 선호하게 된다. 포식자의 공격으로부터 안전을 도모하기 위한 구석기시대 인류의 바위 동굴 생활이 그것을 잘 입증해준다. 이러한 은폐 기능은 인류뿐만 아니라 생명체라면 두루 가지고 있는 상투적인 술법이다. "편지가 장소lieu와 관계를 갖고 있는"[32] 것처럼 은폐도 장소와 관계가 있다. 소설에서도 그런 장소들이 수많이 등장한다. 파리 경시청장은 그 상투적인 은폐 장소의 코스에 따라 D 장관의 공관 "서택에서 편지를 감출 수 있는 곳이라면 한 군데도 빼놓지 않고 구석구석 샅

---

32   동상서. p.32.

살이 조사"한다.

먼저 각 방의 가구를 조사했지. 열 수 있는 서랍은 모두 열어 보았고,
…… 50분의 1밀리미터도 우리 눈을 피할 수는 없을 거야. 캐비닛을 다
조사한 뒤에는 의자를 모조리 조사했지. 가늘고 긴 탐침으로 쿠션을 쑤셨
어. …… 그런 다음 탁자 다리에 구멍을 뚫고, 그 구멍 속에 물건을 집어
넣은 다음 상판을 다시 덮어 놓는 거야.

[사진 2] D 장관과 뒤팽에 의한 왕비의 편지의 두 차례의 이동은 이른바 시니피앙의 자리
바꿈이 아니라, 결국에는 시한폭탄으로서의 시니피에가 안전 코스를 따라 왕비에게로 돌
아가는 당연한 귀속이었다.

바로 인접해 있는 집 두 채를 포함해서 구내 전체를 아까처럼 확대경으로 1제곱인치씩 샅샅이 조사했지. …… 마당 벽돌 사이에 낀 이끼까지 조사했는데, …… 꾸러미와 소포도 모두 열어 보았다네. 책을 모두 펼쳐 본 것은 물론이고, …… 모든 책의 책장을 일일이 다 넘겨 보았지. 모든 책 표지의 두께도 정밀하게 측정했고, 모든 표지를 확대경으로 빈틈없이 조사했다네. …… 모든 카펫을 걷어 내고 확대경으로 조사…… 벽지…… 지하실……[33]

장소는 위험으로부터 생명체의 안전을 담보하기 위한 중요한 조건이다. 포식자의 공격을 피해 동굴과 같은 안전한 공간을 확보하거나 동물원의 살창 같은 폐쇄된 장소에 격리시킨다. 소설 속에서는 문자 그대로 저택, 마당, 방, 서랍, 캐비닛, 의자, 쿠션, 탁자 다리, 이끼, 꾸러미, 소포, 책, 카펫…… 숨길 만한 은밀하고 폐쇄된 장소는 빠짐없이 수사한다. 그러나 찾으려는 왕비의 편지는 보이지 않는다. D 장관은 지적인 "현명한 책략을 씀"[34]으로써 경시청장이 필연코 그러한 상투적이고 전통적인 은폐 장소를 수사할 것임을 미리 예견하고 편지를 그냥 눈에 띄는, "명함 대여섯 장과 편지 한 통이 꽂혀 있는" 훤히 드러난 "명함꽂이"에 방치해둔다. D 장관의 "추론의 원칙"은 아이러니하

---

33   『에드거 앨런 포 단편선』 에드거 앨런 포 지음. 김석희 옮김. 열린책들. 2021. 6. 9. pp.287, 288, 290.

34   동상서. p.303.

게도 "여덟 살쯤 된 꼬마"의 "홀짝 게임"에서 유래된 것이다. 편지를 훔치는 데는 "집에서 세심하게 복제한 편지를 대신 꽂아 두는" 것으로 족했다. 편지는 그대로 존재하지만 내용은 바뀐 것이다.

> 그 꼬마는 얼간이를 상대할 때, 속으로…… '저 녀석은 첫판에 짝을 쥐었으니까 둘째 판에는 홀을 쥘 거야. 저 녀석의 머리는 그 정도밖에 안 돼. 그러니까 홀이라고 대답하자.' 첫 번째 얼간이보다는 한 수 높지만 여전히 멍청한 녀석을 상대할 때는 이렇게 추론했을 거야. '이 녀석은 첫판에서 내가 홀이라고 말한 것을 알고 있으니까, 둘째 판에서는 아까의 얼간이처럼 짝을 홀로 바꾸고 싶은 충동이 들겠지만, 다시 생각해 보면 이건 너무 단순한 바꾸기인 것 같아서 결국 첫판처럼 짝을 쥐기로 결정할 거야. 그러니까 이번에는 짝이라고 대답하자.' 아이는 '짝'이라고 말하고 공깃돌 하나를 따게 되지.[35]

"추론자의 지적 능력"은 대뇌의 해석과 판단력에서 나오며 은밀한 장소의 감추기는 생명 안전 기능에서 자연스럽게 발동되는 신체 현상이다. 편지는 장소가 바뀌어도 내용은 변하지 않으며 두 손에서 옮겨지는 홀짝 개수는 바뀌어도 공깃돌은 변하지 않는 것처럼 지적 능력이 변해도 생명 안전 기능은 변하지 않으며 그것이 시니피에의 특이하면서도 개별적인 일관성이다. 도둑인 D 장관은 "뛰어난 머리를 가진"

---

35   동상서. p.295.

사람이지만 결국 내용 때문에 위험물로 지정된 편지는 검열자인 왕을 피해 안전 경로를 따라 주인인 왕비에게로 돌아간다. 은폐술의 상투적 규율을 간파한 지적 능력은 비록 게임에서 이겼지만 위험물은 그 조물주에게로의 환원을 막지 못한다. 그것이 원래의 장소를 유지하려는 시니피에의 들놓지 않는 정적인 에너지이다. 시니피앙은 자꾸만 움직이고 미끄러지려 하지만, 설사 잠시 이동하더라도 결국은 장소를 향한 시니피에의 강력한 지향력 때문에 원점 회귀하는 것이다. 기표는 자리바꿈하는 것이 아니라 소유 범위가 팽창했다가 다시 수축할 따름이다.

편지는 교대 기능만 가진 표면 의미가 아니라 사람에게 위해를 가하는 위험한 물증이다. 편지가 교대 기능을 수행할 수 있는 것은 내용 때문이다. 만일 내용이 사라진다면 편지는 즉시 폐기될 것이다. 편지는 장소와 주인이 바뀌어도 편지라는 기표가 달라지지 않는다. 그러나 여기에 '안전' 문제가 개입되면 주인의 바뀜에 따라 시니피에는 의미와 용도가 달라진다. 예컨대 왕비의 편지 내용은 D 장관이나 왕의 수중에 들어가면 위험 요소로 바뀌므로 이때 편지는 단순한 편지가 아니라 사람을 해하는 '흉기'로 변하며, 편지의 주인이 왕비나 경시청장, 뒤팽 그리고 '나'로 바뀌면 이때 편지는 위험 요소가 제거된 '과도果刀'로 변경된다. 보다시피 안전은 모든 생명체가 추구하는 본질적 요소이며 시니피앙보다는 시니피에와 직접적인 연관성을 가진다. 모든 기회에 먼저 안전이 보장된 다음에야 지적 능력도 역할을 발휘할 수 있다. 라캉은 위험 앞에서 안전은 언제나 선행되며 따라서 주체의 행위를 결정하는 인소는 편지(시니피앙)가 아니라 내용(시니피에)이라는 사실을 의도적으로 왜곡함으로써 에드거 앨런 포의 단편소설 「도둑맞은 편지」의 주제를 소쉬르의 언어학과 프로이트의 무의식 이론을 끌어들여 임의로 해석해버렸다.

세대와 경계를 초월한 프로이트와 라캉은 서로 연대하여 의식을 언어 이후의 좁은 공간에 유폐시키고 반대편 "언어 이전"[36]의 영토를 '무의식'의 유령으로 침점함으로써 언어로 의식을 쪼개어 생명 보존 시스템의 원시적 기능을 유기체 내에서 폐쇄시켰다. 그들은 고대 신화와 소설 속의 주인공들인 오이디푸스, 라이오스, 테이레시아스, 왕비, D 장관, 뒤팽, 경시청장, 햄릿, 오필리아, 가트루드 등의 작중인물들을 소환하여 죽은 용병단을 편성하고 무의식의 깃발을 휘날리며 소쉬르에게서 대여한 구조주의 언어학 이론의 최신 첨단 무장을 하고 의식의 절반 영토를 점령하는 데 가뿐하게 성공한다. 라캉은 여기서 멈추지 않고 그만의 독창적인 기지奇智를 발휘해 역사적인 문학 작품의 내용을 언어적으로 상징화하는 고난도 작업까지 무난하게 완성함으로써 생체 안전 시스템의 존재를 철저하게 매장해버리고 심리학에서의 무의식의 유령 통치를 한층 더 강화한다. 이렇듯 죽은 통치 집단이 비역사적이고 추상적인 상징적 도구를 빌려 심리학은 물론 문학, 철학, 인문

36 　『主体·互文·精神分析』克里斯蒂娃 朱莉娅·克里斯蒂娃著. 祝克懿、黄蓓编辑. 三联书店. 2016. 12. p.22. "无意识"是属于"前语言"的。拉康说过"无意识的构成类似语言", 但它不是语言。"'무의식'은 '언어 이전'에 속한다. 라캉은 '무의식은 언어처럼 구조화 되어 있다'고 말했지만 그것은 언어가 아니다."

학 전반에 영향력을 행사하는 기이한 현상이 라캉에서부터 본격적으로 시작된 것이다. 이러한 폐단은 비단『오이디푸스 왕』이나「도둑맞은 편지」에서 그치지 않는다. 아래에서 살펴 볼 셰익스피어의 희곡『햄릿』분석에서도 그만의 유령식 오독이 이어지는 것을 확인할 수 있다.

3. 비극『햄릿』의 재해석

일단 이 작품은 고대 신화는 아니지만 에우리피데스의 신화『오이디푸스 왕』과 어떤 유사성 때문에 프로이트와 라캉의 관심을 받은 게 아닌가 궁금해진다. 작품 분석 결과에도 그들의 정신 분석 이론을 설명할 수 없다면 결코 선택하지 않았을 것이기 때문이다. 일단 두 작품은 시대와 저자는 판이해도 똑같은 비극이라는 점에서는 동일하다. "'오이디푸스'와 마찬가지로『햄릿』에도 애도의 밑바닥에 범죄가 도사리고 있다."[37] 물론 선왕의 살인 스토리에서도 두 작품은 유사성을 띤다. 그런데 장르의 동일성과 그 살인 과정의 비교를 통해 도출해 낸 라캉의 해석이 우리의 눈길을 끈다.

『햄릿』은 일종의 오이디푸스적인 극,『오이디푸스 왕』의 속편으로 읽혀질 수 있고 비극이라는 계보에서 같은 차원의 기능을 지닌 극으로 간주

---

37 『욕망 이론』자크 라캉 지음. 민승기, 이미선, 권택영 옮김. 문예출판사. 2000. 5. 20. p.171.

될 수 있다.

> 오이디푸스의 비극과 햄릿의 비극이 어떻게 다른지 …… '오이디푸스'
> 에서는 범죄가 주인공 자신의 세대에서 일어난다. 그러나 『햄릿』에서는
> 범죄가 이전 세대에서 이미 일어났다. '오이디푸스'에서는 자신이 무슨
> 일을 하는지 전혀 의식하지 못하는 주인공이 어떤 면에서 운명의 힘에 이
> 끌리는 반면, 『햄릿』에서는 범죄가 의도적으로 수행된다.[38]

라캉은 오독으로 간과했거나 아니면 보고 싶지 않거나 그도 아니
면 의도적으로 근본 차이점을 외면하고 있다. 상술한 차이점은 스토리
의 시간적·심리적인 간격일 뿐이다. 다른 사람이 보기에 두 작품의 중
요한 차이점은 (특히 정신분석학의 '오이디푸스 콤플렉스'를 염두에 두었다고 생각할 때)
『오이디푸스 왕』 신화에서 부친 살해자는 친자이고 『햄릿』에서 부친
의 살해자는 왕비이자 어머니이며 동시에 숙모이기도 한 거트루드와
부친인 클로디어스왕의 동생이자 숙부인 라이오스왕이라는 사실이다.
오이디푸스의 부친 살해 원인은 프로이트의 주장에 따르면 "운명적인
모친 사랑"이고 우리는 안전 확보를 위한 자위 반격이라고 여긴다. 반
면에 햄릿에서의 최초의 살인 원인은 어머니와 아들과는 아무런 관계
도 없는 권력과 여자를 위한 쟁탈전이라고 할 수 있다. 얼핏 떠오르는
신화는 에우리피데스의 비극 『타우리스의 이피게네이아』이다. 두 작

---

38   동상서, pp.171, 173.

품에서 왕의 살인자는 모두 친자가 아니라 아내 그리고 아내(형수)와 동생이다. 뿐만 아니라 살인 원인도 어머니를 독점하기 위한 데 있지 않다. 그런 이유 때문에 라캉은 이 차이점을 보고도 못 본 것처럼 외면할 수밖에 없었을 것이다. 모든 남자아이들에게 보편적으로 적용돼야만 하는 '오이디푸스 콤플렉스' 스토리가 세 작품 중에 달랑 하나 뿐이어서 그 특수성을 인정하기가 싫었던 것이다.

그리고 하나 더 반드시 짚고 넘어갈 것은 햄릿은 숙부가 아버지를 살해하고 왕비를 빼앗아 살기 때문에 어머니에 대한 소유욕의 붕괴로 인해 숙부(양아버지)를 살해한 것이 아니라는 점이다. 영혼에게서 아버지 죽음의 진실을 알기 전에는 숙부가 어머니와 살았어도 그를 원망하지 않았기 때문이다. 도리어 햄릿은 자신에게서 어머니를 빼앗아 간 왕(숙부·양아버지)을 원망한 것이 아니라 남편이 죽은 지 얼마 되지도 않았는데 라이오스(아버지)를 배반한 어머니를 원망하고 있다. 만약 선왕이 떠도는 소문처럼 정말 독사에 물려 죽었다면 숙부에 대한 복수는 물론 햄릿의 비극 자체도 일어나지 않았을 것이다.

> 한 달도 못 돼서, 니오베(Niobe) 여신처럼 눈물을 억수같이 뿌리며 가여운 아버지 상여를 따라가던 신발이 닳기도 전에, 어인 일이냐, 어머니가, 어머니 같은 분이—아아, 하느님! 이성의 분별력을 갖지 못하는 짐승이라도 좀 더 오래 조상(弔喪)을 했겠지. —숙부와 결혼을 하다니? …… 한 달도 못 돼서 거짓 눈물의 소금이 벌게진 눈구멍에 마르기도 전에 어머니는 결

혼을 했다. 아아, 염치도 체면도 없는 조급한 마음, 어쩌면 그렇게도 재빠르게 불의의 자리로 달려간단 말인가![39]

햄릿은 아버지를 배신한 어머니에 대해서는 "고약한 여자, 악한!"이라고까지 저주한다. "아아, 세상에도 고약한 여자! 아아 악한! 악한! 얼굴에 웃음을 띠우는 악한!"[40] 그러나 숙부에 대해서는 혼령을 만나 선왕인 아버지의 살해 진상을 알기 전에는 단 한 번 비난한다. 그것도 "아버지가 되고 보니 친척 이상이다만, 소행을 보니 도척(盜跖) 이하다."[41]라는 독백 형식으로 간단하게 표현된다. 아버지가 뱀에게 물려 죽었다는 소문이 돌 때에는 왕위를 계승한 숙부보다 사랑의 배신자인 어머니를 더 증오했음을 알 수 있다.

우리는 위에서 위험 앞에서 안전을 지키는 세 가지 방법에 대해 이미 요해한 적이 있다. 그중에는 역량이 부족할 때에 쓰는 "숨기"라는 은폐술이 있다. 햄릿의 경우에도 비록 숙부가 아버지를 살해하고 왕위와 어머니를 찬탈한 역적이지만 자신이 권력적 측면에서 약자임을 알고 안전에 위험을 느끼자 정신병자인 척하며 그 뒤에 숨어버린다. "내 행동이 아무리 이상하고 괴이하다 할지라도 …… 자네들이 내 신상에

관해서 뭘 알고 있다는 것"[42]을 소문내서는 안 된다고 부하들에게서 서약을 받아내는 햄릿의 가짜 미친 연기는 라캉도 눈치챈 듯하다.

> 햄릿의 광증은 그가 알고서 벌이는 가장(feigning)이다 …… 그러나 햄릿은 미친 척한다. …… 실패할 경우 희생될 수 있는 매우 위험한 상태에 처해 있음을 알고 있는 사람은 미친 척할 수밖에 없다.[43]

"가장假裝"의 목적은 두말할 것도 없이 흥선대원군의 경우처럼 약자가 강자를 상대로 "매우 위험한 상태에 처해" 있는 자신의 생명 안전을 확보하기 위해서다. 적어도 미친 사람은 아버지의 원수를 복수할 위험 같은 것이 존재하지 않을 것이니 말이다. 셰익스피어의 극본에서 이 부분이 중요함에도 라캉은 단연 무시하고 "욕망"과 "오필리아"에게로 시선을 집중한다. 정신분석의 구미에 맞게 햄릿의 거짓으로 미친 행위와 복수를 주저하는 원인은 엉뚱하게도 "타자의 시간"에서 찾으며 그로 인해 햄릿은 "욕망 속에서 길을 잃어버린 인간"이라는 억울한 누명을 뒤집어쓴다. 우리는 작품 속에서 햄릿이 어머니에 대한 살해를 연기하는 이유를 분명하게 찾을 수 있다. 우선 선왕인 아버지 혼령의 유언 때문이다.

---

42   동상서. p.43.

43   『욕망 이론』 자크 라캉 지음. 민승기·이미선·권택영 옮김. 문예출판사. 2000.
      5. 20. pp.145, 146.

네가 내 이야기를 들으면 반드시 내 원수를 갚아야만 할 의무를 지리라.

그 애비가 받은 비열하고도 천륜에 벗어나는 암살의 원수를 갚아다오.

그렇지만 네가 어떤 수단으로 이 죄상을 추궁할지라도, 너의 어머니에게 대해서 원한을 갖거나, 또는 어머니를 해치려는 마음을 가슴에 품지 말라. 너의 어머니는 다만 하느님의 심판에 맡기고, 가슴속에 박혀 있는 가시 바늘이 그 양심을 찌르는 대로 내버려두어라.[44]

선왕의 혼령은 아들인 햄릿에게 자신을 암살한 동생(숙부)에 대해서는 원수를 갚아달라고 부탁하지만 아내(왕비)에 대해서는 해쳐서도 안 되고 원한도 가지지 말 것을 당부한다. 중요한 것은 어머니(왕비)가 햄릿의 신변 안전에 위해가 되지 않기 때문이기도 하다. 또한 혼령에게 "복수하라는 엄명을 받고도, 창부처럼 말로만 가슴속을 늘어놓고, 막상 원수를 만나면 입속에서는 욕설을 중얼거리면서도, 매춘부처럼 가랑이를 벌리는 꼴이"[45]된 원인에는 천륜의 늪에서 발을 빼지 못한 까닭도 한몫한다.

---

44 『햄릿』윌리엄 셰익스피어 지음. 최재서 옮김. 올재. 2014. 2. 15. pp.66, 67, 68.

45 동상서. p.99.

[사진 3] 햄릿은 모친을 살해하지 않을 뿐 아니라 생명에 위협을 느낀 나머지 미친 척한다. 오필리아에 대한 그의 태도 역시 진심 어린 사랑이 아니라 왕인 숙부의 위협을 피하려는 미친 연기의 연장선상일 따름이다.

> 가혹한 일을 할지언정, 천륜에 벗어나는 일은 말자. 혀끝을 단도 삼아
>
> 내 어머니의 가슴을 찌르리라만, 단도를 쓰지는 않으련다.[46]

---

46   동상서. p.124.

햄릿은 왕비의 방에 들어가 "커튼 뒤에서 엿듣는 폴로니어스"를 죽이면서도 어머니는 살해하지 않는다. 폴리니어스 살해도 숙부 즉 "더 큰 상전인 줄 알고"[47] 칼로 찔러 죽인다. 숙부는 선왕의 복수 명분도 있지만 자신의 생명 안전에 대한 위협이 되기 때문에 기회만 주어지면 제거할 수밖에 없는 상황이다. 전반 작품에서 욕망이 주된 문제가 아니라 안전이 우선이며 욕망은 안전 시스템의 수요에 따라 생산되고 수시로 조절된다. 안전 개념은 햄릿의 신변에서만 작동하는 원시 기능이 아니다. 왕이자 숙부이며 아버지인 클로디어스에게서도 작동한다. 그는 신변의 안전에 위협을 느낀 나머지 조카가 미쳤다는 대신 폴로니어스의 판단을 끝까지 믿지 않으며 뒷조사를 명한다. 욕망이 아니라 안전 확보 때문이다.

왕: 사랑 때문이라고? 쓸데없는 소리! 그 애의 모든 생각이 그쪽으로 가고 있지는 않아. 그 하는 수작들이 약간 형식을 갖추지는 못했으나, 결코 미친 사람의 소리 같지는 않았다. 가슴속에 무엇인가 화근이 있는데, 우울증이 날개를 푹 내리고 앉아 있는 모양이다. 그 속에서 깨나 올 병아리들이 암만해도 위험스러운 종자들이 될까 염려다. 그런 것을 미리 막기 위해서 짐이 이미 결심한 바 있어, 이렇게 정했다. 저자를 급히 영국으로 파견한다.

---

47   동상서. p.182.

왕: 내 그 꼴이 보기 싫다. 또 광한(狂漢)이 날뛰는 것을 그대로 두고 본다는 것은 우리들의 안전에 대해서도 좋지 못한 일이다. 그러므로 준비들을 하여라. 너희들의 임명장은 곧 차출(差出)할 테니, 동궁을 데리고 영국으로 건너가거라.

로젠크란츠: 사사로운 한 개인일지라도, 자기 생명이 위해를 면하도록 모든 정신력으로 무장을 하고 보호해야 한다 함은 당연한 일이옵거늘, 하물며 무수한 생명이 오로지 그 안태에 달려 있는 옥체로서야 다시 이를 말씀이겠습니까?……

왕: 어서어서 준비들을 해서 빨리 떠나도록 하여라. 이 걱정거리가 지금 제멋대로 꼬리를 치고 다니니, 발목을 비끄러매 두려 한다.[48]

왕은 "위험스러운 종자들"을 "미리 막기 위해서" 조카를 영국으로 쫓아낸다. 그 이유는 연극 공연을 관람한 뒤에 "안전"에 위협을 느꼈고 이는 "생명에 위해"되는 일이기 때문이다. 햄릿의 오필리아에 대한 사랑(구애)은 미친 흉내의 연계 선상일 따름이다. "햄릿이 슬퍼하는 이유는 행복하지 않아서이며 그가 행복하지 않은 것은 바로 내 딸(오필리아) 때문"[49]이라지만, 햄릿이 오필리아에게 "그대를 사랑함을 의심 말라."라고 호소하다가 "나는 당신을 사실은 사랑하지 않았다."[50]라고 실

---

48   동상서. pp.108, 125.

49   『욕망 이론』 쟈크 라캉 지음. 민승기, 이미선, 권택영 옮김. 문예출판사. 2000. 5. 20. p.147.

50   『햄릿』 윌리엄 셰익스피어 지음. 최재서 옮김. 올재. 2014. 2. 15. pp.83, 106.

토하다가 결국은 수녀원에 가라고 독촉하는 사실까지 보면, 결국 독자들은 그의 행동이 숙부로 하여금 '햄릿이 미쳤다'고 생각하게끔 유도하는 전략임을 알 수 있다.

생명체는 자신의 안전을 위해 의심의 철조망으로 방어벽을 쌓는다. 안전 방어벽은 그 어떤 위험의 공격에도 끄떡없지만 단지 믿음 앞에서만 물 먹은 모래성처럼 쉽게 무너진다. 이 면역 체계가 무너지면 생명체는 위험과 정면으로 마주 서게 될 수밖에 없다. 위험은 많은 경우 믿음의 가면으로 자신을 위장한다. 유일하게 안전 방어벽을 뚫고 생명체와 무난하게 접근할 수 있는 공격 수단은 믿음뿐이기 때문이다. 위험이 믿음의 탈로 위장하는 목적은 자신의 음험한 음모를 감추기 위해서다. 그러나 이 음모는 실행에 옮겨지는 순간 운명적으로 그 진면모가 백일하에 드러나게 마련이다. 이렇듯 의심, 믿음, 음모가 위성처럼 에워싸고 회전하는 중심축은 라캉이 중시한 욕망이 아니라 생명 안전이다. 욕망은 의심, 믿음, 음모, 그 모든 개체들에서 생산되지만 결국엔 안전의 생명 안전 시스템의 수요에 따라 확장, 위축 또는 소실된다. 숙부가 자신의 생명 안전을 도모하기 위해 의심 끝에 영국 왕에게 조카의 청부 살인을 의뢰한 것도, 편지를 훔쳐보고 왕을 죽일 결심을 하는 햄릿의 경우도, 그리고 클로디어스의 독을 탄 독배, 살인이 예고된 검술 경기, 레어티즈의 칼끝에 바른 독액, 왕비 거트루드의 낭만이 흐르는 사랑 속에서 귀에 쏟아붓는 독약, 끊임없이 믿음을 확인하는 오필리아와의 '사랑'도 모든 것은 주인공들의 신변 안전을 둘러싸고 벌어지는 의심과 믿음과 음모로 엮이고 얼룩진 한 편의 참혹한 인생 활극活劇이다. 햄릿은 라캉의 주장처럼 "욕망 속에서 길을 잃어버린 인간"이라서가 아니라 생명 안전 시스템 즉 면역 체계가 상실되면서 비극을 맞이하게 된 것이다.

그럼에도 불구하고 셰익스피어에 대한 라캉의 오독 결과는 욕망과 이어진다. 정신 분석 이론에서 욕망은 성욕으로 압축된다. 타자의 욕망에서 생명 안전 시스템과 직결되지 않는 욕망(성욕)을 우선 순위에 올려 보편화시키려는 시도는 합리화될 수 없다. 성욕이 인간의 원시 욕망인 번식욕으로 승화하려고 해도 생식기 발달이 완성되기를 기다려야 한다. 뿐만 아니라 성욕은 성 기능 미발달 시기인 어린 시절과 퇴화 시기인 노인 시기 그리고 갱년기, 사춘기를 제외해야 하는 등 연령의 제한을 감안해야 하며 섹스의 주기성 제한과 정서와 에너지 제한도 받아야 한다. 주지하다시피, 동물이 따로 정해진 교배 시기를 맞는 것처럼 초기 인간도 그와 다르지 않은 번식기를 겪었을 것이다. 젖을 빠는 아기에게 어머니의 유방은 발달한 성인의 시선에 포착된 성감대가 아니라 한낱 밥그릇에 불과하다. '자기를 보존하려는 기능들 중의 하나'인 어린이의 식욕이 요술을 부려 그대로 "성적인 행동"[51]이 될 수는 없다. 식욕과 수면욕은 연령 제한도 없고 하루도 거르지 않고 매일 반복되기에 성욕보다 더 우선적인 인간의 '자기 보존', 즉 생명 보존 법칙

---

51   『성욕에 관한 세 편의 에세이』 지그문트 프로이트 지음. 김정일 옮김. 2019. 6. 30. p.76.

중의 하나이다.

한마디로 정리해서, 프로이트와 라캉의 이론이 한동안 심리학, 문학, 철학상에서 일정한 영향력을 미쳤다는 사실은 부인할 수 없을 것이다. 하지만 오늘날 과학으로서의 그의 위상은 그 특이한 비논리적인 추상성 때문에 급속도로 빛을 잃어가고 있는 추세이다.

그들의 이론은 심리학 분야에서 그 지위가 갈수록 하락하고 있다. 어떤 측면에서 그 원인은 반증 가능성 기준을 충족하지 못하기 때문이다.[52]

라캉의 프로이트에 대한 강력한 독해는 …… 언어학적, 즉 소쉬르와 야콥슨의 구조언어학을 모델로 삼고 무의식적 메커니즘 구조의 재해석을 통해 심리학의 그림자를 제거함으로써 정신분석학이 '과학적' 의미에서 진정한 '구조 분석'이 되도록 했다.[53]

---

52 『对"伪心理学"说不』基思·斯坦诺维奇(Stanovich, K.E.)著. 窦东徽, 刘肖岑译. 人民邮电出版社. 2012. 1. p.27.

53 『雅克·拉康—阅读你的症状(上)』吴琼著. 中国人民大学出版社. 2011. 5. p.174. 拉康对弗洛伊德的强力阅读……语言学的, 即以索绪尔和雅各布森的结构语言学为模型重新阐释无意识的结构机制, 从而使精神分析学脱除心理学的阴影, 成为'科学'意义上的真正的'结构分析'.

불가지론과
좀비 이론 비판

1. 의식의 불가지론 비판

20세기 70년대 이후부터 영미 철학계에는 마음이 중심 연구 과제로 부상하기 시작했다. 의식에 관한 서방의 그 수많은 연구와 담론들 중 한 갈래인 신신비주의(New Mysterianism)론을 주창하는 대표적인 학자는 영국의 철학 교수 콜린 맥긴(Colin McGinn)이다. 맥긴 교수는 신경심리학, 뇌과학, 천문학, 물리학, 분석철학, 언어철학 등 이론에 대한 다방면의 검토를 통해 의식은 인류가 영원히 이해할 수 없는 미지의 세계일 뿐이라고 단정한다.

의식이 어떻게 물리 세계, 특히 대뇌에 의존하는지는 인간이 풀 수 없는 미스터리다. 어쩌면 지각과 성찰을 통해 구성되는 마음 개념의 전반에 적용될 수도 있다는 관점이 지금 나의 결론이다.

[사진 4] 콜린 맥긴(Colin McGinn) 교수. 신신비주의 이론의 대표 학자.

물질 속에서 더구나 생명의 물질로부터 의식이 산생한다는 것은 일종의 초자연적인 마법인지도 모른다.

그래서 나는 생물학적인 생명의 존재가 의식의 필요조건은 아니라는 결론을 내린다.[1]

---

1 『意识问题』 C. 麦金著. 吴杨义译. 商务印书馆. 2015. 9. p.37. 现在我的结论是：意识如何依赖于物理世界，尤其是对大脑的依赖，这是一个无法被人类解决的谜。这一点也许适用于所有通过感知和内省来构造概念的心灵。 p.60. 从物质中，甚至从生命物质中产生意识，似乎是一种超自然的魔法。 p.253. 于是我的结论是，生物学上的有生命不是意识的必要条件，但在行为上的表现类似于生物则是必要的(在一定精确度上)。

58   제1장. 의식에 대한 논쟁과 생명 보존 법칙

유물주의 관점에서 의식이 정말 "정육점에서 구입한 한 조각의 고깃덩이리"[2]에 불과하다고 하면 맥긴의 입장에서 회의가 생기는 것은, 똑같은 고깃덩어리인데 "뇌는 의식을 생산하지만 여타 다른 육체는 불가능하며 심지어는 조금도 의식을 생산할 수 없기 때문"[3]일 것이다. "결코 뇌가 생산한 하나의 합성물이 아니"[4]라는 대전제하에서는 마음을 물질인 뇌와 연관시킨다는 건 "마법"일 수밖에 없다. 물질과 의식! 그 성분 자체가 질적으로 서로 다른 이 두 개념 사이에는 그가 보건대 어떤 방식으로라도 등식이 성립할 수 없었을 것이다. 맥긴 뿐만 아니라 많은 학자들이 물질, 한낱 고깃덩이에 불과한 뇌에서 비물질인 추상적인 의식이 생산된다는 사실을 도저히 이해할 수 없는 난제로 여긴다. 그것은 마치도 "물이 술로 변하는 것처럼"[5] 그저 신기할 따름이다.

2   『神秘的火焰：物理世界中有意识的心灵』 C.麦金著. 刘明海译. 商务印书馆. 2015. 6. p.21. 意识完全是你在某个肉铺所购买东西的一个好听名字：一堆肉组织。

3   동상서. p.15. 因为大脑产生意识, 而其他那些肉质的器官不能甚至一丁点儿都不能产生意识。

4   『神秘的火焰：物理世界中有意识的心灵』 C.麦金著. 刘明海译. 商务印书馆. 2015. 6. p.53. 心灵根本不是大脑的一个组合产物。

5   『意识问题』 C. 麦金著. 吴杨义译. 商务印书馆. 2015. 9. p.6. 就像从水变成酒一样。

당신은 수면을 취하거나 꿈을 꾸고 있을 때 실제로 주변의 모든 것을 의식하지 못하지만, 마음은 깨어 있을 때 발생하는 동일한 의식적 사건을 여전히 접수한다. 무기물인 돌덩이나 뇌 사망자와는 전혀 다르다.[6]

물질과 의식의 차이에 관한 맥긴의 집요한 회의는 그 범위를 초월하여 비물질적 존재인 꿈과 의식의 쌍방 관계에 대해서도 올가미를 씌운다. 의식의 존재와 내원을 지나치게 뇌에 존속시켰다는 기존 학계에 대한 불만이 드디어 꿈과 마음을 뇌의 독점적 지배에서 분리시키고 싶은 욕망으로 발작한 것이다. 상식적으로 물질인 뇌가 의식을 창조한다면 물질인 육체의 다른 기관도 당연히 의식을 창조할 수 있어야 된다는 생각이 그의 사고에 영향을 미친 것이다. 바로 이 지점에서 맥긴은 심각한 오류를 범하게 된다. 의식에 대한 그의 몰이해는 저변에 육체와 분리된 뇌에 의식이 완전히 귀속된 상식적 이론을 배경으로 삼음으로써 겉으로 드러난 음영일 뿐이다. 육체적인 시청각, 마음은 물질을 매개로 느끼고 뇌는 언어를 매개로 인지(판단)한다는 심리학적 논리를 홀시한 것이다. 뇌를 육체와 격리하는 순간 의식은 자연스럽게 육체와 담을 쌓기 마련이다. 당연히 양자가 유사함에도 의식의 지배에서 벗어난 신비한 육체적 현상을 이해할 수 없게 된다. 육체가 운영하는 마음

6 　『神秘的火焰：物理世界中有意识的心灵』C.麦金著. 刘明海译. 商务印书馆. 2015. 6. p.8. 当你睡着或做梦的时候，你确实没有意识到周围的一切，但你的心灵仍然接纳就像你在清楚时发生的同样有意识的事件。你完全不同于无形的石头或者脑死亡者。

의 불확실한 사연을 해석할 수 없고 물질인 뇌와 질적으로 다른 의식의 내막을 이해할 수도 없다. 육체도, 마음도, 뇌도 의식도 그 모든 것이 그냥 전부가 마법이고 미스터리일 따름이다.

수술 핀셋을 잡은 맥긴은 뇌와 의식의 협력을 훼손하는 근본적인 차이의 원인을 전혀 엉뚱한 곳에서 짚어 낸다. 한마디로 그것은 물질적 속성인 뇌의 공간성과 정신의 속성인 비공간성이라고 할 수 있다. 물질의 공간적 속성과 정신의 비非공간적 속성 간 연대는 일반인들도 다 알 만한 것이지만, 명약관화하게 해석한 학자를 찾자면 이상할 정도로 찾아 보기 힘들다. 맥긴의 생각은 공간적 속성을 가진 뇌에서 어떻게 비공간적인 의식이 탄생할 수 있는가 하는 바로 이 지점에서 놀라울 만큼 합리적인 의심을 가지고 출발한다.

마음은 공간과 내재적인 관계가 없이 오로지 파생 관계만 있을 뿐이다.

그것은 부피나 구조, 크기 또는 모양이 없다. …… 그것은 근본적으로 공간적 창조물이 아니다. …… 마음의 공간성 결여는 중대하면서도 치명적인 문제를 포함한다. 만일 인간의 뇌가 공간적이며 공간 속의 물질 덩어리인데 마음은 비공간적이라면 뇌에서 생성한 마음이 어떻게 지구상에 존재할 수 있겠는가? 뇌는 어떻게 이처럼 자신과 다른 뭔가를 낳을 수 있는가? 한마디로 뇌는 어떻게 공간적인 뭔가에서 비공간적인 뭔가를 생성하는가? 진화론적 관점에서 의식이 뇌 활동에 의해 처음으로 이 세상에 전달되었을 때 이 작은 공간의 뉴런은 어떤 방식으로 비공간적 경험을 제공했을까? 그것은 기적 같고 자연의 질서가 붕괴되는 것이나 다름없다.

(이원론에 따르면) 마음은 확실히 공간적 차원이 없으며 뇌와는 완전히 다른, 확장된 시체이다. …… 확장 불가능한 마음은 뇌에서 산생할 수 없는 존재이다. 분명히 우리에게 필요한 것은 비공간적 본질에 대한 이원론적 견해에 동의하는 동시에 어떤 면에서는 물질에 대해 도덕적 사고를 하는 유물론적 마음의 역사에 동의하는 것이다.[7]

맥긴은 유물주의가 물질인 대뇌와 동일시하기 위해 줄기차게 표방하는 의식의 공간성을 현존의 부재에서 인정해야 함에도 반대하며 결연하게 등을 돌리고, 이원론이 주장하는 의식의 비공간성을 지지하는 결정적인 실수를 저지른다. 회의론자인 그의 입장에서는 데카르트적인 의심의 타깃인 뇌와 의식의 차이를 무시하고 전혀 불가능해 보이는 의식의 공간성을 공공연하게 지지함으로써 스스로의 신비주의 가

---

7   동상서. p.96. 心灵与空间没有内在的关系；它们只有一个空间的派生关系。
     p.98. 心灵空间性的缺乏蕴含了重大而致命的问题：假如大脑是空间的，是一个空间中的一团物质，而心灵是非空间的，那么地球上如何会存在从大脑中产生的心灵？大脑的温室如何孕育出某些如此不同于它自身的东西？简言之，我们如何从空间的东西产生出非空间的东西？就进化观点来看，当意识最初通过大脑活动的护送来到这个世界上，这些小空间的神经元如何设法提供了非空间的经验呢？这似乎是奇迹，是自然秩序的破裂。p.100.
     (二元论认为)心灵确实没有空间维度；它是一个广延的尸体，完全不同于大脑。……作为 无延展性的实体存在，心灵是不会从大脑中产生的……很明显，我们需要是这样一种看法，即同意二元论的意识非空间本质的观点同时赞同唯物主义的心灵史物质以某种方式的道德思想。

설을 포기할 수는 없었다. 후속 담론에서 자세하게 다루겠지만 의식은 비공간적인 동시에 공간적이기도 한 무형의 실체이다. 이 사실을 인정하는 순간 맥긴은 자신이 공들여 설정한 가설을 포기해야 된다는 것을 잘 알고 있었던 듯하다. 의식이 비공간적이라면 맥긴의 신신비주의가 주장하는 것처럼 공간적인 뇌에서 생산되는 것은 불가능하다. 뇌의 지배를 비껴간 꿈처럼 여전히 주변을 의식하는 신비한 현상은 비공간적이며 공간적인 뇌와는 아무런 상관도 없다는 그의 주장도 금시 무색해질 것이다. 맥긴의 사유 코스를 따라가면, 비공간적인 의식은 공간적인 뇌에서 생성될 수 없는 것처럼 기억될 수도 없다. 그러나 인간은 꿈이나 회상을 통해 기억된 이미지를 소환할 수 있으니 의식이 대뇌처럼 부피와 공간성을 가지고 있음을 알 수 있다. 만일 부피와 의식에 공간감이 없다면 뇌나 망막에 기억될 가능성은 제로다. 그런데 한편, 만일 의식에 부피와 공간감이 존재해 기억이 가능하다면 어떻게 그처럼 작은 뇌나 망막에 70~90년 동안의 그 많은 기억이 저장될 수 있는가? 아마도 용량이 넘쳐날 것이 틀림없다. 그럼에도 사람들은 평생 동안 수없이 많고 많은 기억을 하고 있다. 이 사실은 아주 극명하게 의식에 부피와 공간감이 존재하지 않는다는 사실을 입증한다. "현존의 부재"는 그래서 나온 표현이다. 존재하면서도 존재하지 않는 의식이야말로 비물질적이고 비공간적임에도 물실(맥긴의 표현을 빌리면 고깃덩어리)인 뇌에서 생산된다는 것, 신비성보다 더 신기한 현상이 아닐 수 없다. 하지만 맥긴의 이 지독한 회의의 집요함은 결국 "우주의 대폭발"을 빌미로 원시적 의식을 창조하여 뇌 탄생의 이전에로 그 존재를 끌어 올린다. 즉, 그는 최초의 물질에 앞서 독립적으로 존재하는, 대폭발 이전의 원시적이고 비공간적인 의식을 둔갑술을 부려 창조해 내기에 이른다.

> 의식은 정확히 빅뱅 발생 직전의 하나의 우주 화석化石이자 더 이상 존재하지 않는 시간과 실재의 유적이다. …… 그것은 활발하게 움직이는 의식을 우주의 원시성으로 삼을 뿐 진화 과정 속의 새로운 상대적 파생물이 아니다. 어떤 의미에서, 적어도 의식의 기본 요소에서 볼 때 그것은 의식을 물질이나 공간보다 더 원시적으로 만든다.

> 공간과 물질은 초기 우주를 둘러싸고 있었는데 (의식)은 줄곧 배후에 숨어서 (뇌가) 나타나기를 기다리고 있었다.[8]

의식이 대폭발 이전의 비공간적인 우주에서 왜 원시적인 화석으로 "유적遺迹"이 되는가? 당연히 비공간적인 의식에는 활발한 운동의 조건임에도 말이다. 의식은 결국 물질이 산생하기 전에 이미 존재했다는 말이다. 대폭발 전의 물질과 의식은 별개였다. 공간과 물질은 초기 우주에 "묶여包裹" 있고 비공간적인 의식에는 아이러니하게도 활동 대

---

8   동상서. p.103. 意识是大爆炸恰在进行改造工作之前的早期宇宙的一个化石, 是不复存在的时间和实在的一个遗迹。……它把深层活动的意识当作宇宙的原始东西, 而不是进化过程中一个相对较新的衍生物。在一定意义上, 至少从意识的基本成分来看, 它使得意识比物质和空间更为原始。p.102. 空间和物质包裹着早期的宇宙, (意识)一直潜伏在幕后, 待机而出。

신 잠복한 채 뇌의 탄생을 대기待机하고 있다. 이처럼 의식은 물질이 없어도 존재 가능한데 구태여 왜 자신과 다른 공간적인 물질의 탄생을 기다리는가? 물질 대폭발 전의 의식은 감각(시청각)이 없이도 존재하는 의식이다. 뿐만 아니라 육체, 뇌, 감각 기관이 없이도 대폭발은 일어나고 뇌가 탄생할 것을 다 알고 대기하고 있다. 문자 그대로 이러한 의식은 절대 신이 아닐 수 없다. 만일 최초의 화석인 의식이 아무것도 모른 채 대기만 한다면 대폭발과 의식의 결합을 미리 아는 다른 신이 존재한다. 또 대폭발도 모르고 결합도 모른다면 의식은 홀로 존재하며 뭔가를 기다릴 이유(목적)가 없어진다.

> 우주에 대한 빅뱅의 재편에 따라 비공간 우주도 사라졌지만 그 잔해와
> 흔적은 여전히 오늘날까지 인류와 동물의 정신 형태로 보존되어 있다.[9]

최초에는 우주 역시 비공간적이었다가 빅뱅에 의해 비로소 공간화되었다. 그렇다면 의식은 비공간에서 공간화될 가능성이 배제되지 않은 것이며 혹은 공간과 비공간 둘 다 소유할 가능성도 충분하다. 공간적 물질인 뇌에서 비공간적, 무無부피의 의식이 생성된다는 사실을 의심하던 신신비론자가, 갑자기 물질의 탄생 이전에 원시적, 독립적 화석으로 존재하던 의식이 느닷없는 빅뱅을 겪으며 공간화된 뇌 속으로

---

9   동상서. p.103. 随着大爆炸对事物的重组，非空间宇宙消失，但是它的残留
     物和遗迹仍然以人类和动物心灵的形态保存到今天。

진입해 합일했다는 발상을 떠올렸다는 것 자체가 맥긴이 궤변론자로 전락했음을 단적으로 입증해 준다. 더구나 공간적 물질인 뇌와 결합한 의식이 여전히 비물질, 비공간이라는 가설은 어불성설이다. 의식이 비공간적이라면 뇌나 시망막 공간에 기억될 수 없으며 역으로 부피가 있다면 양적 포화 상태 때문에 작은 뇌나 시망막 공간에 저장할 수 없다. 그러므로 반드시 이 두 가지 기능을 모두 가져야만 기억과 저장이 가능해진다. 여기서 우리는 아래의 담론을 위해 맥긴이 태초부터 있었다고 주장하는 의식의 원시성은 비단 비공간적일 뿐만 아니라 육체도, 뇌도 없고 더구나 감각 기관도 없이, 물질과 철저히 독립하여 존재하는 "화석" 즉 시체에 불과하다는 사실을 명기해 둘 필요가 있다.

이 와중에도 맥긴의 회의는 그나마 다행인지 불행인지 진실의 실체와 조우하는 기회를 가진다. 신비론의 몽롱한 안개 속에서 배회하다가 그가 우연히 만난 의식의 진실은 다름 아닌 DNA 즉 생명체의 유전 현상이다. 맥긴은 이 부분에서 예리하고 정확한 안목으로 진실을 직시한다.

당신의 정자와 난자에는 애초 의식이 전혀 없지만, 그러나 그 안에 있는 유전자에는 평생 동안 의식이 있는 마음을 가지는 데 필요한 정보가 포함되어 있다. 그것에는 물질에서 의식이 나오도록 처리하는 물질의 지시가 포함되어 있다. DNA는 생물학적 성장 과정에서 물질이 의식을 생산하도록 촉발할 뿐만 아니라, 의식 생산의 적절한 설명서도 담고 있다. 따라서 이는 유전자가 그러한 일의 발생에 필요한 충분한 정보를 포함하고 있음을 의미한다. 마음의 구성과 뇌 사이를 연결하는 기초적 법칙과 원리는 어느 정도 유전자에 암호화되어 있다. 만일 우리가 지식을 소환하여 설명하자면 유전자는 어떻게 물질로부터 의식을 생성하는가를 알고 있다고 말할 수 있다. 그들은 항상 그렇게 하며 매번마다 하나의 새로운 의식 기관을 구축한다. …… 특정한 의미에서 유전자는 위대한 철학자이자 가치 있는 철학적 정보의 보물고이다.

우리의 마음은 유전자에 이미 포함되어 있기 때문에 생물체가 수요하는 정보 창조의 필요를 느끼지 않는다. …… 당신의 신체의 모든 세포마다에 생물학적 정보의 방대한 유전적 청사진의 사본이 담겨 있는 한 우리는 그 어떤 세포에도 당신의 마음이 갖게 될 것보다 훨씬 많은 정신 관계에 대한 정보가 포함된다고 말할 수 있다. (인지적으로 닫힌 명제를 참이라고 가정할 때) 정신적 문제는 당신의 마음에는 신비하지만 그러나 당신의 유전자는 다르다.[10]

---

10   동상서. pp.199~189. 你所来源的精子和卵子当初根本没有意识，然而存在于它们内部的基因包含着需要确保你终生伴有一个有意识心灵的信息。它们包含着处理物质的指令以做到意识从物质中出现。DNA不但在生物生长过程中引起物质产生意识，而且它也包含产生意识的恰当说明书。所以，这意味着基因包含着此类事情产生的必要和充分的信息。构成心灵和大脑关联基础的法则和原理在某种程度上被编码成基因。如果我们用知识来比喻，我们可以说基因知道如何从物质中产生意识。它们始终在做，每次它们都建成一个新的意识器官。……在特定意义上，基因是一个伟大的哲学家，是一个有价值的哲学信息宝库。我们的心灵不需要包含创造生物体必要的信息，因为我们的基因已经包含着它。……既然你身体中任何细胞都包含着一个你基因蓝本的副本，一个巨大的生物信息库，我们可以说任何这样的细胞都包含着比你的心灵将会具有的更多关于心神关系的信息(假定认知封闭命题为真)。心神问题对你的心灵是神秘的但对你的基因却不是。

앞서 인용한 책 98쪽에서 저자는 공간적인 뇌에서 비공간적인 의식이 생성함에 의문을 제기했다. 그런데 여기서는 뇌와 다를 바 없이 역시 공간적인 물질에 지나지 않는 정자, 난자에 비공간적인 의식이 담겨져 후대에 전해진다고 주장한다. 미세한 세포마다에 의식에 필요한 유전자가 담겨 있다고 역설한다. 결국 돌고 돌아 스스로 자신의 주장을 반박하고 있는 셈이다. 그럼에도 인간의 유전자가 의식에 관한 정보를 담고 있다는 발견은 결코 과소평가할 수 없는 의미 있는 연구라고 해야겠다. 유전자와 의식, 이 양자 관계에서 공간성과 비공간성의 차이만 해결하면 거의 완벽한 주장이다. 그러나 아쉽게도 맥긴은 여기서 발걸음을 멈추고 더 전진하지 않는다. 진일보 발전시키려 하지 않고 맥을 버리고 만다. 물론 차이가 해결되는 순간 맥긴이 그토록 심혈을 기울여 의심의 벽돌로 구축한 신신비주의의 아성이 함락될 수 있기 때문에, 그가 의도적으로 회피하고 있다는 의혹도 배제할 수 없다. 아무튼 그 후속 해결의 임무는 본의 아니게 필자가 떠메게 된 것 같다.

2. 의식의 좀비 이론 비판

좀비 이론가들은 그들의 연구 초점을 전지전능한 뇌의 간섭에서 벗어난 자율적인 신체적 행위와 감정에 맞추고 집중 조명한다. 그 주장을 종합하면 자율적 현상을 의식과 구별하는 이론이라는 것을 Verstynen. T.와 Voytek. B.의 글을 보고서도 간단하게 이해할 수 있다.

연구 목적에서 우리는 좀비에 대한 하나의 전문적인 임상 정의를 개발했다. 관찰을 바탕으로(그리고 과학 분야에서 약자를 사용하는 습관을 기반으로) 우리는 좀비 현상을 "과학적으로" 의식 결핍 활동 저하 장애(Consciousness Deficit Hypoactivity Disorder. 약칭 CDHD)로 분류한다. 이 정의에 따르면 이런 증상이 있는 환자는 완전히 깨어 있는 의식이 결여될 뿐만 아니라 흔히 전반적인 뇌 활동의 감소 상태를 동반한다(당연히 배가 고프거나 화가 나도 뇌 활동이 감소 되지 않는다).

좀비는 의지도 없고 계획도 없으며 더구나 그것에서 파생된 의식의 불꽃조차도 없는 결여된 의식의 특징들이다.[11]

위의 인용문이 과학적 실험의 결과가 아니라 공포 영화 <活死人之夜(산 송장의 밤)>에 등장하는 좀비를 연구 텍스트로 삼았다는 점은 다소 아쉬움으로 남지만, 좀비적 현상이 의식이 부족하거나 감소한 상태라는 결론에 도달하기에는 이것으로도 충분하다. 하지만 그 해석이 아무리 설득력이 있어 보인다고 하더라도 혹자는 이 주장이 프로이트와 라캉이 주장했던 무의식 또는 무의식의 감독 아래 일어난 현상이 아닐

---

11   『僵尸玩过界/死理性派的末日生存指南』维斯提南(Verstynen.T.) 沃伊泰克(Voytek.B.)著. 韦思遥译. 机械工业出版社. 2015. 7. p.18. 出于研究目的, 我们为僵尸设定了一个专业的临床定义。基于我们的观察(也基于我们在科学领域里使用首字母缩写的习惯), 我们"科学性地"将僵尸归类为一意识缺陷活动减退障碍, 简称CDHD。根据这个定义, 有这种症状的患者缺少完整的清醒的意识, 而且通常伴有整体脑活动衰退的情况(当然了, 在他们变得饥饿或者愤怒时脑活动不会减退)。p.21. 它没有意志, 没有计划, 更没有由此而进发出的意识的火花。

까? 그도 아니면 신신비주의가 불가능하다고 주장한 의식과 물질의 합치를 분리한 것은 아닐까? 하는 의혹을 가질지도 모르겠다. 그러나 좀비 이론은 무의식과 뇌와의 결렬, 비언어적, 자율적 현상 등에서 무의식 이론과 공통점이 있으면서도 그것이 결국 소뇌와 변연계(중뇌)와 연결된다는 차이점을 가지고 있다는 점에서 명확히 다르다. 뿐만 아니라 뇌와의 결렬에 의해 오염된 좀비의 의식의 지위는 결여, 즉 부재의 현존이라는 모순된 결과를 빚어 낸다는 아이러니가 주목을 끈다. 그래서 그들이 말하는 부족한 의식은 의식이 아닌가, 부족한 의식과 완전한 의식은 무엇 때문에 달라야 하는가라는 질문 앞에서 속수무책일 수밖에 없다. 그리고 아마도 신신비주의는 좀비 이론의 한 지점, 요컨대 비공간적인 감정이 공간적인 물질인 소뇌, 중뇌와 타협하는 그 지점에서 의혹을 제기할 것이다. 게다가 그들은 같은 비공간 물질인 의식과 감정은 왜 하필이면 분리되어야만 하느냐고, 원인이 뭐냐고 날카롭게 질의할지도 모른다. 물론 크리스토프 코흐(Christof Koch) 같은 학자는 이 무의미한 차이를 깨달은 듯 좀비 반응의 쾌속성을 지적함과 동시에 철저한 분리를 시도한다.

좀비 생체의 가장 중요한 장점의 하나는 그들의 특수성이다. 이는 그들의 반응이 일반적인 직관적 시스템보다 빠름을 의미한다. 당신은 실제로 연필이 테이블에서 굴러떨어지기 전에 그것을 잡으며 난로가 달아오르기 전에 손을 움츠린다. …… 유해한 자극에 반응하여 사지를 움츠리는 것은 척추 반사로, 뇌를 전혀 필요로 하지 않는다.

좀비 생체는 눈, 손, 발과 자세를 제어하고 감각 정보를 패턴화된 운동으로 변환하여 내보낸다. …… 그러나 이 중 어느 것도 의식을 통과하지 않는다.[12]

좀비 생체의 뇌와의 분리 쾌속성과 자율성은 이 밖에도 "안구 운동, 걷기, 달리기, 자전거 타기, 춤추기, 암벽 등반 및 특별히 훈련된 활동"[13] 등이 포함된다. 좀비 이론은 이 많은 동작들 그리고 일부 감정들은 의식을 통과할 필요도 없고 뇌가 전혀 필요하지 않다고 주장한다. 물론 제아무리 자율적인 좀비라고 해도 뇌 의식을 떠나 홀로 존재할 수는 없을 것이다. 사실 뇌 의식과 분리된 좀비 현상 또는 감정에 대해서는 오래전부터 많은 학자들이 연구를 진행해 오고 있다. 연구에 의하면 양자는 서로 독립된 절대적 분리가 아니라 통일된 집합, 통제 기관의 개입이 전제되는 조건부하에서의 통합체이다.

---

12   『意识探秘 : 意识的神经生物学研究』克里斯托夫·科赫(Koch.C.)著. 顾凡及, 侯晓迪译. 上海科学技术出版社. 2012. 6. p.294. 僵尸体最主要的优点之一就是它们的特异性, 这是它们的反映比通用的直觉系统快。你在实际看到铅笔从桌上滚落以前就把它抓住了。你在感到灼热的炉灶高温以前就把手缩回了。……受到伤害性刺激缩回肢体是一种脊髓反射, 它根本不需要脑。p.297. 僵尸体控制着你的眼睛、手、脚和姿势, 并且迅速地把感觉输入转换为有固定模式的运动输出。……但是这一切都不通过意识。

13   동상서. p.467. 眼动、走路、跑步、骑车、跳舞、开车、攀岩, 以及其他经过特别训练的活动。

이는 좀비가 많은 경우 철저하게(신피질 아래에 묻혀 있는 영역) 변연계의 작용에 의존하며 신피질의 충동 제어 기능에는 제약을 적게 받음을 의미한다.[14]

결국 좀비는 뇌는 아니더라도 대신 중뇌-변연계의 작용에 의존해야 하는 부속물일 뿐만 아니라 궁극적으로는 신피질(뇌)의 제약까지 받아야 하는 처지로 전락하며 이른바 '자율성'이라는 허울 좋은 명칭에 먹칠을 하고 만다. 어떤 학자들은 운동 관련 좀비 행위는 변연계가 아니라 소뇌가 관장한다고 주장한다. 물론 그 역시 소뇌 혼자만의 개입이 불안했던지 대뇌의 운동 영역의 개입을 끌어들인다.

예를 들어 내가 위에서 설명한 것처럼 사람들은 정상적으로 걸을 때 근육과 팔다리의 세부적인 활동을 인식하지 못한다. 이런 활동의 제어는 주로 소뇌(뇌의 다른 부분과 척수의 도움을 받아)에서 이루어지지만 뇌의 이른바 운동 영역도 역시 제어하는 것으로 보인다.[15]

그렇다면 서양 학자들이 선호하는 소뇌와 변연계(중뇌)는 도대체 대

---

14   동상서. p.69. 这就说明僵尸在很大程度上依赖于它们的深层(也就是埋在新皮层以下的区域)边缘系统行动, 而很少受新皮层的冲动控制功能的约束。

15   『皇帝新脑/有关电脑、人脑及物理定律』罗杰·彭罗斯著. 许明贤, 吴忠超译. 湖南科学技术出版社. 1995. 10. p.440. 例如我在上面所描述的, 人们在正常行走时, 并不意识到自己肌肉和四肢的细节活动。这种活动的控制主要来自于小脑(头脑的其他部分和脊髓予以帮助), 大脑的所谓运动区域似乎也参予控制。

뇌와 무엇이 다르며 어떤 특징이 있는가 하는 것이 궁금해질 수밖에 없다.

몇십 년 전에 연구자들은 소뇌 내부에 '근육 기억'이라고 불리는 절차적 기억에 대한 정보가 포함되어 있는 것을 이미 알고 있었다. 절차적 기억은 예컨대 어떻게 자전거를 타고 운전하고 줄넘기하고 수영하는가 등의 모두 중요한 것들이다.[16]

"근육 기억"이란 실은 세포 기억이다. 세포는 태어날 때부터 유전자 정보를 기억하는 것처럼 기억 능력을 가지고 있다. 절차 기억은 "사이클링, 줄넘기, 스키, 스케이트, 운전 등 이런 절차 기억은 소뇌에 저장"[17]된다. 그런데 "절차"라는 표현에 어폐가 있음을 지적해야겠다. 예컨대 자전거 타기 기술을 익히려면 타는 과정의 절차—순서만 기억하면 탈 수 있다는 말이 된다. 하지만 자전거 타기 기술을 배우려면 단순히 절차를 기억할 것이 아니라, 두 바퀴 때문에 자꾸만 넘어지려는 흔들리는 자전거 차체에 신체의 자세를 맞춰 나가는 모방 동작을 수없이

---

16 『脑的学习与记忆』斯普伦格(Sprenger.M.)著. 北京师范大学"认知神经科学与学习"国家重点实验室, 脑科学与教育应用研究中心译. 中国轻工业出版社. 2005. 6. p.40. 几十年前, 研究人员就已经知道, 小脑内部含有程序性记忆的信息一有时被称为"肌肉记忆"。程序性记忆对于"怎么做"之类的学习十分重要, 如怎么骑车、怎么驾驶、怎么跳绳、怎么游泳等等。

17 동상서. p.62. 我们骑车、跳绳、滑雪、滑冰、开车的能力就存储在这儿。储存这类信息的脑区位于小脑。

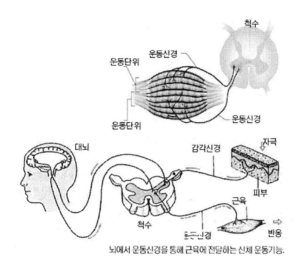

뇌에서 운동신경을 통해 근육에 전달하는 신체 운동기능.

[사진 5] 근육 기억도 뇌의 참여로 가능하다는 것이 일반적인 상식이다. 그러나 동물 기억과 세포 유전 기억은 뇌와 아무런 관련도 없다.

사진 출처: 광주매일신문, 「이봉철 프로의 실전 골프 - 81. 올바른 근육 기억의 사용」

반복함으로써 균형을 유지하는 데 성공해야 한다. 그 최적의 균형 동작을 최종적으로 기억해야 자전거를 탈 수 있게 되는 것이다. 그러니 굳이 표현하면 자전거 타기는 절차 기억이 아니라 관련 근육(기억 기능을 가진 세포들)들의 균형 잡기 기억, 또는 요령 기억이라고 할 수도 있다. 절차는 한 번만 알려주면 기억하지만 요령을 장악하지 못하면 최소 반나절, 또는 최대 며칠 동안 자전거를 탈 수 없다. 요령은 수많은 모방과 반복을 거쳐야만 비로소 터득되며 그것이 관련 운동 세포 내에 각인된다. 절차와 기타 며칠간의 실패 과정은 자전거 타기와는 상관없이 시망막과 뇌에 기억된다. 그런데 변연계를 포함하여 감정을 관장하는 중뇌와 주로 운동에 관여하는 소뇌는 그 특성상 대뇌와 판이하다.

중뇌는 진화 과정 중에서 어지간히 원시적인 뇌 영역으로서 더 발달된 대뇌피질과 전뇌에 비해 대부분 더 본능적인 반응과 관련된다. 그래서 중뇌는 전부 낮은 기능처럼 보인다.[18]

비록 편도체와 같은 영역들이 피질 영역에 포함되지만 피질의 다른 영역들에 비하여 더 원시적이기 때문에 때로 이 영역들을 신피질과 구분하여 구피질(paleocortex)이라고 부른다.[19]

우리는 소뇌와 중뇌가 진화 과정 속의 한 단계에 속하며 대뇌피질에 비해 더 원시적인 구피질일 뿐만 아니라 본능적인 반응 즉 낮은 기능과 관련된다는 단서에 집중할 필요가 있다. 원시적, 낮은 기능은 진화 과정에서 뇌보다 훨씬 오래된 역사를 가지고 있음을 의미한다. 하지만 소뇌와 중뇌의 간섭이 도대체 운동이나 감정에 대해 어떤 범위에서, 또는 얼마만큼의 영향을 미치는지에 대해서는 재고할 필요가 있다.
소뇌에 손상을 입은 환자의 의식은 순조롭게 떠오르며, 다양하면서

---

18   동상서. p.42. 中脑是个进化中的较原始的脑部区域；与进化的较为发达的脑皮质和前脑相比较, 中脑多半与本能的反应有关。所以, 中脑看起来似乎都是低级功能。

19   『감각 및 지각심리학』 E. Bruce Goldstein 지음. 곽호완 등 옮김. 박학사. 2015. 2. 25. p.332.

선명하다는 점도 이전과 마찬가지다. 모양, 색깔, 소리, 냄새, 맛, 통증, 감정, 사고 등 눈을 크게 뜨게 하는 의식의 다양성이 그대로 보존되어 있었다.

소뇌를 꺼내도 의식에는 영향이 없지만, 시상·피질계를 적출하면 의식은 사라진다.[20]

단지 확실한 것은 소뇌와 중뇌가 언어와는 관련이 없으며 언어를 바탕으로 할 때에만 가능한 생각과 사고와도 인연이 없다는 사실이다. 그래서인지 소뇌와 중뇌는 비교적 낮은 수준의 신체적인 좀비 행위와 원시적인 감정과만 연관을 가진다.

사고와 추론은 언어의 표현과 연관이 없다. …… 그러나 언어가 없다고 해서 감정이 없는 것은 아니다. …… 감정은 언어와 사상보다 더 일찍 생겨났으며 또한 더 기본적이다.[21]

---

20   『의식은 언제 탄생하는가』 마르첼로 마시미니, 줄리오 토노니 지음. 박인용 옮김. 한언. 2016. 12. 12. pp.93, 95.

21   『动物有意识吗?』阿尔茨特, 比尔梅林著. 马怀琪, 陈琦译. 北京理工大学出版社. 2004. 5. p.297. 思考和推理都与语言表达无关……但是没有语言并不表示没有情感。……感情比语言和思想产生地更早, 也更为基础。

감정은 언어 이전부터 존재했지만, 뇌의 부가적인 기능인 언어가 없이도 인간에게 더 기본적인 기능이라는 사실을 우리는 기억해 둘 필요가 있다. 환언하면 감정이나 신체 운동 행위는 언어가 없기 때문에 더 원시적이고 낮은 수준이며 또 그런 이유로 인해 그것은 특별히 언어와 연관이 없는 원시적인 소뇌와 중뇌와 인연이 맺어진 것일 수도 있다. 감정이 언어보다 먼저 생겨났다면 그것과 연통된 중뇌(변연계)도 언어 이전에 이미 존재했을 것이 틀림없다. 이 사실은 인간의 언어 이전 삶에서 신체 행위와 감정에 대한 뇌의 판단과 해석이 전혀 없었음을 설명해 준다. 왜냐하면 판단과 해석(사고)은 순전히 언어 기능이기 때문이다. 뇌 해석이 배제된 상태에서 신체 행위의 선택은 몸에 해로운가 이로운가로 간단하게 판가름 났을 것이며 감정에 대한 태도는 좋다, 나쁘다라는 식으로 역시 간편하게 이해되었을 것이다. 해롭거나 이로운 것을 선별하는 능력은 생명체가 태어날 때부터 부모에게 물려받은 유전적 기능이다. 좋고 나쁨의 감정 선택도 그와 다르지 않을 것이다. 이런 유전적 기능들은 심지어 신체의 일부가 제거되더라도 남아 있는 다른 근육 세포에서 여전히 끈질기게 나타난다. 이른바 '환상 사지'가 바로 그런 일례에 속한다. 임상 실험에 의하면 "환상 사지는 사고나 수술로 없어진 팔이나 다리가 그 후에도 오랫동안 환자의 마음속에 남아 있다."[22]라고 한다.

---

22   『두뇌실험실』 빌라야누르 라마찬드란, 샌드라 블레이크스리 지음. 신상규 옮김. 바다출판사. 2015. 4. 1. p.66.

환상 유방…… 환상 맹장을 가지고 있는 환자도 보았다.

성기가 절제된 후에도 환상 발기를 경험한 환자, 자궁 절제 후에도 환상 생리통을 겪는 여성, 사고로 얼굴에 분포한 3차 신경이 잘려나간 후에도 환상 코와 얼굴을 느끼는 남자와 같은 다양한 사례들을 읽을 수 있었다.

가짜 신호에 의해 자극된 톰의 두뇌는 말 그대로 자신의 팔에 대한 환각을 겪게 된다.[23]

더 정확하게 표현하면, 환상 사지 현상이 일어나는 것은 마음 속에 남아 있는 가짜 신호의 작용이나 일종의 환각 때문이라기보다, 팔이나 다리 등 신체가 절단되기 전에 그 부위의 반복적인 모방 운동에 참여했던 나머지 근육 세포들이 신체의 부분적인 절단 후에도 여전히 여러 동작들을 기억하고 있기 때문이다. 한마디로 이런 기억은 매개 세포들이 유전자를 기억하듯이 관련 동작들을 기억하는 기능이 있다는 방증이며, 만약 매개 세포들에 기억 능력이 없다면, 뇌의 참여가 있어야만 가능할 것이다.

좀비 이론은 마치 신의 존재 같은 권위를 누리는 뇌의 전지전능함에 과감히 도전하고는 있지만 아쉽게도 일부 학자들은 여전히 그 예속에서 탈피하지 못하고 허덕이고 있으며 설령 천만다행으로 벗어났다고 해도 그것이 왜 뇌의 지배에서 자유로울 수 있는지, 왜 하필이면 대

---

23   동상서. pp.71, 72, 85.

뇌가 아닌 소뇌와 중뇌와만 교류를 주고받는지 명쾌하게 설명하지 못한다. 그 원인은 그들이 시중에 유행하는 심리학이 주장하는 기존 이론의 좁은 울타리 안에 갇혀 있기 때문이다. 이 한계를 타파하기 전에는 새롭고 설득력이 있는 가설을 세우기는 어려울 것이다.

제3절

생명 보존 법칙

1. 최초의 생명 설계─원시 의식

우리는 지금까지 의식은 물론 이른바 '무의식', 의식 불가지론, 신체의 자율적 행위와 소뇌, 중뇌에 대한 일부 학자들의 주장을 면밀하게 검토했다. 물론 이 밖에도 뇌의 기능을 신처럼 여기며 인체의 모든 것을 뇌가 감독, 조절한다는 뇌 지배론도 존재하지만 후속 담론에서 구체적으로 언급하겠기에 여기서는 생략한다. 사실 위의 가설들은 의식의 비물질성 내지는 추상성과 난해함 때문에 생긴 의혹들에 지나지 않는다. 그럼 이제부터는 본격적으로 쟁론의 초점인 뇌와 의식, 신체 감각, 감정(정서) 기억, 꿈, 언어 등에 대한 나의 새로운 견해를 피력할 때가 된 것 같다. 답부터 미리 한마디로 누설한다면 의식의 뿌리는 생명 보존의 법칙을 토양으로 삼는다. 생명체는 초기에 원시 생명이 시작할 때 살아남기 위해 먼저 뇌에 앞서 원시 의식부터 설계했다.

동물의 생존에서 첫 번째 법칙은 계속 살아가는 것이다. 먹거나 번식하는 따위의 나머지 법칙은 이 첫 번째 법칙이 지켜지지 않는다면 탁상공론일 뿐이다. …… 특히나 중심이 되는 요소는 이 법칙에서 가장 중요한 측면, 바로 잡아먹히지 않기이다.[1]

그것을 원시 의식이라 지칭함은 아직 진화된 뇌, 즉 진화 의식이 존재하기 전의 의식이기 때문이다. 뇌는 인류 최초의 생명에서부터 오늘날의 발달한 뇌가 아니라 실로 "5억 년이 넘는 시간 동안 스스로 진화해 온 기관"[2]이다. 아직 뇌가 충분하게 진화하지 못한 시기에는 미진한 대로 어쩔 수 없이 원시 의식이 생명체를 운영할 수밖에 없었다. 그런데 당신은 진화 의식—"대뇌"가 없는 이 원시 의식에는 놀랍게도 소뇌, 중뇌뿐만 아니라 일견 의식과는 멀어 보이는 시각을 비롯한 감각 기관들과 감정, 욕망과 같은 다양한 정신 현상들도 포함된다는 사실을 미처 알지 못했을 것이다. 시·청각 등은 뇌가 아직 언어, 사유 등의 발달한 기능을 장악하고 충분하게 진화하기 전부터 원시 의식과 협력하여 생명체의 안전, 존속, 번식 등을 관장했다.

---

1   『눈의 탄생 캄브리아기 폭발의 수수께끼를 풀다』 앤드루 파커 지음. 오숙은 옮김. 뿌리와이파리 2007. 5. 14. p.308.

2   『뇌 과학의 모든 역사』 매튜 코브 지음. 이한나 옮김. 도서출판 푸른숲. 2021. 9. 30. p.21.

생명체 그리고 유기체를 둘러싸는 경계 안에서의 생명 욕구는 신경계와 뇌가 출현하기 전에 발생했다. 하지만 뇌가 등장한 뒤에도 생명체와 이 생명 욕구는 여전히 생명과 연계되어 있으며, 내부 상태를 감지하는 능력, 기질 안에 노하우를 보존하는 능력, 그 기질을 이용해 뇌 주변의 환경 변화에 대응하는 능력을 보존하고 확장하고 있다.[3]

이른바 "생명 욕구"는 원시 의식을 도약대로 삼아 실현된다. 생명 보존 법칙은 생명의 첫 시작부터 지금까지 대대손손 세포 내에 유전으로 이어져 왔다. 그것이 생산한 원시 의식은 비단 인류만이 아니라 동물을 포함한 생명체에 두루 공통된 법칙이기도 하다. 나는 뇌 진화 의식과 구별되는 이 원시 의식을 세포(Cell)+유전(DNA 기억)임을 감안하여 CD 의식, 또는 세포 유전 의식이라고 불러도 좋다고 생각한다. 그렇다면 원시 의식은 어떻게 생명체 내에 설계, 저장되게 되었을까?

ㄱ. 생명 보존 법칙의 첫 번째 조건—안전 설계

인간을 포함한 모든 동물 유기체는 생존에 위협을 주는 해로운 것과 이로움을 주는 유익한 것들을 본능적으로 구별할 줄 아는 원시 의식을 유전을 통해 후대에 전한다. 그것은 최초의 생명 탄생 때 설계되고 세포에 DNA로 저장되었을 뿐만 아니라 대를 이어 전승되고 있으

---

3   『느낌의 발견—의식을 만들어 내는 몸과 정서』 안토니오 다마지오 지음. 고현석 옮김. 북이십일 아르테. 2023. 5. 2. p.199.

며, 각 개체의 부단한 모방과 반복에 의해 세월이 흐를수록 공고화된다. 당연히 안전의 판단 기준은 생명에 위해를 주느냐 아니냐에 달려 있을 것이다.

매 개인의 몸에서 다양한 성향은 매개 신체 기관·기능과 마찬가지로 유전으로부터 부여된다. 다만 정상적인 연습 과정을 통해서만 비로소 어떤 특정의 발육 정도에 도달할 수 있다.[4]

우리는 태어날 때부터 자신이 위험에 처했는지 여부를 분별할 수 있는 능력을 소유한다. 모든 사람의 내면에는 위험이 다가옴을 적시에 일러줘 그로부터 안전하게 도망갈 수 있도록 도와주는 훌륭한 보호자가 있다.[5]

유전적 기능은 태어날 때부터 가질 뿐만 아니라 번식을 통해 자연적으로 후대가 물려받지만 반드시 연습 과정을 거쳐야 활성화된다. 연습은 두말할 필요도 없이 다른 생명체에 대한 모방에서 시작된다. 시·청각을 비롯한 감각 기관이 원시 의식에 포함된 원인은 뇌 진화 이전

---

4   『跃升』威廉·麦独孤William McDougall著. 肖剑译. 中国友谊出版公司.
     2018. 7. p.20. 在每个人身上，每种倾向，就跟每个身体器官和功能一样，是
     由遗传赋予的，只有通过正常的练习量才能达到某一个特定的发育程度。

5   『恐惧给你的礼物』加文·德·贝克尔著. 陈羚译. 中华工商联合出版社有限责
     任公司. 2018. 9. p.11. 我们生来就能分辨自己是否身处险境，每个人的内
     心都有一名优秀的守护者，能适时提醒我们危险降临，指引我们安然逃离
     危险。

[사진 6] 8만 6,000년 전 호모 사피엔스의 뼛조각이 발견된 라오스 북부의 탐파링 동굴 입구. 추위 또는 포식자들의 불시의 습격에 대비한 최적의 피난 장소다. 불까지 피우면 조리, 난방, 맹수의 공격 위험을 효과적으로 방비할 수 있는 그들만의 안전지대 역할을 담당할 것이다.

부터 존재했기 때문이기도 하지만, 실용적 측면에서 신체 안전 시스템을 위해 존재하는 동시에 모방을 위해서도 없어서는 안 되는 필수 기관이기 때문이다. 감각의 존재 덕분에 모방 그리고 "개인뿐만 아니라 삶과 죽음의 관계에 대해서도 역할을 하는 본능적 호기심"[6] 역시 생명체의 유전에 입력되어 원시 본능의 중요한 한 측면을 차지한다.

결국 유기체가 설계되던 시초에 위험으로부터 생명을 보호하는 유전적 기능이 신체에 장착된 것이다. 현대는 물론이고 고대, 더욱이 언

---

6 『社会心理学导论』威廉·麦独孤William McDougall著. 俞国良等译. 杭州：浙江教育出版社. 1998. 6. p.44. 好奇本能的作用对个体并生死有关……

어 이전의 원시 생명 시기에 무엇보다도 중요한 것은 준엄한 먹이사슬의 먹고 먹히는 살벌한 생사 판가름의 생존경쟁에서 살아남는 것이었다. 일단 살아 있어야 그다음으로는 먹을 수도 있고 번식할 수도 있기 때문이다. 더구나 선사의 원시 시대에는 인간과 생명체를 위협하는 위험 요소가 도처에 득실거렸다. 아이작 마크스(Marks, 1987)는 이런 열악한 상황에 관해 다음과 같이 서술하고 있다.

> 두려움은 유기체가 위험을 피하도록 유도하는 명백한 생존 가치를 가지는 일종의 매우 중요한 진화의 유산이다. …… 만일 어떤 사람이 아무런 두려움도 느끼지 않는다면 그는 자연조건하에서 오랫동안 살아남을 수 없다.[7]

다이비드 바스는 자신의 저서에서 공포감(두려움)에 대해 이렇게 해석한다.

> 포식자는 인간의 진화 역사에서 반복적으로 나타나는 위협일 가능성이 높다. 위험한 육식 동물들로는 흔히 사자, 호랑이, 표범, 늑대뿐만 아니라 악어와 비단뱀 종류의 파충류도 포함된다. 우리는 지금 단지 인류의 조

---

[7] 『进化心理学：心理的新科学』第4版 戴维·巴斯David M. Buss著. 张勇, 蒋柯译. 商务印书馆. 2015. 9. p.101. 害怕是一种非常重要的进化遗产, 它促使有机体避开危险, 具有明显的生存价值。……如果一个人感觉不到任何害怕, 那他不可能在自然条件下存活较长的时间。

상이 포식자의 공격을 당했거나 부상을 입었을 심각한 확률을 추측만 할 뿐이다. 그러나 원시인의 두개골 손상에서 두개골의 천공 등 흔적이 표범의 이빨과 매우 일치함을 발견할 수 있다. 이 증거는 인류의 조상이 포식자의 공격을 받는 일이 늘 발생했음을 의미한다. 현대 사회에서도 파라과이의 아치UAcèh족을 대상으로 한 연구에 따르면 6%가 호랑이의 공격으로 사망하고 12%가 독사에게 물려 독을 타 죽은 것으로 나타났다.[8]

동물의 생명 탄생과 함께 유전 형태로 신체 안의 세포 속에 DNA 안전장치가 장착된 원인은 "다름 아닌 포식자의 공격을 받는 일이 늘 발생했기" 때문이었다. 먹이사슬 속에 묶여 있는 인간은 포식자인 동시에 포식자들의 먹잇감이 될 수밖에 없으며 그러면 생명은 죽거나 상처를 입게 된다. 생명의 원칙은 살아남는 것이라고 할 때 공격은 반드시 피해야 할 대상이다. 이 안전장치는 "인간의 본성 모두에 존재하는 타고난 공통된 기반"[9]으로서, 위험을 감지하는 신체의 고유한 고성능 원시 레이더이다. 그 레이더 덕분에 생명체는 불안과 공포를 통해 위

8 　동상서. p.101. 捕食者很有可能是人类进化历史中反复出现的生存威胁。危险的食肉动物通常包括狮子、老虎、豹子和狼，还有诸如鳄鱼和巨蟒之类的爬行动物。虽然现在我们只能推测人类祖先遭受捕食者袭击的几率和受到伤害的严重程度，但是从原始人的头骨所受的损伤中可以发现，头骨上的穿孔等痕迹是和豹齿非常吻合的。这些证据表明，人类祖先遭到捕食者攻击的事情时有发生。在现代社会，一项对巴拉圭阿齐人的研究表明，6%的人死于老虎的攻击，而12%的人则是因被毒蛇咬伤而毒发身亡。

9 　『社会心理学导论』威廉·麦独孤William McDougall著. 俞国良等译. 杭州：浙江教育出版社. 1998. 6. p.17. 即人的本性中都存在这样一种共同的先天基础……

험에 효과적으로 대응할 수 있다.

원시사회 시대 사람들은 낯선 숲에 들어서자마자 경계심을 가진다. 다리에 혈액이 충분하게 공급되고 긴장한 나머지 두 손에 무기를 들고 위험 징후가 보이면 즉시 신속하게 자신을 방어하거나 도망갈 준비가 되어 있다.[10]

경보 시스템은 사회적 직관의 한 측면으로서 우리의 조상들로 하여금 본능적으로 포식자와 재난으로부터 도피할 뿐만 아니라 누구를 믿어야 할지 본능적으로 알게 해준다.[11]

이른바 경보 시스템이란 내가 말하는 신체의 유전적인 안전 시스템일 것이다. 물론 안전 시스템은 아무리 유전이라고 해도 어렸을 때는 어른들을 모방하여 도망하는 연습을 하고 안전 시스템의 보조 기관인 시각과 청각, 후각 등 원시 의식을 동원해야만 위험물을 감지하고 대응할 준비가 가능하다. 인간의 공포 심리는 바로 이 원시 의식에서부터 시작된 것이다. 그런 까닭으로 신체 안전과 관련된 유전은 섭취와

---

10   동상서. p.123. 在原始社会时代, 只要走进陌生的森林, 我们就会警惕起来, 双腿供血充足, 双手紧张地拿着武器, 准备在看到危险的蛛丝马迹时, 最迅速地自卫或逃跑."

11   『迈尔斯直觉心理学』戴维·迈尔斯David G. Myers著. 黄珏苹译. 浙江人民出版社. 2016. 7. p.53. 警报系统是社会直觉的一个方面, 它使我们的祖先能够本能地逃避捕食者和灾难, 并本能地知道谁是可以信赖的。

[사진 7] 인류는 포식자의 공격을 슬기롭게 피해야 비로소 생존할 수 있다. 안전을 지켜 잡아먹히지 않는 일은 생명체의 첫째가는 과업이다.

번식의 다른 두 개의 법칙을 제치고 당당하게 생명 보존 법칙의 첫 번째 자리를 차지한다. 먹는 것도 후손을 생산하는 것도 살아야만 가능하기 때문이다. 신체는 생명 보존 법칙을 핵심으로 진화 의식의 결과물인 뇌와는 별도로 그보다 한 단계 낮은 원시 의식을 구축한다. 그럼 계속하여 생명 보존 법칙의 두 번째 원시 의식—섭취 시스템에 대해 담론을 이어가도록 하겠다.

ㄴ. 생명 보존 법칙의 두 번째 설계—취식取食

모든 종이나 개인에게 있어서 생명의 목적은 계속해서 살아가는 것이다. 개체는 종의 유전적 지속을 생명의 가장 높은 사명으로 간주해야 한다. 이 목적 이외의 다른 모든 생명 활동은 전부 이 목적을 위해 봉사하는 수단일 따름이다.[12]

생명은 안전을 확보한 다음에는 먹어야 계속해서 살아갈 수 있다. 물론 먹잇감을 선택하는 데서도 안전이 최우선이다. 취식을 위해서는 식자재의 독성 여부에 대한 정확한 판별이 우선이기에 시각을 중추로 후각과 미각까지(거기에 더하여 부모에게서 배운 모방 경험) 동원해야 안전을 장담할 수 있다. 원시 의식에서 섭취 기능의 설계는 그 바탕에 눈과 코, 입을 통해 해로운 식품을 가려내는 유전적 기능이 선행될 수밖에 없다. 이러한 근본적 유전 기능을 누가 설계했는가 하는 기원 문제는 철학에 넘겨주고서라도 생리학적 차원에서 생명체의 실용적 가치를 놓고 볼 때 절대로 간과할 수 없는 요인이다.

---

12   『人性的起源—从动物本能到人类本性的进化』韩明友著. 吉林科学技术出版社. 2004. 7. p.204. 对任何物种或个体而言, 生命的目的在于延续生命。生命个性必须把物种的基因延续当作生命的最高使命。除了这一目的, 其它任何生命活动都是为这一目的服务的手段。

우리는 반드시 어떤 먹이를 섭취할 수 있고 어떤 것이 독성이 있는지, 어떤 종류는 취식이 가능하고 어떤 종류가 우리를 잡아먹는지 알아야 한다.

실제로 깨어 있는 상태에서 대부분의 동물은 사냥, 취식을 위해 소비하는 시간이 여느 활동에 비해 훨씬 더 많다(Rozin 1996). 먹잇감을 찾는 일은 마치 배우자를 찾아 번식을 도모하는 것과 마찬가지로 생존을 놓고 말해 필요하다.[13]

이런 상황은 비단 동물에게만 한정된 것이 아니다. 생명체 전반에 공통된 특성이라고 해도 과언은 아닐 것이다. 특히 고대, 원시 생명의 시대에는 먹이사슬의 범위 안에서 서로 잡아먹고 잡아먹히는 사건들이 비일비재로 일어났다. 살기 위해서 타자를 잡아먹어야 하는 것과 마찬가지로 타자에게 잡혀먹히지 않아야 하기 때문이다. 특히 그 먹잇감이 식물이 아니라 동물일 때는 더 취식 쟁탈전이 치열했을 것이 불보듯 뻔하다. 이런 피투성이가 되는 먹잇감 확보 전쟁에서 살아남으려면 잡아먹기만 하고 잡아먹히지 말아야 할 뿐만 아니라 독성이 있는 먹잇감을 가려내는 시각 또는 후각, 미각의 선천적인 요령이 필요하다. 아직 과학도 언어도 존재하지 않은 원시 시대에 유일하게 믿을

---

13   『进化心理学：心理的新科学』戴维·巴斯David M. Buss著. 张勇, 蒋柯译. 商务印书馆. 2015. 9. pp.76~77. 我们必须知道哪些东西能吃, 那些东西有毒；哪些物种可以捕食, 哪些物种会猎杀我们. 确实, 在觉醒状态下, 大部分动物花在寻找、捕猎和取食上的时间比其他活动多要多. 寻找食物对于生存而言是必需的, 就想寻找配偶对于繁衍的意义一样.

[사진 8] 나무 위에서 과일을 따먹는 유인원과 먹이 쟁탈전을 벌이는 표범들. 인간도 이와 다르지 않았을 것이다.

하단 사진 출처: blog.londolozi.com / Photo by Simon Smit·Foster Masiy

건 오로지 유전이고 천부적이며 신체적인 식재료 판별 기능, 즉 우리가 주장하는 원시 의식밖에 없다. 물론 독성 여부를 가리는 유전적 기능은 어른들에 대한 모방과 반복적인 실천을 통해 더 유능해졌을 것이다. 이러한 기능은 육체적인 코(후각)와 입(미각)의 도움이 없으면 근본적으로 불가능하므로 이 감각들은 시각과 더불어 당연히 원시 의식을 생산하는 요체가 될 수밖에 없다.

유기체는 현재의 모든 기능, 지각과 행위를 통해 자신의 환경과 마주한다. 만일 환경이 너무 복잡하여 이러한 기능으로 대응할 수 없는 경우 유기체는 어려움에 봉착하게 된다. 다만 새로운 기능을 개발하거나 혹은 아예 환경을 단순화하거나 그도 아니면 둘 다 수행해야 한다.[14]

새로운 기능의 개발은 환경과 대처하기 위한 필요 때문에 기획되며 그 주체는 두말할 필요도 없이 생명 본체가 된다. 눈(시각), 귀(청각), 코(후각), 입(미각), 피부(촉각) 등 감각 기관의 개발도 예외는 아닐 것이다. 생명체에는 결코 이유 없는 기관은 존재하지 않는다. 그것은 원시 의식이 개발되는 처음부터 어떤 필요에 의해서 설계된 것이다. 물론 언어를 사용하여 사유하고 판단하는 진화 의식인 뇌와 비교하면 원시적이지만 그 기초 의식만 가지고서도 인간은 거뜬히 살아갈 수 있다. 그럴 수밖에 없었던 원인은 아직 뇌의 진화가 덜 되고 언어를 장악하지 못했을 때에도 인간은 살아야 하기 때문이다.

---

14 『心灵种种-对意识的探索』丹尼尔. 丹尼特著. 罗军译. 上海科技技术出版社. 2012. 12. p.125. 能动体以它当前所有的机能,知觉与行为去面对自己的环境.如果环境太复杂, 不能由这些技能来对付, 该能动体就会遇到麻烦, 除非它发展出新的技能, 或者干脆简化其环境, 或者说双管齐下。

인류는 5천만 년 전에 일종의 창조력을 가진 특이한 뇌를 진화시켰다.[15]

적어도 5천만 년 전에는 육체적 행위나 감정의 작용이 뇌보다는 주로 원시적인 생명 보존 법칙에 의존했음을 알 수 있다. 이러한 원시적인 생명 보존의 기능은 개개인의 현실 생활의 실천 속에서 부단히 모방과 반복을 거듭하면서 갈수록 공고화되었고 다시 유전적 기억에 추가되면서 후세에 전해졌다. 인간이 생명체로 태어난 시간이 5천만 년보다 훨씬 상회할 것이며 그동안에는 뇌의 지배 없이 원시 의식만으로도 생존이 가능성이 충분했기에 그 기능은 오늘날까지 인간의 신체에 고스란히 유전으로 남아서 심리학을 연구하는 학자들의 온갖 과학적 추측을 불러일으키는 원인을 제공하고 있다. 아이러니하게도 진화된 뇌 이전부터 존재한 감각은 분명 원시 의식에 포함됨에도, 그것은 한 번도 뇌와 분리되어 사고된 적이 없다.

ㄷ. 생명 보존 법칙의 세 번째 설계—번식

인간을 포함한 고등동물의 양성兩性 결합에 의한 번식은 두 가지 장점을 가진다. 첫째, 자신과 똑같은 유전자를 복사하여 자식에게 생명을 물려줌으로써 개인의 생명을 연장할 수 있다. 둘째, 생식生殖을 위해 이성의 짝짓기 상대를 물색하고 그 사이에서 생긴 아기를 임신·

---

15   『史前人类简史：从冰河融化到农耕诞生的一万五千年』史蒂文·米森著. 王晨译. 北京日报出版社. 2021. 2. p.17. 人类50000年前进化出了一种特别有创造力的头脑.

출산하고 기르는 양육 과정에서 인간의 여러 가지 복잡한 감정이 처음으로 생산된다는 점이다. 개체성이 있는 그대로 복제되어 후대로 이어지는 이 유전자에는 당연히 생명 보존 기능도 함께 전수된다.

번식은 모든 생물 종이 면면히 대대로 이어가는 원천이다. 만약 짧은 기간이라도 번식을 망각하면 해당 종은 반드시 멸종하게 된다. …… 이처럼 중요한 번식 활동의 순리로운 진행을 보장하기 위해 '조물주'는—기나긴 생물 진화의 과정—고등동물의 (인류를 포함) 번식 행위를 욕망, 성, 감정, 사랑으로 구성된 세심하고 정밀한 일련의 활동 조합으로 고정화시켰다.

번식 욕구, 성적 충동, 남녀 서로가 느끼는 기쁨, 모자의 혈육 간의 정, 모유 수유와 양육 등의 본능과 정서적 행위 역시 인간의 번식 활동의 주요 내용이다.[16]

생명 보존 법칙의 유전적 설계가 "조물주"의 창조 덕분인지에 대해서는 알 수 없지만 초기부터 유기체에 장착되어 원시 의식을 생산함으로써 생명을 영위한 것만은 확실한 것 같다. 나는 생명 보존 법칙과

---

16   『人性的起源—从动物本能到人类本性的进化』韩明友著. 吉林科学技术出版社. 2004. 7. p.47. 繁殖是任何生物物种世代延续而生生不息的源泉。一个物种哪怕只在一小段时间里忘记了繁殖, 这个物种都必将灭绝。……为了保证如此重要的繁殖活动的顺利进行, "造物主"—漫长的生物进化历程—将高等动物(包括人类)的繁殖行为固化成一系列由欲、性、情、爱构成的细致精确的活动组合。p.48. 繁殖欲望、性的冲动、两性相悦的情感、母子亲情、哺乳和育幼等本能与情感行为同样也是人类繁殖活动的主要内容。

같은 유전은 원초적인 것으로서 가칭 모유전母遺傳이라 부르고 모유전에서 파생된 유전을 자유전子遺傳이라고 부를 것이다. 번식 유전은 모태로서 성이 먼저 시작되고 성기가 나중에 시작되었을 뿐만 아니라 인간의 감정도 뒤를 이어 줄줄이 파생된다. 만일 이 모유전이 없었더라면 성性도 육체적인 감각도 심리적인 감각도 탄생하지 않았을 것이다. 모든 것은 생명의 기본 법칙과 그 몇 가지 원시 기능의 체내 장착으로 가능해진 것이다.

비록 성의 기원은 아주 오래전에 시작되었지만 그러나 짝짓기에 사용되는 성기의 기원은 도리어 좀 늦은 시기였다. 가장 이른 시기의 생식기는 약 6억 년 전에 발생했으며 양서류와 파충류가 진화와 개량이 완성되기를 기다려서야 비로소 오늘날 발달한 포유류의 생식기와 성행위 패턴이 점차 형성되었다.[17]

아마도 성기의 등장은 한명우(韓明友)의 주장과는 달리 일찍이 성이 기원하기 이전부터 존재했을 것으로 짐작된다. 다만 그것이 섹스의 도구로 용도가 확대된 시기가 늦을 따름이지 이미 배뇨 기관으로서의 역할을 담당하고 있었음이 분명하다. 생명 보존 3대 법칙에는 최소 소비 원리라는 부칙(자유전)도 첨부되어 전파된다. 당신은 인체 내 기관들의

---

17   동상서. p.209. 虽然性起源很早, 但用于交配的性器官却起源较慢。最早的
        性器官大约起源于6亿年前, 经过两栖类和爬行类进化完善, 才逐渐形成了
        今天高级哺乳类所具有的性器官和性行为模式。

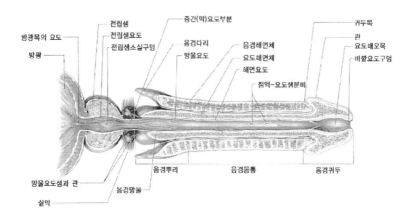

전립샘
방광목의 요도
전립샘요도
방광
전립샘소실구멍
중간(막)요도부분
음경다리
망울요도
음경해면체
요도해면체
해면요도
점액-요도샘분비
귀두목
관
요도배오목
바깥요도구멍
망울요도샘과 관
음경망울
실막
음경뿌리
음경몸통
음경귀두

사진 출처: 지제근, 『알기 쉬운 의학용어 풀이집』, 고려의학

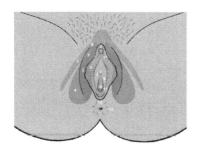

1. 음핵귀두
2. 포피
3. 해면체
4. 음핵 전정구
5. 대음순
6. 소음순
7. 요도관
8. 스킨샘
9. 질전정
10. 질
11. 큰질어귀샘
    (바르톨린선)
12. 회음부
13. 항문
14. 주름 띠(소대)

[사진 9] 생식기의 기원은 파충류 때 배뇨 기관으로 출발하여 점차 이중적인 섹스 도구 기능이 중첩되었다. 성기가 섹스 도구가 된 포유류 단계에는 뇌가 없이도 흘레로 인한 쾌락, 흥분 등의 정서적 감정을 느꼈음을 설명한다. 생존 방식은 자신이 죽지 않는 것과 짝 짓기를 통해 자식에게 생명을 연장시키는 두 가지가 존재한다.

제1장. 의식에 대한 논쟁과 생명 보존 법칙

기능이 절대로 중복되지 않을 뿐만 아니라 도리어 하나의 기관이 두 개 이상의 역할로 겸용됨을 잘 알고 있을 것이다. 예를 들면 눈은 보기와 저장을, 코는 호흡과 후각 작용을, 입은 호흡과 섭취를 겸하며 성기도 섹스와 배뇨 기능을 겸한다. 심지어 입은 호흡, 섭취뿐만 아니라 말, 웃음, 키스와 같은 표정 등으로 훨씬 다용도적으로 사용되고 있다. 신체 시스템은 기관들의 역할을 될수록 최소 소비하거나 가능하면 한 기관을 다용하도록 설계되었기 때문이다. 그래야 신체 효능이 제고되고 신체 에너지도 절약된다. 최소 기관으로 최대 기능을 노리는 이 신체 설계는 생명 보존 법칙의 원시 설계와 유전에 의해 실현될 수 있었다. 내가 주장하는 원시 의식은 어느 누구도 모른 채 지금까지 무의미한 쟁론만 벌여 왔지만 이미 그것에 의해 가능해졌으며 범위도 확정되었다. 시·청각을 비롯한 감각뿐만 아니라 감정까지도 원시 의식의 범위에 속한다. 따라서 인간이 느끼는 희로애락이나 사랑의 감정 역시 원시 의식의 관할 밑에 들어갈 수밖에 없다. 생명 보존 법칙과 원시 의식만 전제되면 그토록 시시비비가 많던 의식에 관한 미스터리도 쉽게 풀 수 있다.

번식 설계의 장착은 양성兩性의 결합뿐만 아니라 여성에게는 출산과 양육의 가무를 부여함으로써 그로부터 새로운 인간의 감정—사랑을 생산하는 결과로 이어진다. 물론 사랑은 이성 짝짓기 상대에 대한 정서에도 녹아 있지만 자식에 대한 여성의 모성애에도 원시 의식으로서의 사랑은 그 뿌리를 깊숙이 박고 있다.

모성 본능(the maternal instinct)은 어미가 새끼를 보호하고 사랑하도록 자극하는데, 이는 거의 모든 고급 계열의 동물들이 가지는 특징이다.

따라서 종의 보호는 부모 본능의 주요한 임무가 된다. 새끼를 보호하고 사랑하는 것은 어미 동물로서 무엇보다 중요하고 장기적인 의무이다. 어미는 모든 에너지를 쏟을 뿐만 아니라 이 기간 동안 언제든지 붕괴, 고통, 죽음을 감내할 수 있다. 이런 본능은 다른 모든 본능보다 더 강력하기에 공포 본능을 포함한 기타 본능을 압도할 수 있다. 따라서 이런 본능은 직접적으로 종의 생존을 위해 봉사한다.[18]

모성애는 세상에서 가장 지속적이고 이타적이며 진실한 감정이다. 아이가 이 세상에 아직 태어나기 전부터 조건 없는 모성애는 기다리고 고대한다.

---

18   『社会心理学导论』威廉·麦独孤William McDougall著. 俞国良等译. 杭
      州 : 浙江教育出版社. 1998. 6. p.49. 母性本能促使母亲去保护和爱护她的
      后代, 这几乎是所有高级种系的动物都具有的特征。p.50. 因此种系的保护
      成了父母本能的主要任务。在这类动物中, 保护和爱护年幼的个体是母亲高
      于一切的长期的职责, 她将投入所有的精力, 而且, 这期间任何时候都可能
      经历溃泛、痛苦和死亡。这种本能变得比其他任何本能都更强大, 它能够压
      倒其他本能, 包括恐惧本能, 因为这种本能是直接服务于种系生存的。

모성애는 달콤한 젖이자 세심한 보살핌이며 조건 없는 배려이고 진심 어린 축복이다. 따스한 봄바람이자 비와 이슬이며 햇빛이다.[19]

모성애의 이 천부적인 사랑의 감정은 그 정도가 고통의 감내를 넘어 죽음도 두려워하지 않는 진심이다. 신체의 안전 시스템은 외부 위협에 대한 경계심으로 불안, 공포의 심리 감각(육체 감각과 쌍을 이룸)을 통해 작동하고 내면의 모성애로부터는 짝짓기와 더불어 사랑, 기쁨, 슬픔, 증오, 복수 등의 심리 감각을 생산한다. 출산의 기쁨, 죽음에 대한 슬픔, 자식에게 불행을 안겨준 자에 대한 증오와 복수심 등등 이러한 심리 감각들은 물론이고 모성애는 한 걸음 더 나아가 아기의 호기심과 모방의 대상이 되며 성장을 도와준다. 어머니에 대한 아이의 호기심과 모방 능력은 "학습의 산물이 아니라 세대를 거쳐 유전되는 것이기 때문에 타고난 본능이다."[20] 본능과 감정은 심리 감각의 형태로 육체 감각과 더불어 원시 의식의 범주에 속한다. 원시 의식은 진화한 대뇌의 지배를 거부하고 변연계, 즉 중뇌, 소뇌와 결탁한다는 공통점이 존재한다.

---

19   『人性的起源―从动物本能到人类本性的进化』韩明友著. 吉林科学技术出版社. 2004. 7. p.50. 母爱是这个世界上最执着, 最无私, 最真挚的为噶情感。当婴儿尚未来到这个世界, 无私的母爱便早已在等候和盼望。p.52. 母爱是甘甜的乳汁, 是细心的呵护, 是无私的关怀, 是心底的祝福, 是和煦的春风和雨露阳光。

20   동상서. p.78. 使通过世代遗传获得的, 所以是一种天赋本能。

모든 포유류의 뇌에는 거의 원본 그대로 파충류의 뇌 즉 원시적인 본능과 행위를 담당하는 조직이 유지되고 있다. 동시에 또한 뇌간 외부에 하나의 새로운 뇌 조직 부분이 진화했는데 이것이 다름 아닌 감각과 감정을 담당하는 변연계 중추 신경계통이다.[21]

변연계는 '대뇌'가 아니라 원시적인 중뇌에 배속된다. 저자 한명우(韓明友)는 '대뇌', '대뇌 조직'으로 표현하지만 그 자신도 이 '뇌'는 아직 덜 진화된 원시적인 "파충류 뇌의 원본 그대로"라고 지적하고 있다. 진화가 완성된 뇌는 원시적인 뇌와는 달리 언어를 장악할 뿐만 아니라 사고와 판단, 감각 정보에 대한 해석까지도 가능하다. 아직 언어 기능도 사고와 해석 능력도 없는 파충류 시대의 오래된 중뇌(변연계)와 소뇌와 연결되는 모든 심리 현상과 행위, 감정은 원시 의식에 포괄된다. 뇌의 진화가 완성된 후에도 해석이 배제된 양자의 음성적 연결은 여전히 존재하며 많은 학자들로 하여금 심리 해석에서 혼란을 겪도록 교란하고 있다.

이제부터 나는 아래에 진행될 담론에서 시각으로부터 시작하여 육체적 감각, 보이지 않는 내밀한 감정, 언어와 사고, 해석을 동반한 진화 의식에 이르기까지 의식과 관련된 나의 생각을 상세하게 피력할 것이다. 본격적인 시작에 앞서 먼저 서던캘리포니아대학교의 신경과학

---

21 동상서. p.53. 所有哺乳类动物的大脑中都几乎原封不动地保留了爬行动物的大脑即负责原始本能行为的脑干组织, 同时又在脑干外面进化出一块新的大脑组织部分, 这就是负责感觉与情感的边缘中枢神经系统。

석좌교수이며 심리학, 철학, 신경학 교수, 소크 연구소의 겸임교수인 안토니오 다마지오가 제시한 '핵심 의식'에 대한 비교 검토를 통해 내가 주장하는 원시 의식의 내용과 범위를 확정 짓고 넘어가려고 한다.

2. 다마지오의 "핵심 의식"과 원시 의식

다마지오는 드물게 의식을 두 단계로 구분한 심리학자다. 프로이트처럼 의식과 그것과는 질적으로 다른 무의식으로 완전히 둘로 쪼갠 것이 아니라 (핵심)의식을 (확장)의식과 간격만 벌려놓는 기발한 가설을 구상해 냈다. 의식과 무의식은 그 상이성 때문에 분류될 수 있지만 같은 의식이 둘로 나뉜다는 발상은 아무리 학자라고 해도 쉬운 착상은 아닐 것이다. 핵심 의식과 확장 의식의 분류 가설을 제시한 다마지오의 현명함은 절묘한 차이를 띠는 의식의 미세한 이중성을 누구보다 먼저 어렴풋이나마 간파했다는 사실에 있다. 그렇다면 다마지오의 핵심 의식과 내가 주장하는 원시 의식의 공통점과 차이점은 어디에 존재하는지 좀 더 깊이 들여다보기로 하자.

> 좀 더 구체적인 말로 하면 의식은 살아 있는 유기체 안에서 시각적, 청각직, 촉각적, 본능적 이미지 등 모든 종류의 이미지가 생성될 때 동반되는 일종의 느낌이다.

진화 과정에서 정서는 의식이 출현하기 전에 나타났다.[22]

　시각, 청각, 촉각은 신체 감각이고 본능은 심리 감각이다. 다마지오는 감각·본능과 의식을 먼저 각각 짝을 가른 다음 상호 동반되는 양자 관계로 사고한다. 그러나 나는 감각과 본능을 원시 의식에 하나로 통합한다. 다마지오는 한편으로는 유전의 연결 고리를 단절한 상태에서 공시적 관점에서 개인의 감각 기관의 단일 체험에 초점을 맞추지만 나는 유전의 다리를 건너 통시적 관점에서 신체 기관들의 기원 순서에 초점을 맞췄다. 다른 한편으로 다마지오는 관찰의 기준을 바꿔 이번에는 '정서' 문제에서만 갑자기 유전의 다리를 건너 통시적 입장에서 정서가 의식이 출현하기 전에 나타났다는 시간의 순서를 적용한다. 감각과 정서에 대한 부동한 관찰 기준으로 인하여 결론에 혼란이 나타날 수밖에 없다. 사실 유전학 또는 통시적 관점에서 보면 정서뿐만 아니라 시각, 청각 등도 다마지오가 규정하는 '의식'이 출현하기 전에 나타났다고 할 수 있다(제2장 1절 참조). 이런 이유 때문에 정서만 의식과 다르고 감각은 예외라는 모순적인 결론이 도출되는 것이다. 정서와 의식이 연결되자면 양자의 공존이 전제되어야 한다. 물론 그것은 원시 의식과의 연결일 것이다.

22　『느낌의 발견 - 의식을 만들어내는 몸과 정서』 안토니오 다마지오 지음. 고현석 옮김. 북이십일 아르테. 2023. 5. 2. pp.51, 64.

정서와 의식이 다른 현상이지만 이 둘의 근간은 연결되어 있을 수 있다 는 뜻이다.

정서와 핵심 의식은 같이 존재하거나 같이 부재함으로써 대개 함께 움직인다.[23]

다마지오에게서 정서와 의식은 서로 다른 현상이지만 시각과 동반되는 느낌인 의식처럼 함께 움직인다. 의식의 출현 전에 기원한 정서가 의식(핵심 의식)이 없는 동안 어떻게 연결될 수 있었는지에 대해서는 아무런 설명도 없다. 오로지 정서와 감각이 의식과 공존할 때에만 존재의 명분이 성립된다. 물론 그 의식은 내가 주장하는 원시 의식이다. 정서는 진화 의식과는 연결이 원활하지 않다. 그러면 다마지오가 야심만만하게 개발한 핵심 의식에 관한 가설은 도대체 그 범위가 어디까지 포함될지가 궁금하다. 물론 그는 자신의 저서에서 유전, 본능, 욕망, 감각, 감정 등 심리 현상 중에서 핵심 의식의 범위에 대해 확실한 증거를 제시하지 않고 있다. 도처에서 삐걱거리고 모순되는 담론을 미루어 볼 때 아마 그 자신도 이 부분에 대한 견해에서 헷갈렸던 모양이다. 대체로 모든 심리 현상들을 "느낌"이라는 애매모호한 심리학 용어로 얼버무리고 만다.

---

23   동상서. pp.64, 146.

[사진 10] 다마지오는 의식을 두 단계로 구분한 심리학자다. 그의 "핵심 의식"은 나의 원시 의식과 유사하지만 실질적으로 다르다.

핵심 의식(core consciousness)의 범위는 지금 그리고 여기다. 핵심 의식은 미래를 밝히지 않는다. 그것은 한순간 전의 과거만 희미하게 보여줄 뿐이다. 다른 곳도 없고 이전도 없고, 이후도 없다.

확장 의식(extended consciousness)은 …… 세계를 명확하게 인식하게 해주는 장소 감각도 제공한다.[24]

---

24   동상서. pp.37, 38.

핵심 의식의 "지금, 여기"와 확장 의식의 "인식, 장소" 사이의 차이는 분명하지 않을 뿐만 아니라 애매하기까지 하다. 확실히 인식은 느낌보다 한 템포 늦게 도착한다. 사건 종료 직후나 조금 뒤에 나타나는 것이 보통이다. 데리다의 디컨스트럭션 이론처럼 다마지오는 기발하게도 바로 이 지점의 틈을 파고들어 질적으로 서로 다른 두 개의 신체 기관이 동시에 투입되어 사건을 인지하는 과정을 강압적으로 시간에 뒤섞어서 시간 단위로 선후를 나눈다. 하지만 인식과 감각적 느낌은 그렇게 쉽게 선후가 나뉘지 않는다. 다리가 갑자기 끝났음을 목격한 사람이 그것의 원인이 붕괴임을 인식하면 즉시 불안을 느낀다. 이 경우 인식은 느낌보다 선행된다. 그러니까 다마지오는 인지의 대상인 사건을 시간 단위로 쪼개려 했고 나는 인지의 주체인 뇌와 느낌의 육체적 기관인 시각 등의 본질적 차이에 중점을 둔 것이라 할 수 있다.

또한 다마지오는 핵심 의식은 "다른 곳도 없고 이전도 없고 이후도 없다."라고 섣불리 단정한다. 다른 곳이 없을 수는 있어도 이전(과거)과 이후(미래)가 없다는 말에는 동의할 수 없다. 설사 지금, 여기서 느끼는 것이라고 해도 장소는 반드시 포함될 것이다. 핵심 의식도 기억되면 이후에까지 죽 이어지며 미래의 일정한 지점에서 고개를 돌려 출발점을 돌아보면 그곳이 다름 아닌 과거다. 실제로 시각 이미지는 망막에 저상되며(제2장 2절 참조), 이렇게 저상된 과거 이미지는 시간이 흐른 뒤 필요에 의한 욕망의 부름을 받고 꿈이나 회상으로 소환될 뿐만 아니라 상상을 통해 미래의 모습을 그리는 데도 사용된다. 맹수가 출몰하는 위험 지역이 한번 망막에 기억되면, 이 기억을 가진 동물은 시간이 흐른 뒤에도 두 번 다시 그곳을 지나가지 않는다.

이처럼 일차적인 느낌은 육체 감각이나 심리 감각에 속하며 '인식', 느낌에 대한 해석 기능은 뇌의 관할에 속한다. 이러한 원시 의식은 최초에 생명 보존 법칙에 의해 설계되었으며 뇌의 진화는 원시 의식이 제공한 복잡하고 몽롱한 외부 정보에 대한 조금 더 확실한 해석의 필요성에 의해 별도로 개발된 신체 기관이다. 뇌는 진화 과정에 언어를 장악하게 되면서부터 원시 의식과 간격을 벌리며 급속도로 발달했다. 그 이후로 뇌는 이전에는 중뇌와 소뇌가 관여했던 감정과 행위에 이르기까지 간섭 범위를 대대적으로 확대했다. 하지만 범위만 넓어졌지 실효성까지 확대된 것은 아니었다. 감정을 비롯한 많은 심리 정보들이 항상 뇌와 느슨하게 연결되어 있지만 내막을 모르기는 여전히 예전이나 다를 바 없다.

> 핵심 의식은 간단한 생물학적 현상이다. ……… 인간에게서만 나타나는 것도 아니며, 일반적인 기억, 작업 기억, 추론, 언어에 의존하지 않는다. 반면 확장 의식은 복잡한 생물학적 현상이다. …… 핵심 의식이라는 초감각(supersense)은 앎이라는 빛으로 들어가는 첫째 발걸음이며 …… 핵심 의식이 앎으로 진입하기 위한 통과의례라면 …… 확장 의식은 핵심 의식이라는 기초 위에 구축된 의식이다.[25]

---

25   동상서. p.38.

생명 보존 법칙과 뇌로서는 해석이 불가한 신비한 감정을 포함한 유전적인 핵심 의식이 "간단한 생물학적 현상"이고 확장 의식은 "복잡한 생물학적 현상"이라고 단정하는 이유는, 핵심 의식이 동물에게서도 나타나는 데 반해 확장 의식은 인간에게서만 나타나며 기억, 추론, 언어에 의존하기 때문인가? 동일한 생물학적 현상인데 차별 대우를 받는 기준은 도대체 무엇인가? 적어도 포유류 계열의 생명체에게 생물학적 현상은 최초의 생존 설계부터 간단하지가 않았다. 눈, 귀, 코, 입 등 감각 기관은 확장 의식의 근본인 뇌나 그가 자랑하는 추론이나 언어를 위해서가 아니라 "간단한 생물학적 현상"으로서 대대로 유전되는 생명 보존 법칙의 필요에서 개발되고 신체에 장착된 실용적인 기능들이다. 이 기관들의 설계와 개발, 유전 과정에서 결정적인 역할을 한 요소는 다마지오의 표현을 따오면 그것의 기초가 된 핵심 의식이지 결코 뇌로 대변되는 확장 의식이 아니다. 다마지오는 기초는 간단해도 되고 그 위에 축조된 건물은 복잡해야 한다고 말하고 있는 셈이다.

뿐만 아니라 다마지오는 핵심 의식은 "앎"은 있으나 "일반적인 기억은 없는" "간단한 생물학적 현상"이라고 단정한다. 그런데 앎에는 반드시 인식 즉 해석이 전제된다. 『표준국어대사전』에서 동사 "알다"는 '교육이나 경험, 사고 행위를 통하여 사물이나 상황에 대한 정보나 지식을 갖추다'로, 명사 "인식認識"은 '사물을 분별하고 판단하여 앎'이라고 단어 해석이 되어 있다. 두 단어는 거의 동의어에 가까울 뿐만 아니라 누가 보아도 다마지오의 확장 의식과 닮아 있다. 뇌의 기능인 "인식"은 곧 "앎"이다. 도대체 "앎의 첫째 발걸음"과 "앎의 빛"의 차이는 무엇인가? 첫 번째 걸음이 아니면 몇 번째 걸음 만에 앎의 빛과 만날 수 있는가? 그렇다면 첫째 걸음은 어둠이며 그도 아니면 빛도 아니고 그 중간 상태란 말인가? 아리송하다. 이른바 핵심 의식의 "일반적 기억"에 대해서는 위에서 간단히 언급했고 감각 담론에서 상세하게 다룰 것이므로 여기서는 이만 생략하겠다. 다만 시각기관의 망막은 일반적 이미지 기억도 다른 이미지 기억들과 마찬가지로 저장한다는 사실만 기억해 두자.

그런데 그 인식(해석) 기능은 다마지오에게서는 이상하게도 뇌 하나에만 부여되고 느낌에서는 미련 없이 말끔히 박탈된다. 사실 "확장 의식은 핵심 의식이라는 기초 위에 구축된" 수직적 구조가 아니다. 정확하게 표현하면 핵심 의식의 앞 또는 뒤에 횡선으로 구축된 수평 구조이다. 그 둘 사이에는 시간적 차이만 혼재할 뿐 어느 쪽이 다른 어느 쪽을 위해서 필요한 주종主從 관계는 아니다. 다시 말하면 핵심 의식이 존재하기 때문에 확장 의식이 존재할 수 있는 그런 스타일이 아니다. 아마도 다마지오는 임상 실험의 결과를 그런 식으로 오해한 것 같다.

신경 질환 임상 연구 결과에 따르면 확장 의식이 손상되어도 핵심 의식은 그대로 보존된다. 이와는 대조적으로 핵심 의식 수준에서 손상이 일

어나면 확장 의식을 포함해 의식 전체가 무너진다.[26]

결국 핵심 의식 즉 원시 의식은 생명 보존 법칙에서부터 유래된 생물체의 기본 주축을 이루는 의식이며 확장 의식은 진화된 신체 국부(뇌 부위)의 특이한 부산물이다. 그래서 확장 의식은 핵심 의식을 바닥에 깔아뭉개고 그 위에 구축되는 것이 아니라 나란히 병존하는 의식이라고 정의할 수 있다. 확장 의식이 핵심 의식의 존재 여부에 대한 결정권을 소유하는 것이 아니라 핵심 의식이야말로 확장 의식의 존재 여부에 대한 결정권을 행사하는 진정한 주체이다. 계속하여 다마지오의 가설은 핵심 의식과 언어의 관계에 대한 설정 문제에서도 오리무중 속에서 허덕이고 있다.

언어는 마음에 놀라울 정도로 큰 기여를 하지만, 핵심 의식에는 전혀 기여를 하지 않았다.

의식이 언어의 존재에 의존한다면 내가 여기서 말하는 핵심 의식은 존재할 수 없게 된다.[27]

---

26   동상서. p.39.

27   동상서. pp.158, 265.

과거 이미지와 꿈 그리고 회상과 상상은 언어에 의존하지 않기에 당연히 핵심 의식(원시 의식)에 귀속되어야 하지만 다마지오는 무슨 원인에서인지 은근슬쩍 핵심 의식의 범위에서 제거한다. 아마도 시·청각 등 감각의 현장성과 일차성에 너무 집착한 나머지 그 영역을 벗어났다는 이유로 배제했을 수도 있다. 핵심 의식의 순간성 즉 시간성에 대한 애착은 시간을 횡단하는 핵심 의식의 유전성과 심리학계에 유행하는 협애한 기존 시각 이론의 울타리에 갇혔기 때문에 어쩔 수 없이 빠질 수밖에 없는 수렁이었다. 목적은 확장 의식의 범위를 시간의 올가미에서 구원하려는 것이었다. 시간의 테두리에 얽매이면 그가 고안해 낸 "확장"이 불가능하기 때문이다.

그나마 다행스러운 것은 다마지오의 선견지명이 비록 "정서"라는 단일적인 측면에서일망정 내가 주장하는 원시 의식, 심리 감각과 유사성을 보인다는 점이다. 그는 정서를 핵심 의식과 동일시하면서 "느낌"이라는 하나의 망이 없는 그물 안에 포획한다. 정서가 감각처럼 "느낌"이 되는 순간 그것은 나의 심리 감각을 연상시킨다. 그는 담론을 진일보 전개하여 정서가 뇌의 출현보다 빠름을 역설하고 있다. 이 논리 또한 뇌가 진화하기 이전에, 인류의 뇌가 아직 파충류의 변연계 수준에 머물러 있을 때부터 출현한 것이 바로 원시 의식이라는 나의 주장과 얼핏 닮아 보인다.

원시 의식은 뇌의 진화가 아직 덜 된 시기에 중뇌와 소뇌와 연합하기도 하고 독립하기도 하며 인간의 정신세계를 컨트롤하던 심리 시스템이다. 물론 원시 의식은 뇌가 충분하게 진화하고 언어 장악을 도구로 하여 사고와 판단을 할 수 있는 지금에 와서도 생명 안전 법칙 유전의 보호 아래 자율적인 시스템을 유지하고 있다. 원시 의식의 범위는 생각보다 더 훨씬 광범위하다. 시각, 청각을 비롯한 오감은 물론이고 감정, 욕망, 본능에 꿈, 상상을 더하며 근육 세포의 일부 동작까지 포함된다. 그중의 많은 현상들은 동물들에게도 존재하지만 일부 심리 현상은 인간에게만 존재한다. 의식의 담론에서 불가지론이나 신비론, 또는 여러 가지 가설들이 혼재하는 이유는 이 원시 의식은 뇌의 언어적 사고나 판단에만 의존하기 때문이다. 생명 보존 법칙의 유전적 인소를 배제하면 이해하기 어려운 것이 원시 의식이다. 뇌는 언어를 장악하고 기억을 부호화하고 사고와 판단을 하지만 그 진화 과정이 겨우 몇 억 년에 불과해 그 기원으로 말할 때 원시 의식에 훨씬 뒤지는 후발 주자이다.

뇌는 5억 년이 넘는 시간 동안 스스로 진화해 온 기관이다.[28]

뇌의 생성에 비할 때 생명의 역사는 그보다 몇 갑절 더 오랜 시간이 경과했다. 인간은 뇌가 발달하지 않은 시대에도 의식을 가지고 살아야 한다. 그 의식이 중뇌와 소뇌와 연대한 원시 의식이라 하녀라도 인간

---

28 『뇌 과학의 모든 역사』 매튜 코브 지음. 이한나 옮김. 도서출판 푸른숲. 2021. 9. 30. p.21.

에게는 반드시 필요한 것이었다. 여기서 이 장을 마무리하고 제2장에서는 원시 의식에서 가장 중요한 가치를 가지는 시각에 대해서 담론을 진행하려고 한다. 눈은 언제 탄생했으며 인간의 생명에서 어떤 의미를 가지는지, 또한 시각은 어떻게 진행되었는지 그 과정에 대해 면밀히 살펴볼 것이다.

제2장.

원시 의식과
시각

제1절 ════════════════

눈의 탄생과 시각

1. 눈의 기원

생명 보존 3대 법칙은 지구 위에서 생명이 시작된 최초에 설계되어 모든 동물의 체내에 원시 의식 형태로 장착되었다. 이 원시 의식의 가동으로 인하여 생명체는 시청각을 비롯한 감각과 뇌가 잇달아 발생하게 되었다. 뿐만 아니라 서식지가 육지로 바뀌면서 물이 아닌 땅 위에서의 활동을 대비한 딱딱한 피부와 바다 물속에서의 이동 도구인 지느러미 대신 육지에서의 신체 이동 도구인 사지四肢 구조의 필요성이 급박하게 대두했다.

현실에서 동물들의 생존에 작용하는 법칙들은 진화에 대한 선택 압력, 곧 생존 가능성을 높일 수 있는 메시지를 가지고 유전자에 작용하는 보이지 않는 힘이다. 그리고 선택 압력은 종이 아닌 개체에 직접 작용하며, 따

라서 종 수준의 생존 요소일지라도 개체를 통해 전달된다.[1]

DNA에 새겨져 유전자 형태로 개체를 통해 전해지기 때문에 보이지 않지만 안전을 담보하는 에너지인 이 생명 보존 법칙은 생명의 탄생과 함께 작동 스위치도 켜졌다. 학계의 연구 결과에 따르면 생명이 첫발을 뗀 시기는 정확하게 캄브리아기라고 한다. 캄브리아기에 발생한 대폭발로 다양한 동물문의 생명체들이 짧은 시간 안에 갑자기 지구 위에 나타났다는 가설이다. 서양 학자들은 생명의 발상지가 육지도 아닌 바다 밑 깊은 해저라고 주장한다. 앤드루 파커가 주장하는 이 "모든 동물문에서 외형이 동시에 진화한 사건"[2] 즉 캄브리아기 폭발 사건은 우리 담론의 주제인 눈의 탄생과 연관된다.

　　5억 4,400만 년 전에는 사실 여러 가지 외부 형태를 지닌 3개의 동물문이 있었으나 5억 3,800만 년 전에는 오늘날과 똑같은 38개의 문이 존재하고 있었다고 말이다. …… 그렇다면 그레이트배리어리프에서 볼 수 있는 신체 건축학의 엄청난 다양성은 모두 그때부터 5억 4,300만 년 전까지 500만 년 사이의 기간(일부 학자들은 1,500만 년이라고 본다)에 등장했을 것이다. 사실 이 해석이 진실에 더 가깝다. …… 캄브리아기 폭발은 모든 동물문이 저마다 복잡한 외형을 획득하게 된 진화의 일대 사건이다. 다시

1　　『눈의 탄생 캄브리아기 폭발의 수수께끼를 풀다』 앤드루 파커 지음. 오숙은 옮김. 뿌리와이파리. 2007. 5. 14. p.308.

2　　동상서. p.68.

말해서 모두 똑같게만 보이던 동물문들이 서로 다른 모습으로 변하게 된 사건인 것이다.[3]

나는 여기서 눈에 관한 담론을 잠시 접어두고 캄브리아기 폭발 원인에 대한 파커와 학계의 가설에 대해 잠시 검토하고 넘어가려고 한다. 그것은 파커가 캄브리아기 폭발의 원인을 이상하게도 눈의 탄생에 귀속시키려 하기 때문이다. 이른바 그의 "빛 스위치" 가설이다. 그리고 필자는 엘사 판치로리(Elsa panciroli)의 캄브리아 폭발 원인에 대한 분석에도 일부는 동의하지만 다른 주장을 가지고 있다. 먼저 파커의 견해부터 들어 보자.

지구에 빛의 스위치가 켜졌고, 그 빛은 선캄브리아 시대를 특징지었던 점진적 진화에 종지부를 찍었다.

결국 한 삼엽충에게 나타난 최초의 눈을 통해 시각의 진화가 캄브리아기 폭발에 불을 당겼다. 이것이 내가 풀고자 했던 그 문제, 캄브리아기 수수께끼의 답이다. …… 눈은 눈에 대한 지배적인 선택 압력이 한 단계 높아졌을 때 진화했다.

---

3   동상서. p.31.

캄브리아기 폭발은 시각의 갑작스런 진화로 촉발되었다.[4]

    선캄브리아 시대의 "점진적 진화에 종지부"를 찍음으로써 폭발적 진화에 "불을 당기는" "빛의 스위치"와 "한 삼엽충에게 나타난 최초의 눈을 통한 시각의 진화"는 보편성과 개별적인 별도의 사건으로 병립할 수 없다. 빛의 보편성으로 인해 대폭발이 발발했다면 몰라도 한 마리의 삼엽충에게 눈이 생겼다고 시대적 범위의 대폭발이 일어난다는 주장은 어느 모로 보아도 설득력이 부족하다. 시각의 진화로 다른 원시 의식의 진화에 영향을 주었다면 몰라도 다른 동물 종들과 외부 구조 전반을 창조했다는 견해는 억지 감이 없지 않다. 파커 본인도 "나머지 33개 동물문이 캄브리아기에 눈을 진화시킨 것은 아니었다"[5]라고 지적하고 있다.

    눈은 나머지 다섯 문에서 진화해 척삭동물과 연체동물에서만 흔한 것이 되었으나, 이들이 눈을 진화시킨 것은 캄브리아기 이후의 일이었다. 캄브리아기 당시와 나머지 다섯 동물문에서는 아직 눈이 없었다.[6]

---

4   동상서. pp.360, 385, 368.

5   동상서. p.367.

6   동상서. p.368.

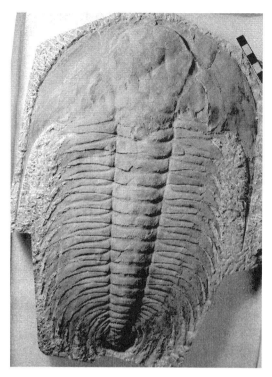

[사진 11] 캄브리아기의 생물인 삼엽충의 눈의 탄생으로 "빛의 스위치가 켜져" 대폭발이
발발했다는 주장에는 설득력이 부족하다.

그의 주장대로 한 삼엽충의 시각 진화로 캄브리아기 폭발이 발발
했다면, 또 그것이 문자 그대로 "폭발"이었다면 왜 한꺼번에 진화되지
않았는가? 일부 문은 진화되고 척삭동물과 연체동물 이외의 동물들에
서는 무슨 원인 때문에 눈이 없었는지 함구하고 있다. "빛의 스위치가
켜졌고" "한 삼엽충에게 최초의 눈"이 진화했는데 다섯 동물문은 이
후에 따로 눈이 진화한 이유를 설명하지 않고 있다. 먼저 진화한 눈은

갑작스레 일어난 폭발의 결과이고 이후에 뒤늦게 생긴 눈은 선캄브리아 시대의 "점진적인 진화"로 회귀하기라도 했단 말인가? 그나마 다행스러운 것은 파커가 동물의 "딱딱한 부분의 진화", "신체 형태상의 진화" 원인을 "능동적 포식자들에게 내몰린 결과"로 보고 그것이 곧바로 "눈의 진화로 촉발"[7]되었다고 한 주장은 인과관계가 성립된다고 할 수 있다. 위의 담론에서 빛의 스위치와 눈의 진화 사이에는 인과관계가 성립되지만 눈과 동물문의 폭발적 진화 사이에는 인과관계조차 성립되지 않는다. 판치롤리도 자신의 저작에서 대폭발의 원인을 열거하고 있지만 내가 보기에는 설득력이 부족하기는 마찬가지이다.

그렇게 많은 새로운 동물이 갑자기 출현하는 데에는 세 가지 이유가 있을 수 있다. 첫째, 오존층은 캄브리아기에 정식으로 나타났다. 이는 대기 중의 산소 이온에 대한 "보호막" 역할을 함으로써 태양에서 발산하는 유해한 방사선을 걸러낼 뿐만 아니라 생명체를 치명적인 손상으로부터 보호한다. 둘째, 지구 자체의 활동도 중요한 역할을 한다. 그것은 대륙이 이동함에 따라 화산 활동과 산악 풍화 작용이 해양 화학에 영향을 미쳐 눈과 같은 신체 조직의 바닷물에서 이용 가능한 칼슘과 인의 양을 증가시키기 때문이다. 이를 바탕으로 동물은 비로소 외골격을 진화시킬 수 있다. 마지막으로 중추신경계, 신체 근육 조직, 눈과 같은 감각 시스템의 출

---

7   동상서. p.368.

현이 종의 다양화를 추동할 수 있다.[8]

유해한 방사선을 걸러내어 생명체의 손상을 보호하는 오존층의 산생은 기존 생물이 번성하는 데에는 충분한 조건이 될 수 있을 것이다. 그런데 그것이 생물문의 다양성 확장과는 연관이 없다. 생물문의 33개로의 확장과 다양성은 방사선의 차단보다는 기존 생물의 서식 조건의 다양성과 관련되기 때문이다. 그리고 해양 화학의 영향으로 생물의 외골격이 진화되는 생존 환경의 변화는 외형의 발달에는 영향을 미쳤을지 모르나 무려 33개 동물문의 "신체 건축학적" 다양성과는 역시 연관이 희박해 보인다. 눈과 같은 신체 원시 의식의 출현도 생물체의 기능이나 구조에 모종의 변화를 일으킬지 모르나 동물문의 폭발적인 탄생과는 직접적인 연관이 없다. 새로운 동물문의 다양성과 확장 또는 갑작스러운 출현은 서식지 환경의 차이가 만들어 낸 결과물이기 때문이다. 동물의 생존 환경의 차이가 곧 동물문의 차이다. 눈의 형태나 뇌기능의 차이도 모두 여기서 비롯된 것이다. 캄브리아기 폭발에 의한 동물의 진화는 파커도 지적했듯이 여러 시기에 나누어 진행되었다. 선

---

8 『47种生物讲述的地球生命故事』埃尔莎·潘西罗里(Elsa panciroli) 著. 刘晓燕 译. 浙江教育出版社. 2023. 6. p.40. 这么多新动物突然出现, 可能有三个原因。首先, 臭氧层在寒武纪正式出现, 它对大气中的氧离子起到了"保护罩"的作用, 可以过滤来自太阳的有害辐射, 并保护生物体免受致命伤害。其次, 地球本身的运动也发挥了作用, 因为随着大陆的移动, 火山活动和山脉风化可能对海洋化学产生了影响, 增加了海水中钙元素和磷元素的可用量, 在此基础上, 动物才能进化出外骨骼。最后, 中枢神经系统、身体肌肉组织和眼睛等感官系统的出现可能推动了物种多样化进程。

캄브리아 시대에도 있었고 폭발 후에도 계속 진행형이었다. 신비한 에디아카라 시기(6억 3,500만 년 전~5억 410만 년 전) 이전 지구의 빙하 시기 직후에 '아발론 대폭발(Avalon Explosion)'[9]이라는 생물학적 폭발 사건이 출현했다. 물론 캄브리아 이후 시기에도 생명 진화의 폭발 사건은 지속되었다.

오르도비스기에는 지구의 대부분이 물에 잠겨 있었다. 얕은 바다에서는 새로운 유형의 생물이 계속 진화했으며 많은 동물들은 산호초에서 살고 있었다. 초기 육지 식물이 해변이나 해안가를 따라 무성하게 자라며 습지는 점점 녹음이 푸르러갔다. …… 캄브리아기 대폭발 이후 생물학적 진화의 발걸음은 느려졌으나 오르도비스기에 이르러서는 진화가 다시 활성화되어 전례 없는 생물종들이 많아지게 되었다. "오르도비스기 생물 대복사(Great Ordovician)"로 불리는 이 사건은 많은 조기 생명체 집단의 소멸을 의미하며 넓은 바다 위를 자유자재로 오가며 자생하는 새로운 생명체 집단으로 대체되었다.[10]

---

9   동상서. p.28.

10   동상서. p.49. 在奧陶纪, 地球上的绝大多数地方都被水覆盖着。新型生物继续在浅海中进化, 许多动物在珊瑚礁中生存。早期陆生植物在河岸和海岸边肆意生长, 这些湿地逐渐绿意盎然。……在寒武纪大爆发之后, 生物进化的步伐放慢了, 但到了奧陶纪, 进化被重新激活, 生物种类空前繁多。这一事件被称为"奧陶纪生物大辐射", 它标志着许多早期生物群的消亡, 取而代之的是一个繁盛的新生物群, 这些新生命穿梭在浩瀚的海洋中。

오르도비스기는 4억 8,500만 년 전에 시작되어 4억 4,400만 년 전에 끝났다. 그러니까 캄브리아기 이후라고 할 수 있다. 대폭발 시기를 파커처럼 캄브리아기에 한정하여 "신체 건축학의 엄청난 다양성은 모두 …… 500만 년 사이의 기간(일부 학자들은 1,500만 년이라고 본다)에 등장했을 것"[11]이라고 오산하면 안 된다. 적어도 캄브리아기를 전후하는 억 단위라는 시간 계산이 나오기 때문이다. 더구나 눈의 기원이 "5억 4,400만 년 전과 5억 4,300만 년 전 사이의…. 100만 년이란 기간에 시각이 탄생했다."[12]라는 주장에도 설득력이 부족하다.

5억 4천 4백만 년 전에는 눈이 없었지만, 불과 4백만 년 후에는 완전한 눈이 있게 되었다. …… 지질학적으로는 캄브리아기 대폭발은 눈 깜짝할 사이에 수백만 년이 채 안 되는 시간 동안 일어난 것이지만 진화생물학적으로는 충분한 시간이었다. 심지어 불과 50만 년이라도 눈이 진화하는 시간은 충분하다.[13]

---

11   『눈의 탄생 캄브리아기 폭발의 수수께끼를 풀다』앤드루 파커 지음. 오숙은 옮김. 뿌리와이파리. 2007. 5. 14. p.31.

12   동상서. p.302.

13   『生命的跃升 40亿年演化史上的十大发明』尼克·莱恩著. 张博然译. 科学出版社. 2018. 6. p.175. 5.44亿年前, 还没有任何眼睛, 而区区400万年之后就有了完整的眼睛。……以地质学尺度而言, 寒武纪大爆发发生在眨眼间, 不到几百万年。但以演化生物学尺度而言, 这些时间足够了 : 就连50万年演化出眼睛也绰绰有余。"

· 4억 년 전의 지구

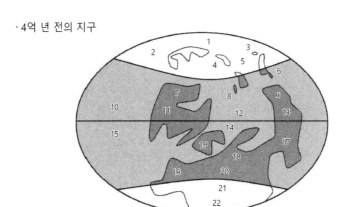

1.북극 빙하 2.시베리아섬 3.송료도 4.카자크섬 5.고대 아세아주 바다 6.화북섬 7.고대 로렌 대륙 8.화남도 9.말레이시아반도 10.범대양 11.북아메리카 12.고대 테티스양 13.호주 14.아라비아반도 15.적도 16.유럽 17.남극주 18.인도 19.남아메리카 20.아프리카 21.고대 곤드와나 대륙 22.남극 빙하

· 5억 년 전(캄브리아기)의
  지구

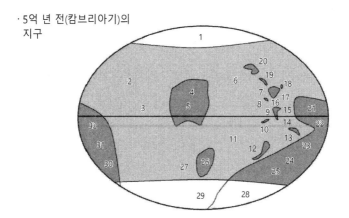

1.북극 빙하 2.범대양 3.적도 4.북아메리카 5.고대 로렌 대륙 6.고대 아세아주 바다 7.화북섬 8.차이다무섬 9.화남섬 10.탈릭섬 11.고대 테티스양 12.아라비아섬 13.말레이시아섬 14.호남-광서 바다 15.민오해 16.친링해 17.절강-안휘 바다 18.송료도 19.카자크섬 20.시베리아섬 21.호주 22.남극주 23.인도 24.고대 곤드와나 대륙 25.아프리카 26.유럽 27.발트섬 28.남아메리카 29.남극 빙하 30.아프리카 31.고대 곤드와나 대륙 32.남극주

[사진 12] 5~4억 년 전 육지 형성 중인 지구. 생명체는 육지 면적이 넓어짐에 따라 점진적으로 바다, 갯벌, 섬, 육지로 서식지를 옮겼다.

사진 출처: 『我们从哪里来』罗三洋著, 北京联合出版公司, 2022. 4. p.39.

아무리 진화심리학을 명분으로 내세워도 합리화될 수 없는 추산이다. 눈은 실로 "사용할 수 있기까지는 시간이 수억 년이 걸렸다."[14] 앞에서도 언급했지만 동물문의 다양성은 서식 환경의 차이에서 파생된다. 주지하다시피 물은 20°, 50°, 90°의 고열에서도 질적 변화가 일어나지 않는다. 반드시 100°C에 도달해야만 질적 변화를 일으켜 수증기로 모습이 바뀐다. 동물문의 진화 과정도 이런 양적 과정이 충족돼야 비로소 질적 변화가 일어날 수 있다. 캄브리아기 전부터 생물들은 이미 해저 바닥에서 바위, 산초, 흙과 같은 육지의 성분과 접촉 경험을 가지고 있다. 게다가 지각판들의 상호 충돌, 해류의 유속, 화산과 지진 및 소행성들과의 잦은 충돌로 인해 아직은 형성 중의 작은 육지(섬)들은 부단히 바다에서 이동하며 생물들과 조우한다. 뿐만 아니라 생물들은 환경이 서로 다른 깊은 바다, 얕은 바다, 산호초, 갯벌, 이동하는 육지의 해변 기슭, 육지와 접촉하면서 이중, 삼중의 생활을 거치며 점차로 자신에게 맞는 서식지를 선택하게 된다. 육지에는 이미 식물이 자라 서식지의 이동도 가능해졌다. 오랫동안의 이런 생활은 양적으로 축적되다가 드디어 캄브리아기와 오르도비스기를 만나서 질적 변화를 일으키며 동물문의 다양화로 진화된 것이다. 그 시작은 심해와 얕은 바다 또는 갯벌이었으며 시간이 흐를수록 육지 영역으로 확대되었다.

14　　『盲眼钟表匠』理查德·道金斯Richard Dawkins著. 王德伦译. 重庆出版社. 2005. 5. p.46.

이제 앞에서 잠시 미뤄두었던 우리의 담론 주제로 돌아갈 때가 된 것 같다. 동물문의 진화와 함께 출발한 눈의 탄생은 최초의 발생과 현재의 상태에 별반 차이가 없다는 사실이다. 파커는 "캄브리아기 절지동물의 상당수가 눈을 가지고 있었으며, 그 눈들이 오늘날처럼 기능했다는 것은 분명하다."[15]라고 단언한다. 당신도 알다시피 인간의 뇌는 소뇌, 중뇌에서 시작해 대뇌피질의 발달로 연장될 뿐만 아니라 언어를 장악하며 형태는 물론 사고, 해석 등 기능 측면으로까지 발달했다. 그러나 눈은 보는 기능은 불변하고 눈두덩과 같은 형태 변화에서만 진화의 흔적을 보인다.

눈언저리 위쪽에는 살아 있는 사람의 눈썹이 자라는 부위에 상안와 융기(supraorbital ridge)라고 불리는 도드라진 연골이 있는데, 보통 눈썹 능선이라고도 한다. …… 호모 에렉투스의 눈썹 능선은 둔중하며 미간 부위에 둥근 눈두덩 베개가 형성된다. 초기 호모 사피엔스에서는 안와 상부가 정방형으로 불쑥 튀어나온 모양이지만, 미간 아래가 움푹 꺼져 있다.[16]

---

15 『눈의 탄생 캄브리아기 폭발의 수수께끼를 풀다』 앤드루 파커 지음. 오숙은 옮김. 뿌리와이파리. 2007. 5. 14. p.375.

16 『眶上圆枕的行程及其意义』 吴汝康. 中国科学院古脊椎动物与古人类研究所《人类学学报》第6권 제2호. 1987. 5. p.162. 在眼眶上缘有突起的骨脊, 叫眶上脊(supraorbital ridge),相当于活人生长眉毛的部位, 所以通常也叫眉脊(superciliary ridge)。……在人属种, 直立人的眉脊厚重而与眉间部形成眶上圆枕, 在早期智人则在眶上方形孤形凸起……

현대인에겐 없거나 혹은 눈 언덕이 이미 평평하게 낮아졌지만 유인원들은 모두 눈 위에 "둥근 눈두덩 베개뼈"가 두드러져 있다. 이는 눈의 진화 과정에서 외형적인 변화가 진행되었음을 입증한다. 그렇다고 유인원이나 현대인의 눈이 보는 기능이 달라진 것을 의미하지는 않는다. 현대인이 시각을 통해 대상을 보는 것처럼 호모 에렉투스도 똑같이 눈으로 사물을 볼 수 있다. '본다'는 눈의 기능은 예나 지금이나 달라진 것이라고는 하나도 없다. 오히려 시력은 원시인 시절에 더 좋았을지도 모른다. 코, 즉 후각 기능도 원시인들이 훨씬 우월했으니까. 물론 학계에는 눈두덩 베개뼈의 용도에 대한 가설들이 난무한다. 위협적인 눈빛을 만들어 내기 위해서(Guthrie, 1974), 햇빛을 가리고 머리카락이 눈을 덮지 않도록 하기 위해서(Krantz, 1973), 뱀독을 막고(Davies, 1972), 눈 보호와 몽둥이의 타격을 막기 위해서(Tappen, 1973)[17] 등등 가설들이 난립하지만 그 어느 것도 설득력이 없다. 나는 눈두덩 베개뼈는 원시인이 숲에서 살던 시절에 나무와 나무를 오가며 열매를 따먹을 때 후려칠 수도 있는 나뭇가지의 위협으로부터 눈을 보호하기 위해 생명 안전 시스템의 차원에서 개발된 신체 건축학적 설계라고 간주한다. 취식 활동에서 눈의 안전은 다른 그 어떤 감각 기관보다 우선적이기 때문이다. 그러나 인류가 숲에서 나와 나무가 없는 평지에서 생활하게 되면서 그 필요성은 점차 미미해졌던 것이다.

17　『眶上圓枕的行程及其意义』 吳汝康. 中国科学院古脊椎动物与古人类研究所《人类学学报》 제6권 제2호. 1987. 5. p.163.

동물이 눈을 진화시켰던 이유는 바로 그 생명 보존 법칙의 필요성 때문이었다. 생명 안전과 먹잇감을 확보하고 개체의 번식을 위해서는 눈으로 이성을 확인해야만 한다. 눈이 없으면 이 세 가지 생존 기능이 전부 마비될 수밖에 없다. 생명 안전을 위해서는 두말할 것도 없이 다른 동물의 먹잇감이 되지 말아야 한다. 그러려면 시각을 사용해 위험물을 확인하고 적시에 대처해야만 한 번밖에 없는 생명을 보존할 수 있다.

최초의 인류 조상들은 한 가지 특징이 있었다. 두 발로 걸을 수 있을 뿐만 아니라 나무에도 잘 오르고 반평원, 반수목 생활을 즐겼다. 밤에는 오늘날의 침팬지나 다른 유인원들처럼 그들은 나무 위에서 잠을 잤다. 낮이 되면 다른 포식자들의 공격을 피하거나 열매를 따먹기 위해 나무에 머무는 경우가 많았을 것이다. 그들은 필요할 때만 나무에서 내려와 땅으로 내려가 먹이를 찾거나 다른 지역의 숲으로 가서 먹이를 찾거나 휴식을 취한다.[18]

---

18   『人从哪里来』赖瑞和著. 中信出版社. 2022. 8. 20. p.86. 最早期的人类祖先
      有一个特征—他们不但能双足行走, 而且很善于爬树, 喜欢过着半平地、半
      树栖的生活。晚上, 他们睡在树上, 就像今天的黑猩猩和其他猿类一样。到了
      白天, 他们很可能有许多时候仍栖息在树上, 以逃避其他猎食者的攻击, 或
      在树上采集果子。只有在必要时, 他们才爬下树, 走到地面上觅食, 或走到
      另一区域的树林里觅食或休息。

유인원들의 하루 일과는 나무에 올라가 열매를 따먹거나 다른 나무로 옮겨가 먹잇감을 구하고 아니면 포식자들의 공격을 피하는 이 몇 가지 제한된 활동에 국한된다. 이 활동 중 어느 한 가지도 눈의 동참이 없이는 성사되기 어렵다. 이 활동이 수행되는 데는 사고도 해석도 필요 없다. 그냥 안전과 취식의 유전적인 생명 보존 법칙에 순종하면 된다. 그런 이유로 눈은 사고하고 해석하는 대뇌와는 달리 원시 의식에 속한다.

2. 시각의 원시정보 처리

오감 중에서 당연히 시각은 으뜸이라고 할 것이다. 그러나 이미 앞에서도 언급했듯이 눈은 생명 보존 법칙의 수요에 따라 최초에 설계된 신체 기관인 탓에 그것이 채집한 정보 역시 원시적일 수밖에 없다. 이 정보가 원시적이라 함은 이 밖에도 뇌가 아직 언어를 장악하지 못한 상황에서 진화가 충분하게 진행되지 못했을 때에도 이미지를 볼 수 있었기 때문이기도 하다. 물론 그 역사가 유구한 소뇌와 중뇌와의 느슨한 연동을 받아들이면서 말이다. 그렇다면 이 원시적 정보는 어떤 방식과 루트를 통해 뇌와 연결되며 양자의 협업 범위는 어디까지일까가 궁금해진다. 나는 우선 시각 정보의 뇌에로의 전송과 그 방법에 대해 현대 심리학계에 유행하는 통론부터 소개하려고 한다. 그런 다음 이런 가설의 문제점을 검토하고 그 기초상에서 나의 견해를 피력하려고 한다.

외부 환경 속 물체에서 반사된 빛은 각막(cornea)을 통해 눈으로 들어온다. 각막을 통과한 빛은 동공(pupil)을 지나 수정체(lens)를 통과한다. 수정체를 통과한 빛의 초점은 각막과 수정체의 작용 덕분에 망막(retina) 위에 형성된다. 그 결과 망막 위에는 물체를 반영하는 상이 선명하게 생성되며, 이렇게 생성된 망막 상(retinal images)은 수용기를 자극한다. 시각 수용기는 막대 세포(rods)와 원뿔세포(cones)로 나뉜다. 이들 수용기 속에는 시각 색소(visual pigments)라고 하는 화학물질이 들어 있다.

빛에 민감한 시각 색소는 빛에 대한 반응으로 전기적 신호를 내놓는다. 수용기에서 생성된 신호는 망막을 구성하는 신경만을 거친 후, 눈의 뒤쪽에 있는 시각신경(optic nerve)을 따라 뇌로 전도된다.[19]

외부 환경 속 물체는 눈의 여러 조직을 통해 망막에 상을 형성하며 이 망막 상이 수용기를 자극해 시각 색소가 "빛 에너지를 전기에너지로 변환"[20]시킨다는 게 심리학계의 통설이다. 이렇듯 기복이 심한 과정을 거쳐야 하는 전기적 신호가 전송되는 최종 종착지는 진화 의식의 진원지인 대뇌피질이다. 그런데 원시 시각 정보의 뇌에로의 전송 과정은 상술한 내용처럼 변화는 있지만 그나마 단순히 한 갈래의 통로를

---

19 『감각 및 지각심리학』 E. Bruce Goldstein 지음. 곽호완 등 옮김. 박학사. 2015.
     2. 25. pp.25~26.

20 『감각과 지각』 E. Bruce Goldstein 지음. 정찬섭 등 옮김. 시그마프레스(주).
     2004. 2. 15. p.3.

통과하는 것도 아니다.

안구에서 오는 메시지는 시신경을 지나 두 개의 경로로 나뉘게 된다. 하나는 발생학적으로 오래된 경로이고, 다른 하나는 인간을 포함한 영장류에서 매우 발달된 새로운 경로이다. 이 두 체계 사이에는 명확한 노동분업이 존재한다. '오래된' 경로는 눈에서 뇌줄기의 위둔덕이라 부르는 영역으로 곧장 연결된다. 여기서 최종적으로 대뇌피질 영역의 두정엽으로 가게 된다. 이에 비해 '새로운' 경로는 눈에서 가쪽무릎핵이라는 일군의 세포들로 연결된다. 이것은 1차 시각 피질로 통하는 일종의 중계소이다. 시각 정보는 여기에서 30여 개에 이르는 다른 시각 영역으로 전달되며, 이후 더 많은 처리가 이루어지게 된다.[21]

전송 경로가 두 개나 되며 또 각 경로를 통과하는 정보는 대뇌피질의 두정엽과 다른 시각 영역으로 분산된다. 게다가 이 "다른 시각 영역"은 무려 30여 개에 달한다. 사실 시각 원시정보의 뇌 이송이 이 정도에서 작업이 마무리된다고 하더라도 어지럼증이 날 정도로 방대한 영역으로의 이동이라 할 것이다. 하지만 시각 원시정보의 뇌 전달은 이보다도 훨씬 복잡하고 굴곡이 심하다. 정보를 전달하는 데는 수용기, 전기 부호화뿐만 아니라 뉴런, 이온, 신경전달물질 등 수많은 다른

---

21   『두뇌실험실』 빌라야누르 라마찬드란, 샌드라 블레이크스리 지음. 신상규 옮김. 바다출판사. 2015. 4. 1. p.154.

제1절 눈의 탄생과 시각   131

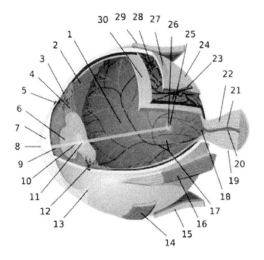

1. 후안부(안구 뒤 부분, posterior segment of eyeball)	17. 망막동맥(retinal arteries)과 망막정맥 (retinal veins)
2. 거상연(ora serrata)	18. 시신경유두(optic disc)
3. 섬모체근(ciliary muscle)	19. 경질막(dura mater)
4. 섬모체띠(ciliary zonules)	20. 망막중심동맥(central retinal artery)
5. 슐렘관(canal of Schlemm)	21. 망막중심정맥(central retinal vein)
6. 눈동자(동공, pupil)	22. 시신경(optic nerve)
7. 전방(앞방, anterior chamber)	23. 또아리정맥(vorticose vein)
8. 각막(cornea)	24. 안구집(안구초, bulbar sheath)
9. 홍채(iris)	25. 황반(macula)
10. 수정체(lens cortex)	26. 중심와(fovea)
11. 수정체 핵(lens nucleus)	27. 공막(강막, sclera)
12. 섬모체돌기(ciliary process)	28. 맥락막(choroid)
13. 결막(conjunctiva)	29. 위곧은근(superior rectus muscle)
14. 아래빗근(inferior oblique muscle)	30. 망막(retina)
15. 아래곧은근(inferior rectus muscle)	
16. 안쪽곧은근(medial rectus muscle)	

[사진 13] 안구의 구조. 망막 상은 거꾸로 되고 2차원이며 이 정보가 전송된 뇌의 시각 이미지도 2차원일 것이다. 그러나 우리가 보는 것은 똑바로 선 3차원 상이다. 어딘가에 문제가 있음을 알 수 았다.

요소들이 참여해야만 완성될 수 있다. 이 복잡한 과정을 완수하려면 반드시 전제돼야 하는 것은 두말할 것도 없이 시간의 소모일 것이다.

전기신호가 축삭돌기 끝에 이르면 거기에 저장되어 있던 신경전달물질이 방출되어 매우 좁은 시냅스 간격을 건너가 다른 쪽에 있는 수용기자리에 달라붙는다. 신호가 뉴런들 사이에서는 신경전달물질을 통해 전달되는 데 반해, 뉴런 안에서는 전기의 성질을 띤다.[22]

활동전위가 시냅스전 말단에 도달하면, 그 전기신호로 인해 화학적 시냅스 전달자(chemical synaptic transmitter) 또는 신경전달물질(neurotransmitter)로 불리는 간단한 화학물질이 분비된다.[23]

세포막은 오늘날 이온 통로(ion channel)라고 불리는 특별한 구멍들을 가지고 있고 그 통로들은 칼륨 이온이 높은 내부에서 농도가 낮은 외부로 흐르는 것을 허용한다는 것이었다. 그런데 칼륨 이온은 양전하를 띠므로 그것이 세포 외부로 움직이며 세포 내부는 거기에 있는 단백질이 음전하를 지니기 때문에 전체적으로 음전하가 약간 과다한 상태가 된다.[24]

---

22   『마인드해킹』 탐 스태포드, 메트 웹 지음. 최호영 옮김. 황금부엉이. 2006. 3. 30. p.55.

23   『기억의 비밀』 에릭 캔델, 래리 스콰이어 지음. 전대호 옮김. 북하우스 퍼블리셔스. 2016. 4. 11. p.82.

24   『기억을 찾아서』 에릭 R. 캔델 지음. 전대호 옮김. 알에이치코리아. 2014. 12. 5. p.102.

시각 정보를 운송하는 견인력은 비단 "각자의 몸 안에 지니고 있는 전기회로의 전선"[25]을 흐르는 전기에너지만이 아니다. 칼륨 이온이라는 화학적인 에너지와 신경전달물질도 동참한다. 이렇게 복잡하고 수많은 서로 다른 이동 과정들이 합쳐져서야 비로소 시각 정보는 뇌의 여러 곳에 도달한다. 그렇게 뇌의 곳곳에 분산된 채로 도달하기만 하면 이미지가 현시되는 것은 아니다. 그렇게 힘겹게 여러 시각 영역으로 뿔뿔이 흩어져 산재한 정보 편린들이 종합적으로 집합해야만 비로소 이미지가 현시된다. 일단 이 가설에 따르면 시각 정보는 뇌 이동 과정에는 전기화와 화학화로 산산조각이 난 채로 여러 시각 영역에 분산되었다가 운송이 끝나면 조각들이 다시 모여 이미지를 구성하는 것으로 이해된다. 찢어지고 조각나고 깨어진 시각 원시정보가 다시 모여 붙어 이미지가 원상 복구된다는 발상 자체가 설득력이 부족하다. 빛으로서의 원시 시각 정보는 한번 전기화되거나 화학화 또는 파열되면 컴퓨터 이미지처럼 그렇게 쉽게 재생되지 않으며 원상 복구가 불가능하다. 빛의 이미지가 전기 부호화, 화학 부호화되어 전송되는 것도 그렇고 그런 부호가 다시 이미지화된다는 것도 말처럼 쉽지는 않을 것이다. 흩어진 원시정보 조각들을 모아 다시 빛 에너지로 환원해야 하는데, 결정적으로 뇌 안에는 이미지 재현에 필요한 빛이 없다. 일단 빛이 없으면 아무것도 볼 수 없다는 사실은 이제는 상식이다. 혹시 꿈의 환

25   『마인드해킹』 탐 스태포드, 메트 웹 지음. 최호영 옮김. 황금부엉이. 2006. 3. 30. p.54.

영처럼 희미하게 볼 수 있다고 쳐도 눈을 떴을 때의 밝은 빛의 3차원 이미지가 아닌 희미한 2차원 이미지에 불과할 따름이다.

시각 시스템 가설의 문제점은 여기서 끝나지 않는다. 주지하다시피 원시 시각 정보를 뇌로 전달하는 데는 시간이 소모된다. 그 시간 경과 때문에 어쩔 수 없이 출발점인 안구와 도착 지점인 뇌 시각 영역의 양자 사이에 시차가 발생할 수밖에 없다. 결국 이 시차에 의해 벌어진 간격으로 인해 안구가 접수한 이미지와 뇌 안에서 재차 종합된 이미지는 현재와 과거로 나뉘게 된다.

우리는 몰려드는 감각 신호의 매우 작은 부분만 의식적으로 지각할 뿐 아니라, 또한 적어도 3분의 1초 정도의 시간이 경과한 뒤에 지각한다. …… 마찬가지로 우리의 뇌가 느린 속도로 증거를 축적하기 때문에 우리가 '현재'라고 의식하는 정보는 적어도 3분의 1초 늦어진 정보다. …… 천천히 증거를 축적해야 할 때엔 2분의 1초까지 더욱 느려질지도 모른다. …… 마음이 다른 곳에 있으면 의식이 더욱 지연될 수 있다.[26]

뉴런이 자극을 전달하는 속도는 초당 1~12m, 즉 시간당 약 434km이다. 이것은 전기가 전선을 따라 흐르는 것보다 아주 느려서, 뉴런의 전도를 전기의 전도에 비유하는 것은 적절하지 않다.

26   『뇌의식의 탄생』 스타니슬라스 데하네 지음. 박인용 옮김. 한언. 2017. 8. 21. pp.234~235.

시냅스 간의 화학적 신호 도약은 1/1,000 내지 2/1,000초 걸려 일어
난다—이것은 축삭의 전달 속도에 비하면 매우 느린 것이다.[27]

우리의 시각이 포착하는 외부 경물은 현재의 모습이 아니라 과거
의 모습에 불과하다는 주장의 과학적 근거라는 게 고작 전류보다 느린
속도에 있다. 이 가설의 치명적인 문제점은 보는 신체 기관이 눈이 아
니라 뇌라는 가정 때문이다. 눈은 자신은 보지 못하고 사물 정보를 받
아서 이미지를 만들어(망막 상) 뇌에 보내는 역할만 한다는 의미다. 정말
보는 주체가 눈이 아니고 뇌라면 눈에서 뇌까지 정보가 이동하는 시간
이 필요할 수밖에 없다. 신체는 왜 눈과 뇌 이 두 개의 기관이 협력해
야만 간신히 외부를 볼 수 있도록 비효율적인 설계를 했을까? 이 설계
는 신체의 최소 소비 원리와도 위배된다. 신체가 실수한 것인가 아니
면 심리학자들이 실수한 것인가? 누구나 눈을 뜨는 즉시 앞의 나무가
보이는 경험을 가지고 있을 것이다. 절대로 2분의 1초가 지나간 뒤에
보지는 않을 것이다. 당신은 분명 현재를 보는 것이지 과거를 보지 않
는다. 그것은 마음이 다른 곳에 있을 때조차 마찬가지다. 단지 이미지
가 좀 희미할 뿐이지 보이지 않는 것은 아니다. 왜 뇌에 도착해야 보이
며, 그것도 뇌에 도달한 각개 분산된 시각 정보들이 재차 종합적으로
집합되어야 가까스로 볼 수 있는가? 빛조차 없는 뇌 안이 아니라 밝은

---

27   『생물심리학-뇌의 행동』 Bob Garren 지음. 신맹식 외 옮김. 학지사. 2013. 9.
       25. pp.54, 60.

눈앞에서 이미지를 곧바로 볼 수는 없는가? 한마디로 시각 정보의 뇌 전달 과정이 학자들이 말하는 주장처럼 그런 형식으로 진행되지는 않을 것이라는 의문이 들 수밖에 없는 지점이다. 심리학자들도 이 문제점을 의식한 것 같다. 일단 눈만 뜨면 끊임없이 흘러드는 원시 시각 정보 수량이 방대하다는 사실을 발견하자 그 정보들을 걸러내고 수락해야겠다고 판단한다. 그렇게 만들어 낸 심리학 용어가 "주의"다.

> 눈이 열려 있는 매 초마다 수천만 비트의 정보들이 시신경을 따라 말 그대로 뇌 안으로 쏟아져 들어가고 있다. 뇌는 이 정보들을 전부 처리할 수 없으므로, 극히 일부에만 선택적으로 주의를 기울이고 나머지 대부분은 무시함으로써 이러한 정보의 과부하를 처리한다. …… 당신이 의식하는 것은 보통 당신이 주의를 기울이는 것이다.[28]

그러니까 "주의"를 발동하는 주체도 뇌이며 "주의"를 집중하거나 무시하는 장본인도 뇌라는 말이다. 그 원인은 뇌가 매 초마다 쏟아져 들어오는 수천만 비트의 정보들을 전부 처리할 수 없기 때문이다. 또한 처리 능력에는 저장 능력의 한계도 포함하고 있는지도 모른다. 왜냐하면 정보는 많을수록 좋을 테니 말이다. 다 떠나서 한계적인 뇌에 시각 정보들이 비록 선택적이라 할지라도 받아들이는 목적이 있을 것

---

28   『의식의 탐구, 신경생리학적 접근』 크리스토프 코흐 지음. 김미선 옮김. ㈜시그마프레스. 2006. 8. 1. pp.165~166.

이다. 상술한 대로 정보 조각들을 합쳐서 밖의 이미지를 보기 위해서라면 굳이 일부는 선택하고 일부는 무시할 이유가 없다. "주의"론에 설득력이 부족함은 우리가 평소 미처 주의를 돌리지 못해 무시당했던 정보 부분도 애써 기억을 되살리면 이미지가 떠오르는 경우가 많다는 사실에서도 입증된다. 한 걸음 더 들어가 보면 뇌에 산개된 형태로 들어간 원시정보가 최종적으로 집결되는 장소도 찾을 수 없다. 설령 그런 장소가 있다손 쳐도 이미지가 현시될 수 있는 망막과 유사한 형태의 제2의 스크린이 걸려야 하며 또 그 이미지를 관람하는 꼬마 주체가 추가되어야 할 것이다. 이미지를 생성한 뇌 말고 또 다른 관찰 주체는 신체의 어느 기관인지 아무도 설명해 주는 이가 없다.

시각의 정보 분석 방법은 아주 간단한데, 저장된 과거의 이미지와 비교함으로써 현재의 사물을 판단한다. 현재의 다리橋梁가 과거에 본 다리와 비교한 결과 유사하면 다리라고 긍정한다. 신체의 최소 소비 원리에 의해 한번 과거 이미지와 현재 이미지의 비교를 통해 알게 되면 두 번째부터는 비교 과정이 생략되고 직접 인지한다. 처음 접하며 새롭고 모르는 피사체만 해석을 위해 언어 부호 또는 전기 부호화되어 뇌로 전달된다. 보기가 끝난 다음에 진행되는 뇌의 해석은 2차원 이미지로 저장된 망막 이미지를 소환하여 언어를 사용하여 분석한다. "주의"는 단지 욕망의 렌즈에 잡혀 망막의 중심와로 들어온 선명한 이미지일 뿐 뇌의 선택과는 아무런 연관도 없다.

우리가 잊지 말아야 할 것은 인류의 뇌가 아직 충분한 진화를 하지 못했던 초기에도 눈의 보는 기능은 지금과 다를 바 없었다는 사실이다. 더구나 뇌 진화가 안 돼 지금도 피질이 없는 동물들 역시 자신을 공격하는 포식자를 뇌가 아닌 눈으로 확인하고 적시에 도망치며 먹잇감을 눈으로 찾아서 노획한다. 원래 생명 보존 법칙의 최소 소비 원리 체계에서 하나의 신체 기관은 두 개 이상의 기능을 수행할 수는 있어도 두 개의 기관이 합쳐서 하나의 기능을 수행하거나 또 하나의 기능을 수행하기 위해 한 기관이 다른 기관에 예속되어 하위 체계가 되지는 않는다. 예를 들면 하나의 기관인 입은 호흡, 섭취, 말 등 다양한 기능을 가지고 있다. 그러나 식도食道는 소화 기능을 위해 위에 소속되어 하위 체계로 된 것 같지만 실은 이 두 기관의 기능은 확연하게 다르다. 식도는 음식물이 체내에 흩어지지 않도록 한곳에 모아서 식도로 내려보내는 역할을 하고 위는 소화 기능을 수행한다. 이 역할 분담 때문에 상호 연동은 하지만 위를 제거해도 음식물은 그대로 식도를 타고 이송되며 식도를 잘라내도 진입한 음식물은 위에서 소화된다. 심장, 폐, 간 등 여느 기관들 또한 유기체 내에서 서로 연동은 되지만 그 기능이 다른 것처럼, 눈과 뇌의 경우에도 눈은 보고 뇌는 해석하는 기능으로 명확하게 나뉜다. 원시 시각 정보가 눈에서 부호화 형태로 뇌에 전송되는 건 보기 위해서가 아니라 해석하기 위해서다. 보는 원시적 기능은 오로지 원시 의식인 눈에만 속한다.

그럼에도 불구하고 우리는 방금 전에 경험했던 과정을 돌이켜보면 새롭거나(해석을 위해 뇌에 전송된) 익숙함(뇌 전송 생략)을 떠나서 기억 이미지를 거의 전부 소환 가능하다. 이 사실은 새로운 이미지만 부호화되어 정보가 뇌에 전달된다는 필자의 주장과 모순된다. 그렇다면 뇌에 전달되지 않은 이미지는 어디에 보관되어 있었을지 궁금해진다. 눈으로 본 그 모든 이미지들은 분명 어딘가에 보관되어 있었을 것이다. 그렇지 않으면 소환이 불가능해지기 때문이다. 이 수수께끼의 답에 대해서는 아래에 계속되는 2절의 담론에서 해명될 것이니 독자들은 기대해도 좋다.

한편 원시 시각 정보는 뇌의 여러 부위에 나뉘어 전달되며 합쳐져서 3차원 시각을 형성한다고 한다. 그러면 그 정보들도 여러 곳에 나뉘어 저장된다고 추측이 된다. 그러나 그 정보들이 연합하여 다시 시각을 구성할 때에는 이미 3차원 이미지가 아니라 꿈이나 환상처럼 2차원 형태의 몽롱한 이미지이다. 똑같은 정보들이 똑같은 연합 구성 과정을 거쳤는데 두 번째, 세 번째……는 왜 갑자기 2차원 이미지로 변했는가, 그 사이 3차원 이미지는 도대체 귀신처럼 어디로 사라졌는가? 3차원 이미지는 보는 그 순간에만 단 한 번 깜짝 존재하고 도대체 어디로 사라지는가? 그리고 또 2차원 이미지는 생뚱맞게 갑자기 어디에 숨었다가 꿈이나 상상에서 마법처럼 불쑥 모습을 드러내는가? 자연스럽게 수많은 의문들이 머릿속에 수증기처럼 떠오른다.

망막의 진실

1. 망막의 상식적 가설

생명 보존 법칙에 따라 최초에 설계된 원시 의식에서 시각은 다른 감각은 물론이고 심장, 간, 폐, 위 등 신체 여느 기관에 비해서도 결코 뒤지지 않는 중요성을 가지고 있다. 시각 체계의 망막은 소리에 반응하는 청각, 냄새에 반응하는 후각 등과 달리 신체 내에서 유일하게 외부의 빛에 반응하는 기관이다. 만일 인류에게 원시적 시각기관이 설계되지 않아 사물을 볼 수 없었더라면, 인류는 오늘날과 같은 발달한 뇌를 가진 고등 동물로 진화하지는 못했을 것이다. 망막은 신체 외부에 넘쳐나는 자연의 태양 광선을 받아들여 그 속의 이미지를 분별할 뿐만 아니라 표면에 망막 상을 만들어 생명체가 볼 수 있도록 조건을 창조한다. 또한 거꾸로 비친 3차원 외부 이미지를 망막에 맞게 2차원으로 생략한 후 빛 에너지를 전기에너지로 변환하여 뇌로 전달할 수 있는 기능도 가지고 있다.

빛은 동공을 통하여 눈으로 들어가며 각막의 굴곡과 렌즈의 정교한 조율에 의해 망막(retina)에 맺히게 된다. 망막은 눈의 뒤쪽에 위치하는 층이 진 구조로서 다섯 가지 서로 다른 유형의 세포들(수용기, 수평 세포, 양극 세포, 무 축삭 세포와 망막 신경절 세포)을 포함하고 있으며 각 세포들은 서로 다른 기능을 가지고 있다. 수용기(receptors)는 빛 에너지를 신경 반응으로 전환하며, 신 경 반응은 망막 신경절 세포를 통하여 뇌로 전달된다.[1]

우리가 보는 것은 눈의 앞쪽에 있는 각막과 수정체 그리고 뒤쪽에 있 는 수용기와 여타 신경세포에 의해 창출되는 다음 두 가지 변형 작업에 의 해 조형된다. (1) 물체에서 반사된 빛을 망막 상으로 바꾸는 변형 작업. (2) 망막 위에 맺힌 물체의 상(망막 상)을 전기적 신호로 바꾸는 변형 작업이다.[2]

눈은 뇌의 독립적 전초기지 역할을 한다. 정보를 수신하여 분석한 다 음 이 정보를 명확한 시신경 통로를 통해 상위 중추로 전달해 한 단계 더 높이 처리한다. 시각 정보 처리의 첫 단계는 양쪽 망막에 선명하게 형성 되는 외부 세계의 거꾸로 된 이미지로부터 시작된다.[3]

---

1   『임상 및 실험 신경심리학』 Lorin J. Elias, Deborah M. Saucier 지음. 김명 선 옮김. 시그마프레스. 2007. 9. 1. p.194.

2   『감각 및 지각심리학』 E. Bruce Goldstein 지음. 곽호완 등 옮김. 박학사. 2015. 2. 25. p.26.

3   『神经生物学』 J.G. 尼科尔斯, A. R. 马丁, B.G. 华莱士, P.A. 福克斯著. 杨 雄里等译. 科学出版社. 2003. 4. p.447. 眼睛可作为大脑的一个独立前哨。它 接收信息, 并分析信息, 然后把这种信息通过一条清晰的通路---视神经传 入高级中枢作进一步处理。视觉信息处理的第一步, 开始于外部世界在每侧 视网膜上形成的清晰的倒立像。

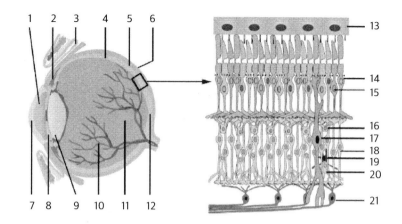

| 1 | 2 | 3 | 4 | 5 | 6 | | | | | 13 |
| 7 | 8 | 9 | 10 | 11 | 12 | | | 14 15 16 17 18 19 20 21 | | |

1.방수 2.섬모체 3.결막 4.망막 5.맥락막 6.공막 7.각막 8.홍채 9.결정체 10.혈관 11.유리체 12.황반 13.색소 상피 세포 14.막대 세포 15.원뿔세포 16.수평 세포 17.뮐러 세포 18.양극성 세포 19.소교 세포 20.무축삭 세포 21.신경 세포

[사진 14] 망막 상은 물체에서 반사된 빛의 '그림자'이다. 그것이 '그림자'이기 때문에 망막 상은 3차원인 물체의 도상과 다르게 2차원이며 광학 원리에 의해 거꾸로 뒤집힌다. 그러나 우리가 보는 것은 똑바로 선 3차원 현실이다.

    내가 관심을 가지는 것은 "뇌의 독립적 전초기지"로서의 눈이 아니라 망막 상의 기능이다. 망막 기능 중에서 몇 가지 중요한 요소는 빛을 망막 상으로 바꾸고 그것을 전기적 신호로 교체하며 더 나아가 해상도를 확보하고 거꾸로 된 2차원 망막 상에서 깊이가 추가된 자연의 원본 3차원 이미지를 볼 수 있다는 것이다. 시각 수용기에는 원뿔세포와 막대 세포가 있는데 그 속의 "옵신이라고 하는 기다란 단백질과 이보다 훨씬 작은 레티날(retinal)이라고 하는 빛에 민감한 작은 분자로 구성된 시각 색소"[4]가 외부에서 빛을 흡수하여 특이한 도상圖像을 형성한다. 한마디로 망막 상은 물체에서 반사된 빛의 '그림자'이다. 그것이 그림자이기 때문에 망막 상은 3차원인 물체의 도상과 다르게 2차원이며 광학 원리에 의해 거꾸로 뒤집힌다. 자연 속에서의 그림자는 공간적이면서 동시에 비공간적이다. 물체의 크기와 그림자의 크기는 동일하다. 그런 특성 때문에 협소한 망막 공간에 방대한 자연의 모습을 담을 수 있다. 수천 배나 큰 외부 물체 이미지가 작은 망막 공간에 무리 없이 포용될 수 있는 이유는 그것이 비공간적인 '그림자'라는 점과 깊이가 생략된 2차원 도상이라는 점이다. 망막 상이 형성되면 그다음으로 진행되는 절차가 빛 에너지를 전기에너지로 변화하는 작업이다. 망막은 자체 시스템 안에 이런 기능을 가진 조직들이 준비되어 있다.

시각 색소 분자가 하나의 광자를 흡수하면, 레티날의 모양이 굽은 상태에서 곧은 상태로 바뀐다. 이성화(isomerization)라고 하는 이러한 모양의 변화는 화학적 연쇄반응을 유발한다. 이 연쇄반응은 전하를 가진 수천 개의 분자를 자극하여 수용기 속에서의 전기적 신호를 만들어 낸다.[5]

---

4   『감각 및 지각심리학』 E. Bruce Goldstein 지음. 곽호완 등 옮김. 박학사.
     2015. 2. 25. p.30.

5   동상서. p.30.

그 밖에도 망막에는 중심와라고 부르는 특수한 영역도 있는데 크기는 작지만 이곳에 잡힌 이미지는 유난히 선명하다고 전해진다. 모두 600만 개의 원뿔세포 중에서 5만 개가 아주 작은 중심와에 촘촘하게 박혀 있기 때문이다. 망막의 수용기에는 모두 1억 2,600만 개의 세포가 있는데 그중 막대 세포가 약 1억 2,000만 개다. 이 많은 막대 세포들은 주로 주변 망막에 흩어져 있지만 해상도는 중심와에 비해 훨씬 떨어진다.

> 망막에는 중심와(fovea)라고 하는 작은 영역이 있는데, 이 영역은 원뿔 세포로만 세워져 있다.[6]

우리는 원뿔세포가 시각의 해상도와 직접적인 연관이 있다는 것을 미루어 짐작할 수 있다.

> 막대 세포보다 원뿔세포의 해상력이 높은 것은 원뿔세포가 수렴을 많이 하지 않기 때문이라는 사실을 알게 되었다. …… 막대 세포처럼 수렴 정도가 크면 민감도를 얻는 대신 해상력을 잃게 된다. 반면에 원뿔세포처럼 수렴 정도가 작으면 민감도를 잃는 대신 해상력을 얻게 된다.[7]

---

6   동상서. p.32.

7   동상서. p.53.

일단 빛 에너지의 전기에너지에로의 전환, 중심와의 원뿔세포와 해상도의 연관성에 대해서는 이즈음에서 담론을 접으려고 한다. 논리상 별로 흠잡을 데가 없어 보이기 때문이다. 그 과정은 적어도 최초에 설계된 시각 원시 의식에 대한 비교적 정확한 해석으로 보인다. 원시 설계에서 원뿔세포를 중심와에 집중한 까닭은 모르긴 해도 포식자나 포획물에 대한 정확한 확인이 필요했기 때문일 것이다. 예컨대 호랑이가 포식자라면 호랑이의 이미지에 맞춘 중심와의 선명한 화질이 우선적일 것이며 그 외의 자연은 부차적인 것으로 여겨 등한시할 수밖에 없었을 것이다. 시각을 의식이라 함은 포식자와 포획물을 확인하고 분석하고 대응을 하기 때문이다. 다만 문제는 외부 자연의 깊이가 추가된 3차원 이미지와 그것이 배제된 망막의 2차원 상이 일치하지 않는다는 지점에서 발생한다. 이 양자의 불일치는 과연 무엇을 시사할까? 참고로 2차원은 상하, 좌우의 평면이고 3차원은 상하, 좌우, 전후의 입체임을 미리 알아 두는 것이 좋다. 즉 3차원에는 깊이가 추가된다.

실제로, 시각 체계는 왜곡되고 위·아래가 뒤바뀌거나 거꾸로 되어 있는 이차원의 심상을 산출한다.[8]

망막 상은 2차원일 뿐만 아니라 심지어 위아래가 뒤바뀌어 거꾸로

---

8 『임상 및 실험 신경심리학』 Lorin J. Elias, Deborah M. Saucier 지음. 김명선 옮김. 시그마프레스. 2007. 9. 1. p.190.

나타난다. 결국 "망막이 보는 것은 우리가 보는 것과는 다르다."[9] 그러나 학계에 유행하는 현대 심리학 이론은 인간의 시각이 안구 외부의 자연을 보는 것이 아니라 안구 내부의 망막 상을 본다고 주장한다. 망막 상은 2차원이고 거꾸로 되어 있다. 즉 상하좌우만 있고 깊이가 결여되어 있는 평면 상이다. 그런데 우리가 보는 세상은 아이러니하게도 깊이가 있는 입체적인 3차원 이미지다. 심리학에서 통용되는, 깊이를 인식할 수 있다는 이른바 '단서 이론'을 적용해도 망막에 현시된 2차원 이미지로는 3차원 이미지가 보이지 않는다.

망막 상의 정보를 확인하는 데 초점을 두는 깊이 지각의 단서 접근(clue approach to depth perception)이다.

눈 운동 단서: 가까운 물체를 보면 눈이 수렴하면서 안쪽으로 움직이는 것을 느낄 수 있고, 가까운 물체에 초점을 맞추려고 수정체의 모양을 변화시킬 때 눈 근육이 수축하는 것을 느낄 수 있다.

가림: 한 대상이 다른 대상을 전체 또는 부분적으로 가려서 보이지 않게 할 때 일어난다. …… 부분적으로 가려진 대상은 더 멀리 있는 것처럼 보인다.

조망 수렴: 멀어질수록 수렴하는 것처럼 보이는 평행 기찻길을 내려다볼 때 조망 수렴(perspective convergence)을 경험할 수 있다.

---

9   『의식은 언제 탄생하는가』 마르첼로 마시미니, 줄리오 토노니 지음. 박인용 옮김. 한언. 2016. 12. 12. p.103.

대기 조망(atmospheric perspective): 가까운 대상보다 먼 거리의 대상이 덜 뚜렷이 보이고 종종 약한 청색을 띨 때 나타난다.

결 기울기(texture gradient): 동일한 공간 간격을 가진 요소들은 거리가 증가함에 따라 촘촘히 모여진다.

그림자(shadows): 빛이 차단되어 광량이 줄어들면서 만들어진 그림자는 대상들의 위치에 관한 정보를 제공한다.[10]

상술한 내용들 중 "눈 운동 단서"를 제외하면, 깊이 정보의 출처라는 "회화 단서(pictorial cues)" 항목은 전부가 안구나 망막 상에서의 변화가 아니라 자연환경 속 물체의 변화이다. 가림, 그림자, 멀고 가까움 같은 현상은 망막 안에는 없다. 어떤 학자는 3차원 복구의 공로를 뇌에 돌린다. "정상적인 뇌는 색상, 윤곽 등의 기본적인 현상적 특질을 세밀하게 종합하여 3차원 사물을 구성한다."라는 논리이다.[11] 그런데 뇌 안에는 이미지를 드러낼 빛도 없고 3차원의 자연도 없고 다만 전기 부호화 형태로 흩어지고 쪼개진 시각 정보의 파편들밖에 없다. 3차원 이미지는 오로지 자연에만 존재한다. 만일 정말 보이는 것이 망막 상이라면 그것은 깊이가 생략된 평면 상일 것이다. 그러나 다 알다시피 인간의 눈은 자연 그대로의 3차원 입체상을 본다. 일각에서는 대뇌피

10   『감각 및 지각심리학』 E. Bruce Goldstein 지음. 곽호완 등 옮김. 박학사.
      2015. 2. 25. pp.254, 264~267.
11   『뇌의식의 기초』 안티 레본수오 지음. 장현우, 황양선 옮김. 한언. 2021. 9. 29.
      p.214.

질의 시각 영역에서 흩어진 시각 정보를 종합해 퍼즐을 맞출 때 상하가 돌아오고 3차원 상이 복구된다고 주장하지만 나는 그 마술이나 아라비안나이트 같은 변화 과정에 대한 설득력 있는 과학적인 설명을 읽은 적이 없다.

지각의 단서 접근 이론에서 먼 곳의 물체가 가까운 곳의 물체보다 희미하고 작게 보이는 현상만 봐도 그 이유는 뇌와는 아무런 상관이 없다. 자연 속의 혼탁한 대기층이 시야를 흐리거나 또는 시력이 부족한 현상일 뿐이다. 나이가 들어 늙으면 젊었을 때에 비해 눈앞이 잘 보이지 않는 현상도 뇌와는 무관하게 시력이 부족한 탓이다. 가림 현상 역시 시각 내부나 뇌에는 존재하지 않는 물체로 인한 시야의 차단이지 뇌의 판단 결과가 아니다. 윤곽은 물체의 속성이고 색상은 망막의 고유한 색채 인식 기능인데 왜 뇌에서 다시 "사물로 구성"되어야 하는가? 이 두 가지 특징은 눈의 망막과 외부 자연의 만남으로 충분히 현시된다. 또 뇌가 어떤 생리적 방식을 통해 물체의 윤곽을 재구성하는지에 대해서도 구체적인 설명이 부족하다. 그리고 그렇게 "구성"된 사물은 혹시 자연의 원시 물체와는 완전히 다른 희미한 꿈의 화면 같은 이미지는 아닌가?

이론적으로 개미는 지구에서 태양까지의 거리인 9,300만 마일을 볼 수 있다. …… 그러나 개미가 얼마나 멀리 볼 수 있고, 또는 당신이나 내가 얼마나 멀리 볼 수 있는지는 빛이 얼마나 멀리 전파될 수 있는지에 달려 있다. 우리가 사물을 볼 수 있는 것은 빛이 우리의 눈에 들어오기 때문이다. 그러나 우리의 눈은 "시선"을 외부로 내보낼 수는 없다.[12]

만일 망막이 빛의 존재로 사물을 볼 수 있다는 주장이 사실이라면, 태양이 발광하는 한 빛은 가까운 곳이나 먼 곳이나 밝기가 똑같을 것이다. 그렇다면 당연히 가까운 곳의 물체나 먼 곳의 물체나 다름이 없이 선명도가 동일해야 한다. 왜냐하면 이론적으로는 9,300만 마일까지도 볼 수 있으니 말이다. 거리에 따라 선명성이 달라지는 것은 단지 오염된 공기나 시력 때문이다. 그러한 원인 때문에 빛이 아득한 영역으로서 존재함에도 시야는 제한될 수밖에 없는 것이다. 또 하나 집중해야 될 부분은 빛은 망막으로 들어만 올뿐 나갈 수 없다는 주장이다. 결국 눈은 밖의 사물을 보는 것이 아니라 안의 망막 상을 본다. 이 문제에 대해 나의 견해를 밝히기 전에 빛은 파동이고 흐름이며 파장을 가지고 있다는 상식만 먼저 짚고 넘어간다.

다만 현장 시각의 보는 작업이 종료된 다음 기억에 떠오르는 이미지는 3차원이 아닌 꿈의 환영 같은 불분명하고 몽롱하며 흐릿한 이미지에 불과하다는 사실이다. 기억 이미지, 꿈 이미지, 회상 이미지, 상상 이미지는 모두 동일하다. 오로지 지금 이 순간 눈이 '밖'을 보고 있

---

12 『生物心理学』詹姆斯·卡拉特(Kala, J. W.)著. 苏彦捷等译. 人民邮电出版社. 2011. 8. p.159. 理论上, 一只蚂蚁能看到9千3百万英里--- 地球到太阳的距离。……一只蚂蚁能看多远, 或者你或我看多远, 是取决于光能传播多远。我们能看见东西是因为光进入了我们的眼睛, 而我们的眼睛并不能发射出'视线'。

는 시점의 현재 이미지만이 선명하고 입체적인 3차원 이미지다. 기존 이론에 따르면 그 이미지는 '밖의 사물'이 아닌 망막 안에 거꾸로 맺힌 안구 내부의 2차원 상이다. 사물도 현장도 아닌 상이라면 혹시 허상은 아닐까라는 의문이 든다. 이와 같은 현상은 도대체 무엇을 설명하는 가? 시각과 망막 상의 진실은 과연 무엇인가? 풀리지 않는 수많은 미스터리들은 아래에 계속되는 담론에서 이야기하려고 한다.

2. 망막의 원시적 기능

거꾸로 비친 2차원 망막 상은 스스로의 기능으로는 외부 물체를 볼 수 없고 굳이 신경세포들의 도움을 받으며 망막을 떠나 대뇌피질에 진입해야 비로소 이미지를 볼 수 있다는 주장이 기존의 심리학계를 통치하는 정설이다. 그런데 전기 부호화되고 여러 영역으로 분산된 망막 정보들이 대뇌피질에서 종합되어 정체성을 구성한다는 이 이론은 그 구체적인 장소도 조합 과정도 방법도 없는 그냥 '과학적' 추론에 불과하다. 그 추론이 망막의 진실과 부합되는지는 어느 학자도 단언할 수 없는 상황임을 우리가 미리 알아 두어야 아래에 진행되는 나의 새로운 담론과 주장들을 이해하는 데 도움이 될 것이다.

대부분의 지각 현상에 있어, 우리는 그 현상을 책임지고 있는 생리적 기제를 아직도 잘 모르고 있다.

우리는 망막에서 일어나는 신경세포들의 상호작용만으로는 우리의 모든 지각 현상을 설명할 수 없다.[13]

뿐만 아니라 설령 망막에서 흡수한 시각 원시정보들이 대뇌피질에 운송되어 조합된다는 견해에 동조한다 하더라도 그 구체적인 조합 장소와 방식에 대해서도 설명이 없다. 장소와 방식이 배제된 조합은 유명무실할 수밖에 없을 것이다. 적어도 망막에서 조달된 전기 정보들이 기거하는 곳이 있어야 되고 그 정보들이 모이는 장소, 모여서 시각 원본 이미지로 구축하는 작업 공간이 지정돼야 함에도 아무것도 알 수 없는 깜깜이 이론에 불과하다. 보관, 작업 장소의 부재는 쉽게 이 이론의 진실성에 의문을 가지도록 한다.

각각의 감각 통로에 다양한 피질이 존재한다는 사실을 감안하면 이미지들이 정확하게 어디에서 조합되고 경험되는지 의문이 생길 것이다. 이미지들은 1차 대뇌피질에 있을까? 그렇다면 그 대뇌피질의 어떤 층위에 있을까? 아니면, 이미지들은 2개 이상의 피질 영역에 존재해, 마음속에서 경험되는 실제 이미지가 동시에 조합된 여러 개의 패턴들의 합성물이 되도록 만드는 것일까? 이미지가 어디에 있는지에 대한 의문에 확실한 답은 없다.[14]

---

13   『감각과 지각』 E. Bruce Goldstein 지음. 정찬섭 등 옮김. 시그마프레스. 2004. 2. 15. p.81, 83.

14   『느끼고 아는 존재』 안토니오 다마지오 지음. 고현석 옮김. 박문호 감수. 흐름 출판. 2021. 8. 30. pp.89~81.

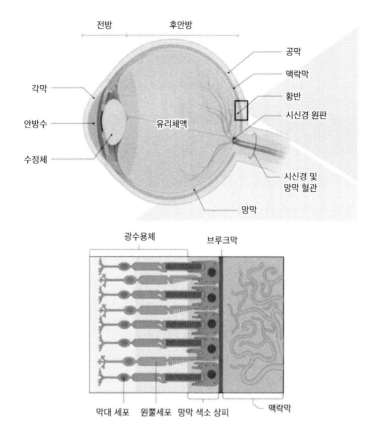

[사진 15] 대뇌피질에서 망막 상이 전송한 부호화된 이미지 정보 조각들을 모아 놓고 보는 수많은 꼬마 간자看者가 있을 수 없듯이 망막 상은 뇌가 보지 않는다. 망막 상은 뒤집힌 2차원 그림자일 뿐이며 오로지 현실만이 3차원 정면체이다. 어차피 간자가 '막대 세포'와 '원뿔세포'라고 하면 반사된 그림자를 보는가 아니면 눈 밖을 보는가 하는 것이 문제가 될 것이다.

우리가 대뇌피질에 몰두하는 이유는 현대 뇌 과학의 연구 결과가 망막 정보는 그곳에서 처리된다는 논리 때문이다. 이 이론에 따르면 마치 대뇌피질이 없이는 시각의 가능성도 이미지의 기억도 전혀 불가능한 것처럼 착각하기 쉽다. 그러나 현실은 그와는 완전히 다른 양상을 보인다. 뇌가 아직 덜 진화된 상태의 인류 또는 피질 자체가 발달하지 않은 동물들이 분명하게 시각 체계를 보유하고 있다는 사실은 보는 것과 대뇌피질의 존재 여부가 하등의 관계도 없음을 입증한다. 피질이 관계된다면 뇌 발달 이전 생물과 피질이 없는 동물은 볼 수 없어야 한다. 주지하다시피 생명과 시각을 비롯한 원시 의식 기관은 뇌의 발달보다 훨씬 이전에 이미 체내에 부착되어 있었던 조직이다.

대뇌피질은 뇌에서 가장 나중에 진화했다.[15]

파충류에서 포유류로 진화한 후에야 바로소 뇌가 새로운 단계로 진화했다. 이 새롭게 발달한 뇌 부위가 바로 대뇌변연계인데, 뇌간과 소뇌의 상부, 즉 대뇌핵 구역 상부에 위치하고 있다. 진화의 다음 단계에서 포유류의 뇌는 새로운 진화를 시작했다. 진화의 결과 대뇌피질이 형성되어 대뇌변연계의 상부에 위치하게 되었다.[16]

---

15 『뇌의 가장 깊숙한 곳』 케빈 넬슨 지음. 전대호 옮김. 북하우스. 2013. 3. 15. p.16.

16 『你的生存本能正在杀死你 为什么你容易焦虑、不安、恐慌和被激怒』马克·舍恩Marc Schoen, 克里斯汀·洛贝格Kristin Loberg著. 蒋宗强译. 中信出版社. 2018. 1. p.69. 直到从爬行动物进化成哺乳动物, 大脑才进化了一个新的进化阶段, 这个新发育的大脑部位就是大脑边缘系统, 它位于脑干和小脑的上部, 也就是说, 位于大脑核区的上部。……在下一个进化阶段, 哺乳动物的大脑开始了新的进化, 进化的结果就是形成了大脑皮质, 位于大脑边缘系统的上部。

변연계는 중뇌에 속하는데 대뇌피질 전부터 원시 의식과 연대하여 신체 내에 존재했었다. 대뇌피질은 변연계가 진화한 후에 한발 늦게 진화한 신체 구조이다. 그런데 여기서 문제는 망막이 수집한 시각 정보의 저장이다. 통론에는 대량의 정보가 대뇌피질의 여러 영역에 나누어 기억된다고 전해지고 있다. 그러나 만약 대뇌피질이 망막 정보와 하등의 연관이 없다면 그 정보들은 보고 난 후에는 모두 유실 또는 폐기되는가? 보는 활동이 끝난 후에도 시각 이미지가 꿈이나 회상, 상상 등에 재생되는 걸 미루어 짐작할 때 분명 어딘가에 보관되어 있었을 것이 틀림없다. 이미지 정보가 완전히 없어지거나 어딘가에 보관되어 있지 않으면 이 모든 소환은 불가능하기 때문이다. 도대체 어디에 저장되어 있을까?

스펄링의 실험은 단기 시감각 저장소 즉 시각 제시물에 있는 모든 정보를 효과적으로 수용할 수 있는 기억 체계가 있음을 시사한다. 정보가 시감각 저장소에 잠시 저장되는 동안, …… 이 감각 저장소의 특성은 시각적으로 여겨진다. …… 스펄링은 시야가 밝으면 감각 정보가 1초 동안 유지되지만, 시야가 어두우면 완전히 5초간 유지된다는 사실을 발견했다. …… 이와 같은 실험들에서 드러난, 극히 짧은 동안 유지되는 기억을 아이콘 기억이라고 한다.[17]

17   『인지심리학과 그 응용』 존 로버트 앤더슨 지음. 이영애 옮김. 이화여자대학교 출판부. 2012. 1. 31. p.182.

스펄링은 이른바 "아이콘 기억" 즉 시각 이미지 정보는 "시감각 저장소"에 잠시 저장된다고 보고 있다. 그런데 임시성 시감각 저장소라고 할 만한 장소는 안구에서 망막밖에 없을 것이다. 왜냐하면 망막은 외부 물체를 접수하고 상을 맺으며 전기 부호로 변환하여 뇌로 전승하는 기관이기 때문이다. 그러나 아무리 임시 저장이라 하지만 저장 시간이 고작 1초 동안이라는 실험 결과는 믿기 어렵다. 이 문제는 잠시 뒤로 젖혀두고 우선 하루 동안 눈이 마주친 그 수많은 시각 정보들이 대뇌피질이든 시감각 저장소이든 막론하고 전부가 저장된다는 생각에는 설득력이 결여되어 있다. 사람은 눈을 뜨고 생활하는 시간이 하루만 해도 10시간이 넘는다. 10시간 동안 눈이 입수한 시각 정보들은 모르긴 해도 그 양이 어마어마할 것이다. 심리학자들도 이 문제점을 알아챈 듯 해결책으로 "주의"라는 심리학 용어를 급조해 내어 두루뭉술하게 설명하려고 한다.

　　　우리의 의식에 이른 것은 그야말로 최고 중의 최고, 바로 우리가 주의 注意라고 부르는 매우 복잡한 체에 의해 걸러진 것이다. 우리의 뇌는 부적절한 정보를 무자비하게 폐기하며, 궁극적으로 현재의 우리 목표에 부합되는 것을 바탕으로 단 하나의 의식 대상을 분리시킨다.[18]

18　　『뇌의식의 탄생』 스타니슬라스 데하네 지음. 박인용 옮김. 한언. 2017. 8. 21. p.53.

주의란 우리 자신의 자원을 일부 지각엔 더 배당하고 또 다른 일부 지각엔 덜 배당하는 역할을 하는 듯하다. 이때 '주의'란 어려운 책을 읽거나 또는 학교에서 정신을 '집중'하는 것과는 다른 얘기다. 여기서 말하는 주의란 방금 눈에 띈 어떤 것에 순간적으로 더 비중을 두는 것과 같은 일이다.

뇌에는 수많은 처리 과정이 층층이 쌓여 있다. 그 가운데 하나인 주의는 수의적으로 주의를 기울이는 일과 필요한 쪽으로 주의를 쏠리게 하는 자동 메커니즘의 합작품이다.[19]

시각이 주의를 돌린 물체는 중심와에 맺히며 그 이미지만 대뇌피질에 전달된다는 게 인지심리학 이론이다. 뇌에는 그 많은 양의 정보들을 처리할 능력이 없기 때문에 "주의"를 발동하여 정보를 선택 저장한다는 유치한 논리이다. 사실은 이른바 "주의"를 발동하는 주체는 뇌가 아니라 욕망과 감정이다. 그러나 인지심리학의 이론대로라면 중심와에 잡히지 않은 이미지들은 죄다 폐기되는가? 정보 선택 저장의 "주의" 이론의 허점은 간자看者가 "주의"는 돌리지 않았지만 이미지가 기억된다는 사실이다. 그것은 주의를 돌리지 않은 이미지들도 기억을 애써 되살리면 희미하게 떠오르는 현상을 통해서도 알 수 있다. 그것은 "주의" 밖의 이미지들도 어딘가에 보관되어 있었음을 의미한다. 결

---

19   『마인드해킹』 탐 스태포드, 메트 웹 지음. 최호영 옮김. 황금부엉이. 2006. 3. 30. pp.180, 202.

론은 대뇌피질이 아니라 망막이 비쳐든 외부 이미지를 스스로 기억한다는 것이다. 이미지는 2차원의 특수한 빛의 그림자이다. 그림자는 형태도 있고 공간도 차지하지만 용량도 체적도 없어 장소를 필요로 하지 않는다. 그런 특성 때문에 대량의 빛 그림자 정보는 제한된 망막 안에 무진장으로 저장될 수 있다. 그렇게 저장된 채 뇌, 기억, 욕망, 감정, 꿈, 상상 등이 요청하면 재생된다. 문제는 이미지의 재생에도 빛이 필요하다는 점이다. 빛이 없으면 이미지도 없기 때문이다. 대뇌피질에는 물론 "빛도, 소리도, 아무것도 없다. 완벽한 어둠과 침묵뿐"이다.[20] 그러나 신체 조직에서 유일하게 빛과 교감하는 망막은 약하지만 확실히 존재하는 내부 전기를 이용하여 낮은 전기로 빛을 생산할 수 있다. 아니면 동물의 "냉광冷光" 같은 것을 발산할지도 모른다.

사실 광원이 존재하지 않는데 어디서 빛을 동원한단 말인가? 아주 간단하다. 직접 만들면 된다. 패충은 꼬마 전구를 밝힐 만큼의 전기도 발생시키지 못하지만, 대신 더욱 효율적으로 빛을 만드는 방법을 알고 있다. 생물발광을 하는 것이다. 두 가지 화학물질, 루시페린(luciferin)과 루시페라제(luciferase)가 물속의 산소와 반응하면 그 부산물로 빛이 나온다. 이 빛을 생물발광이라고 한다.[21]

20   『내가 된다는 것』 아닐 세스 지음. 장혜인 옮김. 흐름출판. 2022. 6. 30. p.113.
21   『눈의 탄생 캄브리아기 폭발의 수수께끼를 풀다』 앤드루 파커 지음. 오숙은 옮김. 뿌리와이파리. 2007. 5. 14. p.213.

그것이 체내 전기에서 생산된 광원이든, 자체로 만들어 내는 생물 발광이든지를 막론하고 꿈속의 장면 같은 희미한 이미지를 보려고 해도 반드시 먼저 빛이 전제되어야 한다. 이 견해는 어디까지나 나의 주관 예측이지만 빛이 없으면 이미지도 없기 때문에 어떤 형식으로라도 미약한 빛이 망막에 존재할 수밖에 없기 때문이다. 이 추측이 맞다면 꿈이나 기억 재생 속에 나타나는 이미지의 장소는 대뇌피질 영역이 아니라 다름 아닌 망막 영역일 것이다. 이처럼 망막은 이미지를 저장하고 그 정보를 뇌, 기억, 욕망, 꿈 등에 공급하며 망막 상으로 재생한다. 시각의 외부 환경과의 상호 관계가 종료되면 망막의 이미지는 과거로 되어 밑으로(뒤로) 내려간다. 망막이 입수한 원시정보 중에 생소한 이미지는 그곳에 저장되는 한편 해석을 위해 부호화의 형태로 변환된 후 뇌로 전달된다. 망막이 자연과 단절되면 자연의 특성인 '단서'가 사라지면서 망막 표면의 평면화로 전환되어 2차원 이미지로 고정된다.

그리고 중요한 것은 눈은 피사체를 촬영한 다음 사진 현상을 위해 암실에 필름(정보)을 이송하는 단순한 카메라가 아니라는 점이다. 카메라(눈)는 촬영만 하고 사진(이미지) 현상은 암실(뇌)에서 또 다른 누군가가 진행한다는 것이 현대 인지심리학의 일반화된 통론이다. 그렇게 망막의 기능은 자연 이미지를 포착하고 상을 형성만 할 뿐이다. 그런데 아이러니하게도 뇌에는 암실처럼 사진(이미지)을 현상할 빛이 없다. 빛이 없이 어둡기만 한 곳이다.

눈은 가시적 이미지를 낳는 장치라는 의미에서 카메라가 아니다. 만일 눈이 그런 도구였다면 망막 이미지를 보는 사람이나, 뇌에 "투사된" 이미지를 보는 뇌 안의 작은 사람이 있어야 할 것이다. 이 사람은 이미지를 보기 위한 눈을 가지고 있어야 할 것이며, 그렇게 되면 우리는 출발했던 지점으로 되돌아가게 된다. 사실 각 소형 인간은 그다음의 더 큰 소형 인간이 뇌를 보아야 하는, 무한 계열의 내포된 개체라는 해결될 수 없는 역설에 직면하므로, 문제는 더 악화된다. 눈이 뇌에 의해 또는 뇌 속의 소형 인간(homunculus)에 의해 채용된 사진 찍는 기구라고 가정하는 오류는 물리학자나 생리학자들에 의해 거의 문제시되지 않으며, 그것은 마찬가지로 심리학자들을 혼란에 빠뜨린다. …… 뇌에 있는 대뇌 이미지, 신경에 있는 생리학적 이미지 및 눈에 있는 망막 이미지는 모두 허구들이다.[22]

뇌 속에, 대뇌피질 속에 시각 이미지가 존재한다는 주장은 모두 허구들이라는 말에 나는 동의한다. 뇌의 내부에 소형 인간이 있어야 할 이유는 오로지 하나 망막 상이 대뇌피질에서 가공된다는 주장에 명분을 달아 주기 위해서일 뿐이다. 그러니까 눈으로도 보고 또 뇌에서도 보는 2중 간법看法이 생겨날 수밖에 없다. 눈은 내가 보고 뇌 이미지는 소형 인간이 본다면 단 하나의 주체에서 간자看者가 두 명 세 명 또는 그 이상이 더 있어야 한다. 하나의 보는 기능을 위해 두 개 이상의 신체 기관이(뇌와 눈) 협력한다는 것은 생명 보존 법칙이 요구하는 최

---

22   『지각체계로 본 감각』 제임스 깁슨 지음. 박형생 등 옮김. 2016. 12. 22. p.365.

소 소비 원칙과도 어긋난다. 만일 대뇌피질의 시각 정보 가공의 기존 이론에 설득력이 결여되었다면 도대체 어떤 기관으로, 어떻게 사물을 직시한다는 말인가. 우격다짐으로 망막이 망막 상을 본다고 해도 망막 상은 거꾸로 된 2차원 이미지인데 반해 눈에 보이는 이미지는 이상하게도 위아래가 제대로 된 3차원 입체적 이미지이니 역시 어불성설이라 하겠다. "시각 체계가 다양한 빛의 강도에 적응하는 일은 피질이 아니라 눈에서 바로 일어나는"[23] 안구에만 귀결되는 현상이다.

결국 귀납하면 물체를 보는 눈의 대상은 망막에 비친 빛의 상이 아니라 외부 자연 그대로의 물체임을 알 수 있다. 단지 하나 확실한 것은 보는 것만은 분명하다는 사실이다. 바로 이 지점에서 누구도 인정하지 않는, 벌써 오래전에 학계에서 추방된, 망막이 직접 밖을 내다본다는 낡은 가설도 한번 고민해 볼 만하다고 생각된다. 망막이 직접 3차원의 밖을 보고 그 이미지를 2차원으로 저장하고 정보를 뇌에 전송한다는 가설만 받아들이면 시각 이론에서 풀리지 않던 모든 미스터리들이 봄눈 녹듯 단번에 술술 풀리기 때문이다.

하지만 깁슨의 관점에 따르면 정보는 보통 당신에게로 향하는 것이 아니라 주동적으로 쟁취해야 한다. 지각 시스템에는 이러한 쟁취를 가능하게 하는 다양한 감각과 행동이 포함된다.

---

23   『마인드해킹』 탐 스태포드, 메트 웹 지음. 최호영 옮김. 황금부엉이. 2006. 3.
     30. p.143.

게다가 시각 시스템에 의해 감지된 자극은 이미 풍부한 정보를 가지고 있기 때문에 깁슨은 뇌가 이 정보를 더 이상 가공할 필요가 없다고 믿는다.[24]

영화관에 가면 영사기(외부 자연)에서 내보낸 이미지는 빛에 실려 스크린(망막)에 현시된다. 그것은 다시 스크린에서 빛의 파장을 타고 외부의 역방향으로 이동하여 관중들과 영사기 기사 그리고 영화의 원본 이미지가 발산되는 영사기 렌즈에까지 거꾸로 와 닿는다. 여기서 망막은 역행하는 영화 스크린보다 하나의 기능을 더 가지고 있는데 즉 빛의 파장권 안에서 빛 에너지를 이용하여 다시 빛이 발산된 밖의 역방향 원점 원시 이미지를 볼 수 있다는 것이다. 이 경우 빛의 파장권 크기는 곧 망막권(범위)의 크기와 동일할 것이다. 나는 이 장소를 가리켜 입체 화면 또는 입체 시각 공간이라 하겠다. 그러면 망막에 거꾸로 비친 이미지를 똑바로 세워서 볼 수 있을 뿐만 아니라 3차원 입체 화면을 볼 수도 있다. 사실 망막의 원뿔세포는 눈을 뜨자마자 즉시 외부 환경(공간)과 밀착(연결, 접촉)된다. 그 사이를 빛의 파장이 빽빽하게 메우며 빛이 여러 방향으로 소통할 수 있는 통로를 형성한다. 원뿔세포가 보는 것은 2차 망막 상이 아니라 빛의 파장을 타고 역행한 목적지인 1차 환경 원본이다. 중심와에는 원뿔세포밖에 없고 또 중심와에 잡힌 이미

---

24 『具身认知』劳伦斯·夏皮罗著. 李恒威, 董达译. 华夏出版社. 2014. 2. pp.39~40. 然而, 按照吉布森的观点, 信息通常并不是走向你, 而是必须去主动地猎取。知觉系统包括各种实现这一猎取的感官和行动。此外, 因为视觉系统所探测的刺激已经带有丰富信息, 因此吉布森相信脑无需要进一步加工这些信息。

지만 3차원 입체 형상이 선명하다면 빛의 파동을 타고 밖으로 역행해 외부 환경을 볼 수 있는 특수한 기능을 소유했을 가능성이 매우 크다. 그런 역행, 외부 간물看物 기능은 중심와 주변부의 망막에 분포된 일련의 원뿔세포들도 똑같이 가지고 있을 가능성을 배제할 수 없을 것이다. 물론 이러한 주장은 더 말할 여지도 없이 앞으로 진행될 학자들의 과학 실험에 의해 입증되어야만 할 것이다.

그러나 눈을 감으면 빛은 사라지며 공간을 점유했던 파장도 삽시에 퇴각한다. 빛은 보존되지 않고 기억되지 않는다. 그런데 신기하게도, 눈을 감아 빛이 없는 상태를 만들더라도 기억은 '보인다'. 그것은 망막이 신체 전기로(또는 생물광이나 태양광을 받아서 충전된) 광선을 창조하기 때문에 기억이 이미지로 재생(상상)되고 꿈 이미지가 보이는 것이라고 단정할 수 있다. 물론 그 빛은 태양광보다 훨씬 어두워 보이는 이미지 또한 어둡고 희미하다.

원시 의식과
청각, 후각, 미각

1. 원시 의식과 청각, 촉각

a. 청각

청각은 시각과 마찬가지로 언어가 생기기 전부터 생명 보존 법칙의 필요 때문에 설계되어 신체에 장착된 안전 기관이다. 청각은 물체나 거리 혹은 시력 때문에 시각이 볼 수 없는 위험을 감지하기 위해 개발된 원시 의식 기관이다. 예컨대 은밀하게 등 뒤로 접근해 오는 눈의 사각지대의 위험, 숲속이나 바위 뒤에 숨어버림으로써 은폐된 위험 또는 물체에 가려진 위험 요소를 청각을 가동하여 바스락거리는 소리로 판단하거나 후각의 협조로 냄새를 통해 감지한다. 청각적 판단에는 후각뿐 아니라 시각 이미지의 도움도 반드시 필요하다. 소리나 냄새에서 포식자의 구체적인 이미지를 떠올려야 상응하는 대응책을 강구할 수 있기 때문이다.

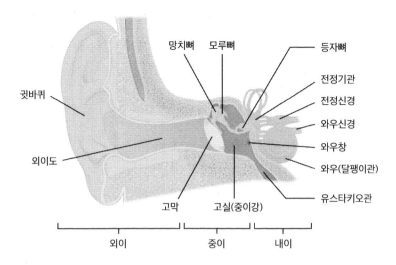

망치뼈　모루뼈　　　　　등자뼈
　　　　　　　　　　　　전정기관
　　　　　　　　　　　　전정신경
귓바퀴　　　　　　　　　와우신경
　　　　　　　　　　　　와우창
외이도　　　　　　　　　와우(달팽이관)
　　　　　　　　　　　　유스타키오관
고막　　고실(중이강)

외이　　　중이　　　내이

[사진 16] 귀의 구조. 귀가 수집한 소리 정보들도 뇌로 전송되어 그곳에서 인지된다고 전
해진다. 그러나 나는 소리는 고막이 진동하여 재생되고 그 정보는 뇌가 아닌 달팽이관에
기억된다고 생각한다. 언어처럼 소리에 의미가 추가될 때에만 별도로 뇌에 이송된다.

　시각이 태양광을 받아들여 망막에 2차원 상을 빚어냄과 동시에 빛
의 파동을 역방향으로 이용해 망막권 안에서 밖의 물체를 보는 구조라
면, 청각은 소리를 입수하여 고막에서 울림을 일으킨 후 청각 수용기
인 달팽이관에서 음을 인지하고 전기신호로 변환하는 구조를 가지고
있다. 그러나 소리는 비록 외부에 소리를 내는 발원지는 있어도 그 실
체가 소리와는 다른 물체의 이미지이기 때문에 눈으로 확인될 뿐 청각
으로는 잡히지 않는다. 청각은 오로지 비이미지적인 소리 정보만 접수
하고 질량을 가진 물체 이미지에 대해서는 시각에 양보하고 무시해버
린다. 한마디로 청각은 고막이나 와우각에서의 수리 재현만으로도 충

분하기에 굳이 외부 물체의 이미지적 모양에 관심을 가질 필요가 없다. 적어도 청각적 정보는 시각적 정보와는 달라 현장음과 고막의 재생음 사이에 2차원, 3차원의 차이도 입체나 평면적인 차이도 없기 때문이다.

소리 자극은 물체의 운동이나 진동이 공기, 물, 혹은 물체 주변의 다른 탄성 매체에 압력 변화를 일으킬 때 생긴다. 공기 압력 변화로 …… 전달되는 것은 마침내 청자의 귀에 도달하기까지 압력의 증가와 감소의 패턴이다. 실제로 벌어지는 일은 조용한 연못에 던진 조약돌이 만들어 내는 물결과 유사하다.[1]

귀의 역할은 소리의 기압파(pressure wave)를 전기신호로 변환하는 일이다. 외이는 기압파를 모으고 증폭하여 외이도를 통해 고막으로 보낸다. 그러면 망치뼈, 모루뼈, 등자뼈가 서로 지렛대 역할을 하며, 난원창이라고 불리는 작은 세포막으로 기압파를 모아 더욱 증폭한다.[2]

청각의 소리 입수 과정에서의 변화는 공기 압력 변화 즉 기압파의 증폭뿐 외부 현상과 귀 내부의 현상이 달라지는 것은 아무것도 없다.

---

[1] 『감각 및 지각심리학』 E. Bruce Goldstein 지음. 곽호완 등 옮김. 박학사. 2015. 2. 25. pp.303~304.

[2] 『감각의 미래 최신 인지과학으로 보는 몸의 감각과 뇌의 인식』 카라 플라토니 지음. 박지선 옮김. 흐름출판. 2017. 8. 1. p.178.

전기신호의 변환 과정만은 시각 정보 처리와 유사하다. 그런 이유 때문인지는 몰라도 심리학 이론에는 시각에 적용된 "주의"설이 배제되고 있다. 유독 청각만이 그 많은 정보들을 선택 없이 전부 대뇌피질로 이송하기 때문인가? 청각이 하루에 입수하는 소리 정보만 해도 결코 시각 정보 수치에 뒤지지 않을 텐데 말이다. 언어 정보를 제외하고도 그렇다. 그러나 청각에도 확실히 "주의" 현상은 존재한다. 우리가 무언가를 귀 기울여 들을 때가 바로 "주의"를 돌리는 현상이다. 설사 청각 관련 대뇌피질이 아무리 발달했다고 하더라도 시각 피질의 정보 취사선택을 미루어 짐작할 때 대량의 정보들을 빠짐없이 저장하는 건 무리이다.

에코 기억이라고 불리는 최단기 청각 기억을 저장하는 청감각 저장소도 시감각 저장소와 비슷한 증거를 가지고 있다. 이것은 청감각 기억이 다른 행동 측정치와 일관되게 10초까지 지속될 수 있음을 뜻한다. 뇌에서 이런 중립 반응이 일어나는 진원지는 1차 청각 피질 또는 그 부근으로 보인다. 이와 마찬가지로 시감각 기억에 저장되는 정보 역시 1차 시각 피질이나 그 부근에서 관여하는 것으로 보인다. 이와 같이 기초 지각을 담당하는 피질 부위는 후속 처리를 위해 감각 정보를 단기간 표상하고 있다.[3]

3   『인지심리학과 그 응용』존 로버트 앤더슨 지음. 이영애 옮김. 이화여자대학교 출판부. 2012. 1. 31. pp.182~183.

상술한 인용문을 보면 마치도 이른바 "에코 감각"에 대한 청각각 저
장소가 1차 청각 피질인 것처럼 소개되고 있으며 그 지속 시간을 10초
로 한정하는 오류를 범하고 있다. 청각의 대상인 소리는 시각 이미지
와 동일하게 용량, 체적이나 부피가 존재하지 않는다. 따라서 하나의
기능을 두 기관이 협력하지 않는 생명 보존 법칙의 최소 소비 원칙에
따라 대뇌피질과의 협력도 필요 없고 공간 점유의 부담 같은 것도 없
이 귀에 저장된다. 물론 정체가 모호하거나 불확실한 소리 정보들은 귀
에 저장됨과 동시에 뇌에도 부호화 형태로 보내져 해석이 위탁된다. 다
시 말하지만 청감각 정보의 뇌 이송의 기준은 정체불명이나 불확실한
소리의 해석을 위한 정보들만 제한적으로 위탁 전송된다는 사실이다.

여기서 중요한 것은 귀의 차원에서도 정보에 대한 기초적인 판단
이 이루어진다는 사실이다. 방법은 과거 경험했고 기억된 소리와 지
금, 현재의 소리를 비교하는 것이다. 예컨대 개나 돼지, 닭의 울음소리
는 몇 번만 들으면 귀가 기억하여 구체적인 가축들이 보이지 않아도
개, 돼지, 혹은 닭이라는 걸 알 수 있다. 역시 눈에 보이지는 않지만 어
딘가에서 물소리가 들리면 과거에 들었던 물소리와 비교하여 뇌 개입
이 없이도 귀 차원에서 주변에 강이 있음을 인지한다. 이 강은 물론 물
리적인 시각 이미지의 협조가 동반된다. 이때의 시각 이미지는 망막에
기억된 2차원 망막 상이다. 시각 이미지의 수반이 없으면 소리 하나만
으로는 강江의 질료적인 사실 확인 자체가 불가능하다. 그리고 솔직히
대뇌피질은 청각 피질의 발생 시기보다 썩 나중에 진화했다. 이 사실

을 인정한다면 시초에도 청각 정보는 어딘가에 저장되었던 것만은 확실하다. 그러면 도대체 귀의 어느 영역에 기억이 저장되었을지 궁금해진다. 단도직입적으로 말해 달팽이관의 액체 속에 저장되었을 수밖에 없다.

달팽이 모양의 구조물을 와우각이라 하는데, 여기에 소리를 분석하는 구조물들이 위치한다.[4]

내이의 주요 구조는 액체로 채원진 와우각(cochlear)이다. 와우각 안의 액은 난원창과 연결된 등골의 진동에 의해 진동된다. 와우각은, 뼈로 된 달팽이 모양의 구조인데, 2대 4분의 5회 감겨 있어 시각적으로 보여주기 어렵다. …… 사실, 풀려진 와우각은 직경이 2mm이고 길이가 35mm인 원통 모양이다.[5]

달팽이관은 복잡한 파형을 저주파, 중주파, 고주파로 분해해서 소리를 구성하는 각 주파수의 비율을 파악한다. 하지만 그다음에 정확히 뇌의 어느 영역에서 어떤 분해가 일어나는지는 아직 밝혀지지 않았다.[6]

---

4   『생물심리학-뇌의 행동』Bob Garren 지음. 신맹식 외 옮김. 학지사. 2013. 9. 25. p.327.

5   『감각과 지각』E. Bruce Goldstein 지음. 정찬섭 등 옮김. 시그마프레스. 2004. 2. 15. pp.347~348.

6   『감각의 미래 최신 인지과학으로 보는 몸의 감각과 뇌의 인식』카라 플라토니 지음. 박지선 옮김. 흐름출판. 2017. 8. 1. p.179.

달팽이관 즉 와우각은 소리를 분석하고 소리의 여러 가지 주파수를 분해하여 소리를 구성하는 중요한 영역임을 알 수 있다. 그 중요성은 눈의 망막에 비해 귀의 영역에서는 단연 으뜸이라고 할 수 있다. 달팽이관 다음에는 대뇌피질로의 이동이다. 아마 소리는 입수되어 소리로 구성되면 그 정보가 이 달팽이관에 기억될 것이다. 해석이 필요한 일부 정보들만 제한적으로 피질에 보내진다.

b. 촉각

한편 촉각은 유기체에 직접 접촉하는 위험을 감지하기 위해 설계된 원시 생명 안전장치이다. 촉각을 느끼는 신체 부위는 피부인데, 피부의 안전 기능은 뭐니 뭐니 해도 유기체의 생명을 유지하는 체내의 기관들에 차단막을 형성하여 오염된 외부와 격리시킴으로써 신체가 세균에 감염되거나 질병에 걸리지 않도록 몸을 보호하는 것이다. 즉, 피부는 유기체의 내장이 거친 흙이나 바위, 나무, 비와 눈, 추위, 더위에 노출되는 것을 방지한다. 체내 기관이 고스란히 외부에 드러나면 생명체는 한 시간도 살아갈 수 없다. 민감한 차단막을 통해 외부의 유해한 물질로부터 몸을 보호하여 안전을 도모하는 기능의 중요성도 시각이나 청각의 중요성에 비해 덜하지 않다. 이와 같이 촉각은 위생의 측면과 위험물 방지 측면에서 모두 중요한 역할을 한다.

보온 기능 외에도, 피부는 체액이 빠져나가지 않도록 하며 동시에 박테리아, 화학물질 그리고 때가 피부로 침투하지 못하게 하여 우리를 보호한다. 그리고 피부는 그 안에 있는 것의 통합성을 유지하고 그 밖에 있는 것으로부터 우리를 보호하며, 또한 피부와 접촉하는 여러 자극에 대한 정보를 준다.[7]

촉각 정보의 기억 과정도 다른 감각과 별반 다르지 않다. 다만 중간에 중추신경을 경유한다는 조건이 추가될 뿐이다. 종착지는 결국 대뇌피질이다. 대뇌피질은 그야말로 촉각의 입수 표면인 피부가 생겨난 지 한참 후에야 진화한 기관이다. 그럼에도 대뇌피질은 중추신경과 합작하여 촉각 정보까지 어김없이 받아서 최종 처리하고 기억한다. 두말할 것도 없이 하나의 기능을 위한 여러 개 기관의 이런 협력 관계는 생명 보존 법칙의 최소 소비 원리와도 어긋나는 현상이다.

두 개의 경로는 내측모대 경로(medial lemniscal pathway)와 척수 시상 경로(spinothalamic pathway)이다. 모대 경로는 사지의 위치 감지(고유수용감각)와 접촉 지각과 관련된 신호를 전달하는 큰 섬유를 가지고 있다. 이 큰 신경섬유들은 고속으로 신호를 전달하는데, 이것은 운동을 통제하고 접촉에 반응하는 데에 중요하다. 척수 시상 경로는 더 작은 섬유들로 이루어지는데, 온도와 통증에 관한 신호를 전달한다.[8]

---

7   『감각 및 지각심리학』 E. Bruce Goldstein 지음. 곽호완 등 옮김. 박학사. 2015. 2. 25. p.391.

8   동상서. pp.392~393.

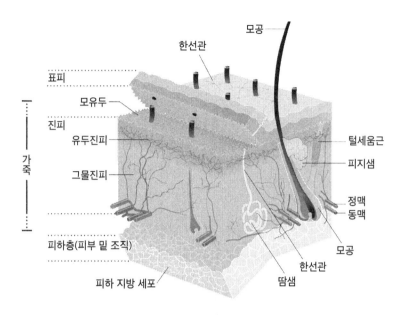

모공
한선관
표피
모유두
진피
유두진피
그물진피
가죽
털세움근
피지샘
정맥
동맥
모공
한선관
피하층(피부 밑 조직)
피하 지방 세포
땀샘

[사진 17] 청각이 시각이 미치지 못하는 지역의 위험을 소리로 감별하는 안전 감각 기관이라면 촉각은 피부에 접촉하는 위험을 느낌으로 인지하는 감각 기관이다. 촉각 정보는 피부 세포가 기억한다. 확인 불가 물체 정보만 뇌에 전송된다.

그러나 나는 이 경우에도 해석이 필요 없는 정보들은 피부 조직에 기억된다고 생각한다. 우리는 촉각을 느끼는 피부조직이 한번 경험해서 실체가 확인된 경험은 피부 세포에 그대로 기억되며, 이후부터 피부는 더 이상 다른 기관의 해석을 필요로 하지 않고 위험을 미리 피할 수 있게 된다는 사실을 잘 알고 있다. 난로불에 한번 화상을 입은 사람은 손등에 화기만 느껴져도 번개처럼 재빨리 손을 치운다. 세포가 그 상황을 기억하고 있기 때문에 나온 동작이다. 어떤 학자들은 공개적으로 "신체 의식"[9] 또는 세포 기억이라는 표현을 씀으로서 이러한 촉각 현상을 설명하고 있다.

대부분의 운동 조정은 체감각 피드백에 의해 가이드된다. 예를 들어 커피잔을 잡기 위해 손을 뻗을 경우 손이 커피잔에 닿으면 손을 더 이상 앞으로 뻗지 않는다. …… 사실은 무의식적으로 일어나는 많은 자동적 운동 조정이 존재한다는 것을 시사한다. 다시 말하면 이러한 조정은 상위 대뇌 영역들의 관여 없이 일어나고 상위 피질 영역들의 간섭에 비교적 저항적이다.[10]

망치로 손가락을 내리친 바람에 손을 얼른 뺄 때를 생각해 보라. 당신은 이 상황을 망치로 손가락을 때리고, 손가락이 아파서, 손을 뺐다는 순서로 설명할 것이다. 하지만 실제로 당신은 아픔을 느끼기 전에 손을 뺀다. 아픔을 지각하고 혹은 의식하고 손을 빼내려면 몇 초가 걸린다. 실제로는 손가락의 통각이 신경을 통해 척수에 신호를 보내면 그 즉시 운동신경을 통해 다시 손가락에 전해진 신호가 근육을 수축시키고 손을 빼게 되는데 이는 뇌가 관여하지 않는 반사적 행동이다. 움직이는 게 가장 먼저

_9   『动物有意识吗?』阿尔茨特、[德]比尔梅林著. 马怀琪、陈琦译. 北京理工大学出版社. 2004. 5. p.200. 身体意识。

10   『임상 및 실험 신경심리학』 Lorin J. Elias, Deborah M. Saucier 지음. 김명선 옮김. 시그마프레스. 2007. 9. 1. p.151.

제3절 원시 의식과 청각, 후각, 미각   173

다. 손을 빼는 것은 반사적인 행동이며 이는 자동으로 이루어진다.[11]

이른바 "뇌가 관여하지 않는 반사적 행동"이란 체감각 수용기가 기억하고 위험에 대응하는 자율적인 행동이다. 이 행동은 처음으로 커피잔을 잡거나 망치로 손가락을 내리친 시행착오를 거쳐야만 피부세포가 기억하고 뇌에 전달하지 않고 지령도 받지 않은 채 실행에 옮길 수 있는 독립적인 행위가 된다. 신체 의식 또는 세포 기억은 유전자 정보를 기억하는 세포의 원시적인 저장 능력에서 온다. 여기서 과연 프로이트가 제안한 무의식이 체내에 존재하는가에 대한 학술적 문제에 대해서는 더 담론하지 않겠다. 나는 무의식이란 존재하지 않는다고 믿기 때문이다. 이 문제는 꿈의 담론 절에서 간단하게 언급하려고 한다. 사실 그 무의식적 행동은 빛에 반응하는 망막처럼 자극에 반응하는 피부세포가 인지한 원시 의식이다. 원시 의식은 한마디로 느낌이고 '앎'이다. 그것은 진화 의식으로서의 뇌의 '해석' 능력과는 질적으로 다르다. 이 문제에 대해서도 제5장 「진화 의식과 뇌, 마음, 언어」에서 상세하게 논할 것이므로 여기서는 이만 접으려고 한다.

한 가지 더 첨부하면 촉각은 생명체에서 눈과 귀 등 원시 의식이 나타나기 전에 가장 먼저 생겨난 감각일 것이다. 그다음 차례로는 입(미각), 코의 순으로 탄생했을 것으로 간주된다. 생명체는 몸의 통일성이

11   『뇌로부터의 자유:무엇이 우리의 생각, 감정, 행동을 조종하는가?』 마이클 가자니가 지음. 박인균 옮김. 추수밭. 2012. 147. p.521.

우선되어야 존재가 가능하기 때문이다. 몸의 생성이 보장되면 음식을 먹어야 생명이 연장된다. 그러기 위해서는 먹잇감의 해로움과 유익함을 탐지해야 하므로 냄새를 맡는 코와 먹는 입이 동시에 생겨났다는 시나리오가 가장 설득력을 띨 것이다. 그런 연후에야 눈과 귀 등의 안전장치들이 추가되었다. 원시 의식은 문자 그대로 생명체의 안전과 유지를 확보하기 위한 특수한 기능을 가진 신체 장치들이다. 촉각도 그중에서 빠져서는 안 될 중요한 안전장치 중의 하나이다.

2. 원시 의식과 후각, 미각

a. 후각

생명체는 생명 보존 법칙의 논리에 따라 후각 체계를 설계하여 신체에 도입함으로써 포식자의 급습에 대비하고 양질의 먹잇감을 효과적으로 탐지하며 또 맘에 드는 짝짓기 배우자를 선택한다. 그런데 포식자와 먹잇감은 흔히 신체로부터 먼 곳에 산재해 있기 마련이다. 후각을 이용하여 얼마나 먼 곳까지 포식자의 존재와 먹잇감의 유무를 파악할 수 있는가에 의해 안전 영역과 생활 공간이 그만큼 확대될 것이며 넓어진 그 공간은 생명의 안전을 확보하고 먹잇감을 구하는 데 커다란 기여를 할 것이다. 확실하게 안전을 도모하고 질 좋은 먹잇감을 얻는 개체가 생명을 유지할 수 있는 가능성이 커질 수밖에 없다.

인간을 포함한 동물은 화학감각에 의존해 음식(꿀의 단맛, 피자의 향), 독성 물질(식물의 독소의 쓴맛) 또는 장래 배우자의 적합성을 판별한다. 화학감각은 가장 오래되고 가장 일반적인 감각 체계다. 설사 뇌가 없는 바이러스라도 좋아하는 먹잇감을 탐지하고 접근할 수 있다. 다세포 유기체는 체내 및 체외 환경에서 화학물질을 탐지해야 한다.[12]

포식 동물은 자신의 먹잇감을 특징짓는 냄새에, 지각의 성숙에 의해서든, 학습에 의해서든, 예민하게 되어야 한다. 고양이는 쥐를 냄새 맡는다. 상보적으로, 먹잇감이 되는 동물은 포식자를 특징짓는 냄새에 예민할 필요가 있으며, 이것은 일찍 발달되어야 하는데, 변별의 오류가 치명적이고 교정될 수 없기 때문이다. 쥐는 고양이를 냄새 맡는다.[13]

후각의 특징은 첫째로 뇌가 없이도 먹잇감을 탐지할 수 있는, 뇌 무용본적인 원시적인 능력이라는 점이다. 일단 후각 기능은 생명체와 의식 모두를 지배하는 신처럼 전지전능한 뇌와는 연관이 없이 오래되고 순수한 원시 감각 기관임을 의미한다. 그것이 원시적이지만 뇌의 도움이 없이도 "발산된 기체(effluvia)를 이용해 멀리서 물체를 탐지"[14]할 수 있다는 것은 뇌의 역할이 심리학계에 유령처럼 떠도는 소문처럼 만능

---

12   『神经科学 探索脑』贝尔Bear, M.F.等著. 王建军主译. 高等教育出版社. 2004. 7. p.521.

13   『지각체계로 본 감각』제임스 깁슨 지음. 박형생 등 옮김. 2016. 12. 22. p.248.

14   동상서. p.244.

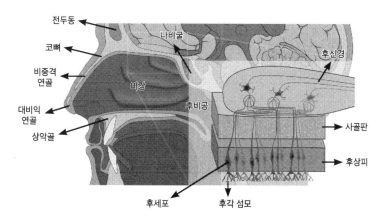

전두동
나비굴
코뼈
후신경
비중격
연골
비강
대비익
연골
후비공
사골판
상악골
후상피
후세포
후각 섬모

[사진 18] 포식자와 먹잇감은 흔히 신체로부터 먼 곳에 산재해 있다. 포식자는 멀수록 안전이 확보되기에 후각을 통해 접근하기 전에 미리 알아야 하며 먹잇감도 영역이 넓을수록 입수가 많으므로 후각 작용 영역이 광범할수록 유리하다.

의 재주꾼은 아니라는 사실을 역으로 입증한다. 뇌는 후각을 포함한 모든 감각 활동에 직접적으로 개입하지 않는다. 그것은 생명 보존 법칙의 최소 소비 원리에 의해 배당된 그만이 할 수 있는 기능이 따로 있다. 기능 또는 역할 분담은 신체 내 여러 기관들의 자율적인 작업 에너지를 부여한다. 쥐가 자신을 잡아먹는 포식자인 고양이의 냄새를 맡는 이유는 가까이에 접근하여 생명에 위해를 가하기 전에 미리 먼 곳에서 피할 수 있는 안전장치가 필요했기 때문이다. 반대로 사냥감을 확보하기 위해 고양이는 쥐의 냄새를 맡아야 멀리서도 존재를 확인할 수 있다. 이 잡아먹고 잡아먹히는 생물들의 살벌한 생존 공간에서 후각을 비롯한 원시 감각들은 대뇌피질이 진화하기 전부터 생명체가 살아남을 수 있는 가장 근본적인 안전을 위한 인지 장치들이었다. 이런 냄새들은 대뇌피질이 아니라 후각기관인 코에 기억된다. 주변에서 고기 굽는 고소한 냄새가 퍼지면 뇌가 아니라 코가 먼저 민감하게 반응한다. 그 냄새가 뇌가 아닌 코 세포가 기억하고 있기 때문이다. 후각이 오래되었다 함은 그것이 원시적이며 뇌가 발달하기 이전부터 생명체와 함께 했음을 역설해준다.

인간은 생명이 시작될 때 결코 낮의 햇빛을 먼저 보는 것이 아니라 자궁 속에 퍼져 있는 "생명의 냄새"를 먼저 맡아본다.

진화론적 관점에서 보면 후각은 일종의 태고적 감각이지만 뇌의 새로운 구조ㅡ(좌뇌 신피질neocortex, 언어 중추를 관리한다)와 직접적인 연관이 거의 없다.[15]

시각은 빛의 파장으로, 청각은 소리의 파장으로 입수된 정보를 전기신호로 변환하여 뇌로 이송하고 기억한다. 그러나 후각의 대상은 공기 중에 떠돌아다니는 화학물질인 분자이기 때문에 전기신호로 변환할 수 없을 뿐만 아니라 뇌에로의 송출도 불가능하다. 생명 생성 후기에 대뇌피질이 진화하고 뒤를 이어 언어가 탄생한 다음에야 일부 후각

---

15   『嗅觉符码 记忆和欲望的语言』范岸姆洛·迪佛里斯著. 洪慧娟译. 汕头大学
      出版社. 2003. 9. p.28. 人类生命起始时, 并非先看见白天的阳光, 而是先闻
      到扩散于子宫液体的'生命气味'。p.21. 就演化上来说, 嗅觉是一种古老的
      感觉, 与脑部的年轻构造---即左脑新皮质区(neocortex. 掌管'语言中枢')很少有
      直接交流……

정보가 언어로 부호화되어 대뇌의 언어 관리 영역으로 전달되어 저장
되기는 했지만 언어 표현의 제한으로 "10만 가지가 넘는"[16] 냄새에 대
한 정보 처리가 완벽할 수 없었다. 그러한 결여 때문에 냄새의 다양한
차이는 코에 위치한 수용기에 기억되며 그 일부도 뇌가 아닌 중뇌(편도
엽)에 "좋다, 나쁘다"라는 감정의 모호한 형태로 전송된다. 후각 정보
의 그런 원시성은 지금도 뇌의 언어 계통과는 연관이 없이 독립적으로
처리된다.

후각 시스템은 뇌의 언어 영역과 직접 연결되는 경우가 드물다. 언어
의 사용은 의식과 밀접한 관계가 있기 때문에 후각 정보 전달이 주로 무
의식적인 신경 경로를 통해 이루어지는 이유를 설명할 수 있다. 게다가
냄새는 흔히 무의식 중에 우리의 행동에 영향을 미친다. 후각 정보를 처
리하는 주요 영역은 대뇌피질의 오른쪽 부분인데, 이 영역은 언어와는 관
련이 적고, 그 기능은 "무의식" 수준에 속한다(적어도 일부 연구자들은 그렇게 믿고
있다.).[17]

---

16   『감각 및 지각심리학』 E. Bruce Goldstein 지음. 곽호완 등 옮김. 박학사.
      2015. 2. 25. p.431.

17   『嗅觉符码 记忆和欲望的语言』范岸姆洛·迪佛里斯著. 洪慧娟译. 汕头大学
      出版社. 2003. 9. p.127. 嗅觉系统很少与脑部的语言区直接联结, 而语言的
      使用则和意识有密切关系, 这就可以解释为什么嗅觉讯息传递主要是透过
      无意识的神经经路。此外, 气味常在无意识中影响我们的行为。处理嗅觉讯
      息的主要区域在大脑皮质右半部, 而这个区域和语言较无关系, 其功能是
      属于'无意识'层次的(至少有些研究人员如此相信)。

언어와 관련이 적다는 의미가 이른바 "무의식 수준"의 조건이 된다면 언어 생성 이전의 모든 원시 의식과 중뇌의 기능은 죄다 무의식에 속할 것이다. 원시 의식은 언어와 관련이 없지만 다마지오 박사의 가설을 소환하면 저 유명한 '핵심 의식'과 비견할 수 있을 것이다. 원시 의식은 대뇌피질이 진화하지 않은 생명 초기부터 신체의 안전을 위한 '앎'의 의식을 발동해 생명을 보호하고 유지하는 기능을 한순간도 멈춤 없이 수행해 왔다. 그리고 원시 의식은 훨씬 나중에 개발된 언어와도 상관없이 후각 기능을 효과적으로 작동해 왔다. 요즘 들어 생명체의 모든 것을 쥐락펴락하는 무소불위의 막강한 신적 존재로 부상한 대뇌피질이나 언어가 없을 때에도 생명은 아무 지장 없이 안전을 도모하며 생존을 영위해 왔다. 대뇌피질과 언어는 원시 의식, 감정, 본능이나 욕망과 다를 바 없이 하나의 신체 기관이고 능력일 뿐 모든 기관 위에 군림하는 독재적이고 지배적인 절대 신 같은 권력 기관은 결코 아니다. 그것은 그냥 신체 건축 구조에서 심장이나 위, 시각이나 후각처럼 하나의 제한된 기능을 배정받은 평범한 기관에 불과할 따름이다. 언어가 아직도 감정이나 후각 따위를 제대로 반영하지도, 지배하지도 못하는 이유가 바로 거기에 있다.

b. 미각

생명 보존 법칙에서 섭취 즉 먹는 일은 안전 다음으로 중요한 요소이다. 안전이 보장되었다고 해도 취식하지 않으면 생명을 존속할 수 없기 때문이다. 그런데 먹잇감은 유독성을 가진 것과 그렇지 않은 것으로 양분된다. 생명이 발생한 초기에는 지금처럼 독성이 있는 먹잇감과 유익한 먹잇감을 고르는 과학적 또는 기술적 방법이 없었기에 생명스스로 신체에 설계한 감별 기관이 미각이라 할 수 있으며 그것은 유전을 통해 오늘날까지 면면히 전해지고 있다. 원시 의식을 동원해 안전하고 신체에 유익한 먹잇감을 유독한 먹잇감 속에서 골라서 먹으려면 적어도 시각, 후각, 미각이 협력해야 한다. 먼저 눈으로 깨끗한 것과 더러운 음식물을 선별한 다음 후각으로 싱싱한 냄새와 썩어빠진 냄새로 신선한 음식물을 고른다. 그다음으로는 취식 순번인데 여기서 한번 더 단맛과 쓴맛의 차이로 독성이 있는 음식물을 선별한다. 이러한 과정은 절대로 뇌의 기능에 의해 진행되는 것이 아니다. 우리는 귤을 보면 뇌가 아니라 입안에서 먼저 침이 돌며 생리적으로 반응한다. 이와 같은 현상은 혀와 구강 세포의 귤에 대한 기억 때문이다. 고소한 냄새가 퍼지면 뇌가 아니라 냄새를 기억한 코가 먼저 민감하게 반응하는 것과 같은 이치이다.

미각 및 후각 자극 물질은 우리 몸 안으로 들어와야 하기 때문에, 이두 감각 기관은 우리 몸의 생존에 필수적이어서 반드시 받아들여야 하는 것을 찾아내고 몸에 해롭기 때문에 받아들이지 말아야 할 것을 탐지해내는 문지기(gatekeeper)로 간주되곤 한다. 미각과 후각의 이러한 문지기 역할은 몸에 해로운 물질의 냄새나 맛이 일반적으로 불쾌한 데 반해 몸에 이로운 물질의 맛이나 냄새는 일반적으로 유쾌하다는 정의적 요소 덕분에 어렵지 않게 수행된다. 미각과 후각은 어떤 물질은 받아들이고 어떤 물질은 뱉어낼 것인지를 결정할 때 도움을 주는 '문지기' 역할을 한다. …… 이 비유는 특히 미각에 적합한데, 그 이유는 우리는 먹고 먹지 않을 것을 결정할 때 주로 맛을 보기 때문이다.

미각은 맛의 질과 그 물질의 효과를 관련시킴으로써 문지기 기능을 수행한다. 단맛은 대개 영양분이나 칼로리를 가진 물질, 그래서 생존에 중요한 물질과 관련시킨다. 때문에 단맛을 내는 물질은 자동적으로 수용성 반응을 유발하며, 대사 반응을 촉발하여 위장으로 하여금 이들 물질을 처리할 준비 태세를 갖추게 한다. 쓴맛을 내는 물질은 이와 반대되는 효과를 유발한다. 즉 유기체로 하여금 유해한 물질을 받아들이지 않도록 하는 거부 반응을 자동적으로 촉발한다. 쓴맛을 내는 유해한 물질의 보기로는 스트리크닌(strychnine), 비소(arsenic), 청산가리(cyanide) 같은 독물이 꼽힌다. 짠맛은 나트륨이 있다는 신호를 보내곤 한다. 땀을 많이 흘려 체내의 나트륨이 부족해지면, 사람들은 염분을 보충하기 위해 짠맛을 내는 음식물을 찾아 먹는다.[18]

단맛, 쓴맛, 매운맛, 짠맛과 같은 여러 가지 냄새들은 유기체가 유해한 음식물을 섭취하지 않도록 거부 반응을 일으키는데 이 전반 과정이

---

18   『감각 및 지각심리학』 E. Bruce Goldstein 지음. 곽호완 등 옮김. 박학사. 2015. 2. 25. p.420.

자동적으로 수행된다는 점에 의미를 부여해야 할 것이다. 앞선 담론에서 언급한 후각의 예시처럼, 맛의 차이를 주요하게 기억하는 것은 혀이며 따라서 미각은 혀에 기록된다. 우리는 어떤 음식물에 혀끝을 살짝 대보아도 그것이 단지, 쓴지 아니면 매운지를 판단한다. 근본적으로 대뇌피질에까지 보고가 올라갔다가 다시 지령이 내려와야 아는 것이 아니다. 그것은 이 원시 의식이 시각이나 청각, 후각처럼 대뇌피질이 형성되기 전부터 형태와 소리, 냄새 맛을 느껴왔기 때문이다. 물론 언어는 그보다도 더 늦게 나타난 후발 주자에 불과하다. 생명이 보고 듣고 먹고 느끼는 의식 행위는 결코 피질이나 언어의 존재 때문이 아니다. 냄새와 맛이 코와 혀에 저장될 수 있는 건 기억 대상이 음식물도 아니고 화학물질인 분자도 아니라 용량, 체적, 부피가 존재하지 않아 공간을 점유하지 않는 일종의 상상(감정) 형태로 존재하기 때문이다.

맛을 지각하는 과정은 자극이 혀에 있는 미각 수용기를 자극하면서 시작된다. 혀의 표면에는 유두(papillae)라는 구조물 때문에 많은 돌기와 골이 형성되어 있다. 유두에는 네 종류가 있다. (1) 섬유형 유두, 그 모양은 원추와 비슷하며 혀 표면 전체에 널려 있어 혓바닥의 대략적 외모를 결정한다. (2) 균산 유두, 버섯 모양의 유두로 혀의 끝과 양옆에서 발견된다. (3) 잎 모양 유두, 혀의 양옆을 따라 겹겹이 접혀 있다. (4) 성벽형 유두, 혀의 뒷부분에서 발견되는 것으로 참호를 에워싸는 낮은 언덕 같은 모양을 취하고 있다. 섬유형 유두 이외의 모든 유두에는 미뢰(taste bud)가 있는데,

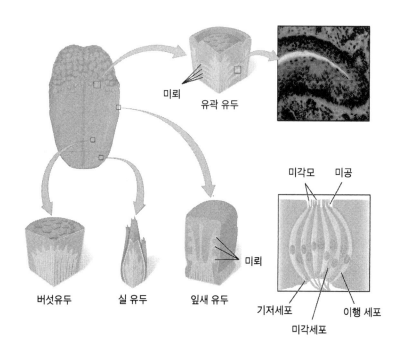

미뢰
유곽 유두

미각모   미공

미뢰

버섯유두   실 유두   잎새 유두

기저세포   이행 세포
미각세포

[사진 19] 먹잇감은 유독성을 가진 것과 그렇지 않은 것으로 구분되는데, 그중에서 안전하고 신체에 유익한 먹잇감을 선택하고 유독한 먹잇감을 피해서 먹으려면 입으로 먹어보고 신선도와 맛으로 유독성과 무독성 먹잇감을 분간해야 한다.

혀에 분포된 미뢰의 수는 10,000개 정도 된다. 혀의 가운데 부분에는 미뢰가 없는 섬유형 유두만이 분포되어 있기 때문에, 혀의 중앙 부분에 가해지는 자극은 미각을 유발하지 못한다. 하지만 혀의 뒤쪽 또는 주변 부분에 자극을 가하면 광범위한 미각 경험이 유발된다. 각각의 미뢰에는 50~100개의 미각세포(taste cells)가 들어 있고, 미각세포는 그 끄트머리를 미공(taste pore)으로 내밀고 있다. 화학물질이 미각세포의 끄트머리에 위치한 수용 부위(receptor sites)에 닿으면 변환이 일어난다.[19]

심리학에서는 미각 정보가 전기신호로 변환 가능하다고 한다. 이 가설의 신빙성을 떠나 미각 정보가 대부분 뇌를 거치지 않고 혀에서 즉시 발생한다는 사실에는 이의가 없을 것이다. 과일을 먹고 싶은 사람은 배라는 과일 명칭만 들어도 혀가 먼저 달콤한 맛을 느낀다. 그것은 배를 먹을 때의 단맛을 기억하고 있는 혀가 먼저 반응하기 때문이다. 어떤 음식물이든 보는 순간 혀에서는 그것과 관련된 맛의 느낌이 발생한다. 물론 이런 과정 역시 시각이 저장한 관련 음식물의 질료적 이미지가 제공되어야 완성된다. 시각에는 과거의 망막 상이 떠오르고 혀에서는 그 맛을 느끼는 것이다.

이 사실을 인정한다면 미각 기억 역시 혀의 비교 과거 경험과의 판단이 가능한 정보들은 그대로 미각 기관에 저장되고 원시 미각만으로는 정체를 분간할 수 없는 맛의 정보에 한해서만 뇌에 보내져 해석을 의뢰한다고 볼 수 있다. 물론 이 과정도 언어 생성 이전에는 존재하지 않았을 것이다. 모르긴 해도 생명 발생 최초의 생물들은 원시적 미각으로는 알 수 없으며 그렇다고 피질이 없으니 해석할 수도 없는 음식물을 모르고 십취하여 대책 없이 많이들 목숨을 상실했을 가능성이 높다. 그들은 그 비싼 대가 즉 죽음을 지불하고서야 특정한 음식물에 대

---

19   동상서. pp.421~422.

해 해석을 했을 것이고 다음 세대부터 그 음식물을 기피했을 것으로 간주된다. 대뇌피질의 해석이 결여된 원시 의식은 그만큼 위험 요소가 수반되었다고 볼 수 있다. 그런 이유 때문에 나는 감각을 가리켜 특별히 원시 의식이라고 칭하는 것이다.

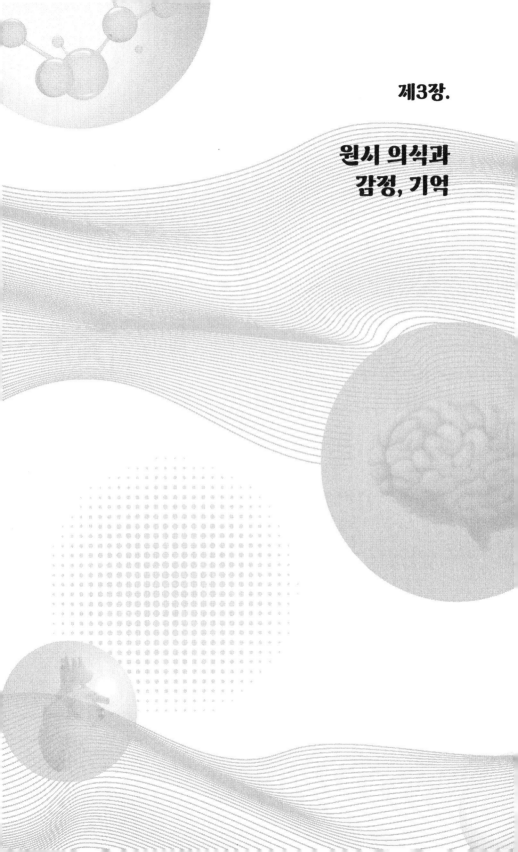

제3장.

원시 의식과
감정, 기억

제1절

원시 의식과 감정, 암시

1. 원시 의식과 감정

감정은 생명체의 생성 초기에 위험으로부터의 성공적인 도피, 먹잇감 획득, 순리로운 번식을 위해 정밀하게 설계된 심리 안전장치이다. 동물을 비롯한 인간의 생명 보존 법칙의 3대 원칙은 유전 기억과 그것을 세포 속에 체현한 안전 기능을 감정이라는 특수한 형식에 담아 실현한다. 감정과 직결된 신체 경보 장치는 사건 발생 이전과 이후를 경계로 두 단계로 분류된다. 사건 발생 이전의 경고 메시지 즉 의심 경보는 증거가 결여됨으로써 불확실하고 모호하며 비현실적이지만, 단지 그 속에 모종의 수상함이 도사리고 있다는 점에서 일정한 의미를 가진다. 의심 경보가 현실적 가능성이 결여되어 있는데도 기어코 의식에 끼어드는 이유는 그것이 원시 의식의 기관인 시청각 등 감각과 망막상 기억(경험)과 직결되기 때문이다. 누구나 무성한 숲을 목격하는 순간 그 안에 뱀이 도사리고 있을 가능성이 있을 것이라고 예측한다. 그러한 예측은 우거진 수풀이라는 시각적 망막 상의 기억과 그 안에서 나타났던 뱀과의 조우의 경험이 오버랩된 결과이다. 이러한 정보가 없다면 일차 경보 장치도 작동하지 않는다. 제1차 단계의 의심 경보는 암시 형태로 나타나고 제2차 감정 경보는 사건 자체로 나타난다.

> 감정은 가장 원시적인 자기 보호 기능을 가지고 있기 때문에 우리 몸은 생존을 위해 일련의 생리적 반응을 일으키는데, 이것이 바로 인간이 생존할 수 있는 본질의 핵심이다. 수천 년의 경험을 통해 인간은 위협과 위험으로부터 자신을 보호하는 능력을 만들어냈다.[1]

인간을 포함하는 생명체의 생존을 위한 안전 시스템은 수천 년이 아니라 수만, 수천만 년 또는 수억 년 동안 존속되어 왔으며, 이는 경험을 통해 만들어진 능력이 아니라 생명 최초에 설계되어 신체에 입력된 유전 기능의 결과이다. 감정을 통해 작동하는 신체 건축학적인 안전 장치는 생명의 탄생과 함께 시작된 것이다. 감정은 그만큼 생성 시기가 유구하며 오늘날까지도 그 작동 원리가 변함없이 시종일관始終一貫하다. 안전은 모든 생명체의 첫째가는 조건이기 때문일 것이다. 물론 그 시스템을 누가 설계하고 생명체의 체내에 장착했는지는 아무

---

1   『有感觉,还是没感觉』乔舒瓦·弗理德曼(Freedman. J.)著. 吳岱妮·骆妮梅译.
电子工业出版社. 2007. 1. p.122. 情绪具有最为原始的自我保护功能, 因而,
我们的身体为了生存会产生一系列的生理反应, 这正是人能存活的本质核心。数千年的经历, 造成了人类在威胁和危险面前保护自己的能力。

도 모른다. 막연하게 추측하면 우주가, 생명 자체가 필요에 따라 손수 설계하고 장착했을 것이다. 나는 이 위대한 공로를 종교에 돌리고 싶은 생각이 추호도 없음을 선언한다. 종교는 설명 불가능한 생명과 우주의 신비를 있지도 않은 허상인 신에게 양도하고 그 가상의 권력을 휘둘러 사람들을 위협하며 자신의 경제적인 이득을 챙기려 하기 때문이다.

"이제 배고플 걱정은 없어졌어!"라고 외치는 소리가 울렸다. 위험이 보이지 않는 안전지대에서 원시인은 코코넛이 가득한 숲을 발견하고는 깡충깡충 날듯이 기뻐하며 환호성을 지른다. 그 소리는 기쁨에서 나온 것이었다. 기쁨은 "먹잇감이여, 어디 한번 맛볼까. 이제는 오랫동안 더 이상 먹을 것 때문에 걱정하지 않아도 되겠으니 말이야." 말한다. 하지만 원시인의 미소가 아직 얼굴에서 사라지지도 않았는데 그는 코코넛 나무 위에 앉아 있는 원숭이를 힐끗 쳐다보았다. 원숭이는 커다란 코코넛 열매를 두드리며 장난치듯 다른 코코넛을 따서 여기저기 내던지고 있었다. 원시인의 마음속에서는 "이 가증스러운 원숭이를 쫓아내자, 이 숲은 내 거야!"라고 외치는 목소리가 들렸다. 그러자 힘센 원시인들은 돌을 던져 원숭이들을 쫓아내고 식량이 가득한 숲을 독차지했다.[2]

---

2   동상서. pp.41~42.

기쁨, 분노를 표출하는 원시인의 감정은 도대체 어떤 안전 경로를 통해 느껴지는 것인가? 당신은 혹시 신체 내의 모든 것을 총괄한다는 저 전지전능한 유일신—뇌에 의해 감정의 자초지종이 인지될 거라고 생각할지도 모르겠다. 실제로 명성이 태양처럼 요란한 저 구미 학자들 중 많은 이들이 그렇게 생각하고 있는 것도 현실이다. 그들의 주장에 따르면 뇌의 참여가 없이는 감정은 물론 신체 내부의 그 어떤 상황도 이해할 수 없다. 뇌는 인간 생명 현상의 모든 것을 관리하고 장악한다. 뇌는 감정을 총괄하는 사령관이다. 그런데 이상한 것은 분명하게 만능의 재주꾼인 뇌가 실재함에도 또 변연계가 개입하여 감정의 정보를 전달해 주는 "보조" 역할을 담당한다고 한다.

감정의 생성은 우리가 통제할 수 없지만, 감정이 가진 정보와 가치는 사고와 행동을 보조하는 유능한 조력자가 될 수 있다. 다만 감정이 생성되는 순간에 우리가 약 6초간 잠을성 있게 기다려야 한다. 변연계가 감정의 정보를 전달하는 과정을 마치는 데는 약 6초가 지나야 가능하기 때문이다. 그것이 만들어내는 감정의 정보를 뇌피질로 전달하는 것은 뇌의 이두 중요한 부분이 진정으로 연결되는 때이다.[3]

3   동상서. p.23. 虽然情绪的产生不能被我们掌控, 但情绪所具有的信息及其价值却可以成为辅助思考和行动的得力助手, 只是, 这需要我们在情绪产生的那一刻耐住性子等待约6秒钟—因为, 只有在经过大约6秒钟之后, 边缘系统才能完成传递情绪信息的过程—将它产生的情绪信息传递给脑皮质, 这是, 大脑的这两个重要部分才真正有了联系。

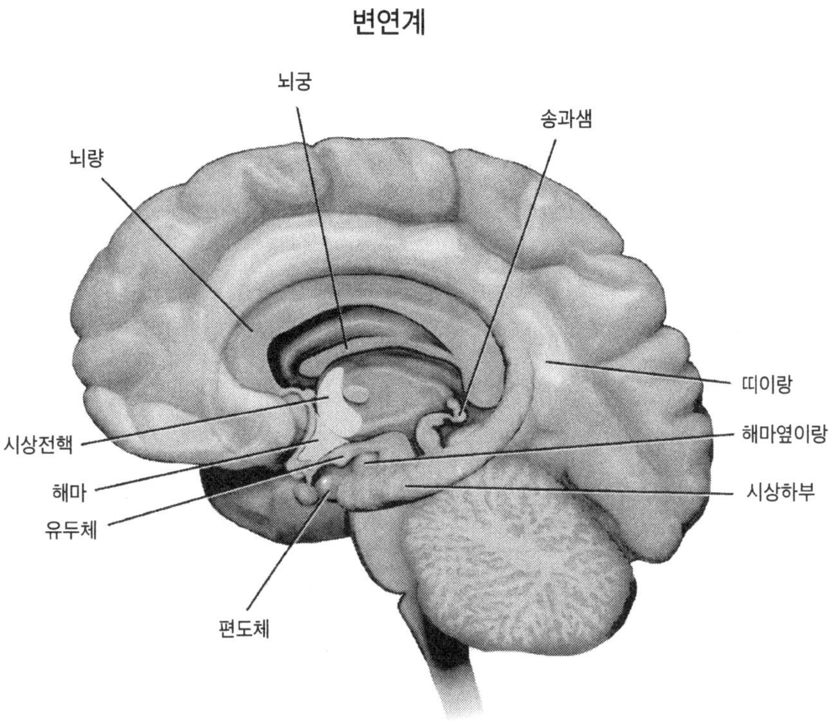

변연계

뇌궁
송과샘
뇌량
띠이랑
해마옆이랑
시상전핵
시상하부
해마
유두체
편도체

[사진 20] 변연계통은 동물은 물론 인간에게서도 뇌 진화 이전부터 존재했던 원시 뇌 구조이다. 생명 보존 법칙을 비롯하여 감정, 욕망 등 생명체의 원시적 정신 활동을 일괄 관리한다.

변연계는 6초라는 시간을 소비해야 감정의 정보를 뇌피질에 전송한다. 만일 뇌 피질이 감정의 정보를 접수해야 감정이 생성한다면 적어도 생명체는 6초 후에야 느낄 수 있다는 말이 된다. 6초! 그만한 시간이 경과하면 그 어떤 위험도 이미 신체에 도래했을 수 있으며 해를 입혔을 것이다. 그렇다면 신체에 부착된 안전 시스템은 문자 그대로 무용지물이 될 수밖에 없을 것이다. 최초에 설계된 생명 체계가 그렇게 허술하고 엉망일 수는 없다. 반드시 6초라는 시간에 발생할 위험 요소를 방비할 수 있도록 주도면밀하게 구성되었을 것이다. 그것은 생명의 신비와 위대함을 믿는 모든 사람들이 인정하는 시스템이다. 생명 안전을 도모하기 위해서는 신체 건축학 설계에서부터 구조적으로 안전 문제에서 돌이킬 수 없는 실수를 초래하는 허술함이나 빈틈을 될 수 있으면 허용해서는 안 된다. 생명은 초기 생성 시기부터 외부 위험에 대처할 기본적인 기능을 갖추고 지구 위에 등장했다.

파충류에서 포유류로 진화한 후에야 비로소 뇌의 새로운 단계로 진화했다. 이 새롭게 발달한 뇌 부위는 다름 아닌 변연계인데 이는 뇌간과 소뇌의 상부, 즉 뇌핵의 상부에 위치하고 있다. 뇌의 변연계통은 뇌간으로부터 정보를 받아들여 이를 기반으로 사람들의 감정 반응을 컨트롤한다. 다음 단계에서 포유류의 뇌는 새로운 진화를 시작했으며 그 결과 대뇌피질이 형성되어 변연계 상부에 위치하게 되었다. 포유동물의 진화 수준이 높을수록 대뇌피질이 더 커진다. 대뇌피질이 클수록 뇌 기능도 더 발달한다. 인간의 대뇌피질 표면에는 주름이 많은데, 이것이 바로 대뇌피질이다. …… 문명의 진보와 마찬가지로 인간의 대뇌도 원시 상태에서 더 진보된 상태로 진화했고, 매개의 새롭고 더 나은 뇌는 모두 기존 뇌의 위쪽에 자리한다.

뇌의 변연계와 대뇌피질 사이의 힘의 균형은 항상 불균형하기 때문에 뇌 변연계, 다시 말해서 우리의 생존 본능이 우위를 점함으로써 보다 이성적이고 사고할 수 있는 대뇌피질을 압도한다. 이것이 바로 본능적 반응이 사고 과정보다 우선하는 이유이며, 무엇 때문에 대뇌피질이 뇌의 변연계를 통제하기 어려운지도 설명한다. 그렇게 되면 우리가 반드시 생존 본능에 길들여져야 할 뿐만 아니라 생존 본능은 흔히 현대 생활에서 과잉 반응하는 경우가 나타나는 결과를 짐작할 수 있다.[4]

---

4 『你的生存本能正在杀死你 为什么你容易焦虑、不安、恐慌和被激怒』马克·舍恩Marc Schoen, 克里斯汀·洛贝格Kristin Loberg著. 蒋宗强译. 中信出版社. 2018. 1. p.69. 直到从爬行动物进化成哺乳动物, 大脑才进化了一个新的进化阶段, 这个新发育的大脑部位就是大脑边缘系统, 它位于脑干和小脑的上部, 也就是说, 位于大脑核区的上部。大脑边缘系统从脑干接收信息, 并根据这些信息操纵着人们的情绪反应。在下一个进化阶段, 哺乳动物的大脑开始了新的进化, 进化的结果就是形成了大脑皮质, 位于大脑边缘系统的上部。哺乳动物的进化程度越高, 大脑皮质越大。大脑皮质越大, 大脑功能越发达。人类大脑皮质的外层有很多褶皱, 这就是大脑皮层。………如同文明的进步一样, 人类大脑也是从原始状态朝着更加先进的状态进化的, 每一个新的、更好的大脑都位于原有大脑的上部。p.77. 由于大脑边缘系统与大脑皮质之间的力量对比一直存在失衡, 所以, 大脑边缘系统, 或者说我们的生存本能, 就占据了上风, 压倒了我们更理性的、能思考的大脑皮质。这就是本能反应往往优先于思考过程的原因所在, 也解释了为什么大脑皮质难以控制住大脑边缘系统。这样一来, 结果就可想而知了, 我们必须会遭到生存本能的摆布, 而且生存本能在现代生活中经常会出现反应过度的情况。

무소불위의 권력을 가진 뇌의 전횡에서 우리를 구원해 준 은인은 천만다행으로 신이 아니라 뇌 이전의 파충류 때부터 존재한 변연계이다. 마술사 같은 만능의 기능을 가지고 있다는 대뇌피질은 그 명성과는 달리 변연계의 존재 이후에 진화한 신체의 후발 기관일 따름이다. 적어도 대뇌피질이 진화하기 전까지 감정을 총괄하는 센터 역할은 변연계가 책임지고 있었다는 사실은 분명한 것 같다. 핵심적인 문제는 감정은 대뇌피질의 기능인 "이성적인 사고"가 필요하지 않다는 사실일 것이다. 감정은 유전적인 생존 본능의 현상일 따름이다. 더 정확하게 정의하면 감정은 생명 보존 법칙에 의해 만들어진 신체 안전장치이며 원시 의식에 속하고 세포 유전 기억에 입력되어 대대손손 이어진다. 대뇌피질의 진화가 변연계의 존재에 비해 더 진보했다는 논리는 사색과 언어 장악, 정보 해석 능력 측면에서의 발전을 의미하는 것이지 결코 감정의 진보를 의미하지는 않는다. 변연계가 통솔하던 이전 시기의 감정이나 오늘날 대뇌피질이 개입한 상태에서의 감정이나 아무것도 달라진 것은 없다. 감정은 대뇌피질의 참여가 없이도 생리적 시스템에 의해 시시각각 생산되고 소비되며 신체의 안전을 위해 맡겨진 책무를 충실히 이행하고 있다.

이즈음에서 이른바 희로애락으로 대변되는 생명체의 감정의 유래에 대해서도 짚고 넘어가지 않을 수 없다. 사랑, 기쁨, 슬픔, 분노, 공포의 감정은 반드시 그 출발점이 있을 것이다. 우리는 위의 인용문에서 원시인이 먹잇감을 획득했을 때의 기쁨과 먹잇감을 두고 다퉈야 할 원숭이에 대한 분노의 감정을 본 기억이 있다. 공포의 감정도 위험이나 포식자와 마주쳤을 때 느끼는 감정으로 미루어 짐작할 수 있다. 그렇다면 사랑과 증오 또는 슬픔을 나타내는 감정의 출발점은 과연 어디일지 하는 의문이 들 수밖에 없을 것이다. 나는 그 지점을 포유동물이라면 공통으로 가지고 있는 모성애에서 찾으려고 한다.

모성 본능(the maternal instinct)은 어미가 자신의 새끼를 보호하고 사랑하도록 하는 것인데, 거의 모든 고급 동물들이 가지고 있는 특징이다. 따라서 후손의 보호는 부모의 본능적인 주요한 임무가 되었다. 이러한 동물들에게서 어린 자녀들을 보호하고 사랑하는 것은 무엇보다 우선적인 어미의 장기적인 의무이다. 그 기간에 모든 에너지를 쏟아붓는 어미는 언제든지 파멸, 고통, 죽음을 경험할 수 있다. 이런 본능은 다른 어떤 본능보다 강해지며 공포를 포함하여 기타 본능을 압도할 수 있다. 그 이유는 이 본능이 직접 후손의 생존을 위해 기여하기 때문이다.[5]

---

5 『社会心理学导论』威廉·麦独孤William McDougall著. 俞国良等译. 杭州：浙江教育出版社. 1998. 6. pp.49~50. 母性本能(the maternal instinct)促使母亲去保护和爱护她的后代. 这几乎是所有高级种系的动物都具有的特征。因此种系的保护成了父母本能的主要任务。在这类动物中, 保护和爱护年幼的个体是母亲高于一切的长期的职责, 她将投入所有的精力, 而且, 这期间任何时候都可能经历溃泛、痛苦和死亡。这种本能变得比其他任何本能都更强大, 它能够压倒其他本能, 包括恐惧本能, 因为这种本能是直接服务于种系生存的。

새끼를 안고 있는 침팬지

예문에서 확인할 수 있다시피 모성애의 본능은 한마디로 새끼에 대한 사랑이다. 보호 본능도 그 사랑 때문에 생기는 심리 현상일 것이다. 새끼에 대한 사랑의 크기는 죽음도 무릅쓸 만큼 큰 것이며 생명의 안전을 위협하는 공포감도 압도할 만큼 위대한 본능이다. 새끼를 분만했을 때의 어미의 감정은 기쁨과 희열일 것이며 그 기쁨에서 사랑의 씨앗이 뿌리가 내린다. 물론 그 사랑은 새끼를 임신하게 해준 짝짓기 상대에 대한 감정에도 포함되어 있을 것이다. 그러나 그 감정은 새끼에 대한 어미의 사랑에는 한참 못 미친다. 만일 그토록 사랑하는 새끼가 어느 날 갑자기 질병이나 뜻하지 않은 사고로 죽는다면 그 감정은 형언할 수 없을 정도의 슬픔으로 표현될 것이 틀림없다. 포식자이든 같은 종족이든 혈육을 죽인 자에 대해 어미가 느끼는 감정은 묻지 않아도 증오심일 것이다. 이렇듯 거의 모든 감정의 시작은 모성애로부터 분출되었다고 해도 과언은 아닐 것이다. 결국 생명체의 사랑과 슬픔의 감정의 발원지는 모성애였음을 확실하게 증명해 준다. 이 사실은 여성의 감정이 남성에 비해 더 풍부하다는 연구 결과에서도 알 수 있다. 여성이 남성보다 감정이 풍부한 원인은 출산과 육아와 직접적으로 연관된다.

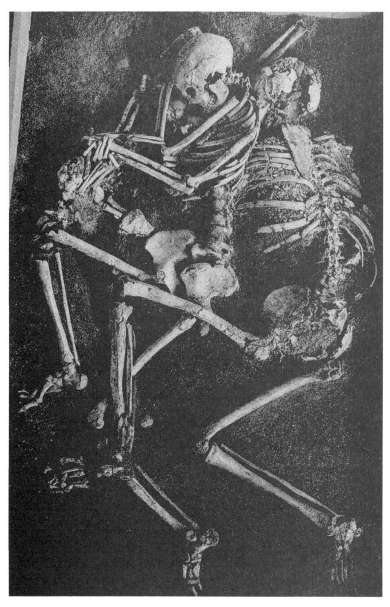

[사진 21] 기원 365년 키프로스 대지진 지역에서 발견된 세 식구. 아기를 둘러싸고 누워 있다. 모성애는 임신, 출산과 양육 과정에서 형성된 포유류의 원시적인 감정의 한 종류이다. 기쁨, 쾌락, 슬픔, 분노도 모성애에서 기원했다.

감정은 인간의 일생에 걸쳐 뇌 해석의 필요 없이 번마다 똑같이 반복되는 몇 가지 현상들이 기계적으로 되풀이되는 순환 장치이다. 생명의 최소 소비 원리에 의해 자율적으로 움직이는 걷기와 호흡처럼 슬픔, 기쁨, 분노와 같은 모든 감정은 다른 신체 기관이 개입하거나 기억될 필요 없이 하나의 감정 유전 기억과 한두 차례의 실전 경험만 있으면 그 후로는 반복적으로 되풀이하면 된다. 다만 입수한 정보의 양에 따른 정도의 차이만 있을 뿐이다. 반복 현상은 최소 소비 원리에 따라 감각 정보의 입수, 변연계에서의 종합적 정리, 배분, 지령 하달 등의 과정이 생략된 채 직접 관련한 말단 부위와 직결된다. 기쁜 감정이 생기면 복잡한 과정을 회유하여(이미 과정 속에 입력이 되어 있다.) 직접 얼굴 피부에 미소로 나타난다. 슬픔의 감정은 동시에 눈에서 눈물이 흐르게 하며 가슴이 쓰리도록 자극한다. 그 과정은 이미 감각, 변연계와 얼굴 피부 근육에 기억되어 있기 때문이다. 또한 감정은 추상적인 정보는 기억되지 않고 소비 후 폐기되며 그와 관련된 신체 부위의 물리적 반응만이 이미지 형태로 망막에 기억된다.

인간의 감정은 후각, 더 정확하게는 냄새를 받아들이고 분석하는 세포인 후각엽에서 기원한다. 소유물의 매 하나하나가 맛있거나 독이 있거나 섹시한 짝짓기 상대거나 무서운 포식자이거나 먹잇감이거나를 떠나서 독특한 분자 표지를 지니고 바람을 타고 전파된다. 원시시대에는 의심의 여지 없이 후각이 생존에 중요했음이 틀림없다. 원시적 감정 중추는 후각엽에서 진화하여 결국 뇌간의 꼭대기를 둘러쌀 만큼의 구조로 성장했다. 초기 단계에서 후각 중추는 냄새를 수용하고 이를 맛있는지 유독한지, 짝짓기 파트너, 포식자 또는 먹이로 분류하는 세포층인 얇은 냄새 분석 뉴런 층으로 구성된다. 세포의 두 번째 층은 신경계를 통해 신체에 반사 신호를 보내 삼키거나 토하고, 접근하고, 탈출하거나 포획하는 등의 조치를 취한다.[6]

"섹시한 짝짓기 상대거나 포식자이거나 먹잇감"은 모두 시각의 동참이 없이 후각 하나만으로는 확인할 방법이 없다. 원시시대에는 물론 후각이 생존에 중요했을 것이지만 그렇다고 시각의 중요성을 무시하는 오류를 범해서는 안 된다. 그런 어설픈 이유 하나로 "원시적 감정 중추가 후각엽에서 진화"했다는 섣부른 판단을 내려서도 안 된다. 후각은 단지 시각이나 청각, 촉각처럼 감정의 형성에 기초 정보를 제공하는 전초 기관일 따름이다. 그런 식으로 말하면 기쁨, 슬픔, 분노를 감지하는 시각이나 청각, 촉각도 감정의 기원으로 봐야 할 것이다. 먹

---

6 『情商:为什么情商比智商更重要(1册)』丹尼尔·戈尔曼Daniel Goleman著. 杨春晓译. 中信出版社. 2010. 11. p.50. 人类情绪最早起源于嗅觉, 更准确地说是起源于嗅叶, 即接受并分析气味的细胞。每一种获得个体, 无论是好吃的还是有毒的, 无论是性感的伴侣, 还是天敌或者猎物, 都携带着一种独特的分子标签, 可以在风中传播。在原始时期, 嗅觉对生存无疑具有至关重要的意义。原始的情绪中枢从嗅叶开始进化, 最终发育成足以环绕脑干顶部的构造。在最初的阶段, 嗅觉中枢由分析气味的神经元薄层组成, 其中一层细胞接受闻到的气味, 并进行分类:好吃的或者有毒的、交配对象、天敌或者猎物。第二层细胞通过神经系统向身体发出反射信号采取行动:吞咽或者呕吐, 接近、逃跑或者捕捉。

잇감 하나를 발견했을 때 후각은 물론 시각, 미각도 일정한 역할을 수행했기 때문이다.

감정을 산생하는 영역은 후각엽이나 대뇌피질처럼 한두 개의 단일한 신체 부위가 아니다. 감정이 일어나는 장소는 생명 보존 법칙의 안전 유전자가 기억된 신체이다. 이른바 파충류의 뇌라 불리는 변연계는 대뇌피질 생성 전부터 감정을 관리해 왔던 기관인데, 지각 정보를 입수한 변연계는 다시 그 정보를 말단 기관에 지령을 내려보낼 뿐이다. 중뇌의 가장 큰 특징은 대뇌피질과는 달리 비언어적이며 정보에 대한 해석 기능이 없다는 것이다. 중뇌는 단지 감정의 자극제가 되는 감각 정보를 입수하고 그것을 배분하여 신체 말단 부위에 전달하는 역할을 수행할 따름이다. 감정은 언어로도 해석할 수 없기에 좋다, 나쁘다로만 모호하게 현시된다. 그러한 감정을 느끼는 기관은 후각엽 하나가 아니라 생명 보존 법칙의 유전에 의해 신체 전부가, 모든 기관이, 모든 세포가 주체가 된다. 감정의 영향은 그야말로 심장, 폐, 간, 신장, 성기, 피부, 목덜미, 다리, 표정 등 신체 여러 기관과 연관된다. 그 이유는 신체의 모든 부분이 감정의 변화에 반응함으로써 보다 효과적으로 안전과 섭취, 번식을 지속할 수 있기 때문이다. 분노의 감정 하나만 실례를 들어도 갑자기 심박수가 올라가고 호흡이 거칠어지며 살갗에 소름이 돋는가 하면 땀이 나고 입술과 팔다리, 이가 덜덜 떨린다. 만일 이런 신체 반응이 없다면 그것은 분노의 감정이라 할 수 없을 것이다. 문자 그대로 감정은 전신에서 발생하고 온몸이 느낀다.

그리고 말이 생겨나기 전부터 존재한 원시적인 감정은 언어 같은 것에 분해되지 않는 견고한 원시 의식의 덩어리다. 비록 대뇌피질이 진화하고 언어가 등장하여 감각과 감정을 분석하고 해석할 수 있게 되었지만 감정이 지닌 초기의 원시성과 고유성은 조금도 훼손되지 않은 채 지금까지도 여전히 자신의 스타일을 고수하고 있다. 설사 피질이 언어를 통해 감정을 분석한다 해도 그것은 단지 감정의 주변을 맴도는 근사치에 불과할 따름이다. 다만 언어 생성의 유익한 점은 감정에 대한 해석보다는 탈脫현재, 탈가시적인 사물을 타인에게 전달하고 타인의 생각을 들을 수 있다는 사실뿐이다.

2. 원시 의식과 암시

위에서도 언급했듯이 감정의 제2단계는 암시이다. 생명 보존 법칙은 생명 탄생의 초창기부터 안전을 위해 신체에 유용한 정보를 적시에 제공하는 감정을 이중으로 나누어 경보 체제를 강화했다. 암시의 장점이 전달 속도가 빠르다는 것이라면 단점은 그렇게 전달된 정보가 불확실하다는 점이다. 사건 발생 전에 감정과 관련된 정보를 입수할 수 있다는 점은 생명 안전에 유리한 조건으로 될 수 있지만 정보의 내용이 불투명하다는 점에서는 가치가 떨어질 수밖에 없을 것이다. 암시는 생명체의 안전을 위해 특별히 세포 속에 유전으로 입력된 "인류의 가장 원시적인 '본능'"이다.

암시, 특히 자기 암시는 신기하고 오래된 것이다. …… 사실, 모든 사람은 태어날 때 누구나 타고난 수단을 가지고 태어나는데, 그 수단의 이름은 '자기 암시'이다. 그것은 놀라운 힘과 헤아릴 수 없는 잠재 능력을 가지고 있다. 그것은 최고의 결과를 가져올 수도 있고 최악의 결과를 초래할 수도 있다. 자기 암시의 비밀을 장악하면 우리는 많은 혜택을 얻을 수 있다.[7]

암시는 인간을 포함하여 생명체라면 누구나 다 가지고 있는 보편적인 안전 기능이다. 그 내용이 비록 신빙성이 떨어지지만 만에 하나라도 현실성을 가질 때에는 생명을 엄습하는 위험의 수렁에서 구출하는 "최고의 결과"로 이어지기도 한다. 그러나 그가 가진 불확실성을 명분으로 무시했다가는 생명의 안전이 위험의 공격 앞에서 붕괴하는 "최악의 결과를 초래"할 수도 있다. 그래서 암시는 혜택일 수도 있고 저주일 수도 있는 양면성을 가진, 신비하고 은폐된 감정의 징조이다. 어쩌면 비가 오기 전에 부는 바람 비슷한 것이라고 할 수 있다. 그래서 암시는 현상은 존재하지만 본질이 은폐되어 뇌로는 분석할 수 없다. 오로지 선택 기준은 막연하게나마 믿거나 아니면 무시하거나 둘 중의 하나일 뿐이다. 다만 그 믿음은 이유 없는 믿음이고 그 무시도 이유 없

7 　『心理暗示力』埃米尔·库埃著. 张艳华译. 清华大学出版社. 2017. 4. p.1. 暗示, 尤其是自我暗示, 即新鲜与古老。……事实上, 每个人出生的时候, 都带着与生俱来的一种工具, 工具的名字叫做"自我暗示"。它有着超凡的力量, 难以估量的潜能, 它能带来最好的结果, 也能制造出最严重的恶果。掌握自我暗示的秘密, 我们将获益匪浅。

는 무시다. 희미하게나마 선택에 작용하는 것이 있다면 각자의 센스이자 우연이며 무작위이다. 그만큼 암시는 감정의 신비한 전주곡이다. 그러나 문제는 그 센스와 우연과 무작위적인 선택이 생명체의 안전과 직결된다는 사실이다.

위험은 갑작스러울 수도 있지만 예고 없이 찾아오지는 않는다. 매번 위험에 처할 때마다 우리의 느낌은 경고 신호를 보낸다. 만일 우리가 그 신호를 적시에 포착하고 믿는다면 위험에서 벗어나 자신의 생명을 구할 수 있다.

우리는 태어날 때부터 자신이 위험에 처해 있는지를 분별할 수 있다. 누구든지 모두 내면에는 위험이 닥쳤을 때 이를 알려주고 안전하게 탈출할 수 있도록 이끌어 주는 훌륭한 보호자가 있다.

직감은 우리의 본능을 외부 세계와 연결한다. 이성의 제약 없이 직감은 놀랍도록 정확한 예측을 할 수 있다.[8]

---

8   『恐惧给你的礼物』加文·德·贝克尔著. 陈羚译. 中华工商联合出版社有限责任公司. 2018. 9. p.2. 危险来的或许突然, 但却不会毫无预兆, 每一次当你置身险境前, 我们的自觉都发出过预警信号, 如果我们能及时捕捉并相信那些信号, 就能让自己从危险中脱身, 拯救自己的生命。p.11. 我们生来就能分辨自己是否身处险境, 每个人的内心都有一名优秀的守护者, 能适时提醒我们危险降临, 指引我们安然逃离危险。p.15. 直觉把我们的本能和外面的世界相连。拜托理性的束缚, 能让直觉做出令人惊叹的正确预测。

암시가 발송하는 신호의 실체가 불확실한 원인은 그의 질료적 이미지와 상상적 이미지가 확연하게 괴리되기 때문이다. 산들거리는 바람에 평화롭게 하늘거리는 풀잎들과 아름답게 피는 꽃송이들은 우거진 풀숲이라는 실체적 이미지에 속하지만 그 속의 음침한 구석에 도사리고 있는 독사는 경험 속에만 살고 있는 상상의 이미지에 속한다. 표면에 걸려 있는 평화롭고 아름다운 자연의 커튼을 열어젖히고 속을 들여다볼 수 있는 예리한 안목과 지혜는 전적으로 생명 안전 시스템의 개인적인 민감도에 달려 있다. 위험 경고 신호와 믿음은 바로 이 민감한 안전 시스템을 소유한 개인에만 소유된다. 암시가 비록 누구나 태어날 때부터 가지는 천부적이고 유전적인 기능이긴 하지만 신호에 대한 대처는 사람마다 다르다. 암시의 인지가 천부적이고 유전적이라 함은 그것의 작동이 뇌의 간섭이 없이 자율적으로 수행되기 때문이다. 감정의 경우에도 그러하지만 암시의 경우에 대뇌피질은 문자 그대로 아무런 역할도 하지 못한다. 그것은 순전히 생명 보존 법칙의 유전적 기능에 따라 신체 내의 세포와 기관들이 종합적으로 움직이는 탈脫뇌적인 시스템이다. 이 시스템은 감정이 생성하기 전에 미리 신체에 위험 경보를 발송하는 수단으로 신체에 대비할 시간을 준다.

한 원시인이 막 정글을 걸어가고 있다. 그는 그날의 먹잇감을 찾고 있다. 하나의 목소리가 그가 잠자던 동굴에서부터 따라오며 끊임없이 귓가에서 들린다. "조심해라, 조심해, 정글은 위험으로 가득 차 있어!" 이 소리는 경계심에서 나온 것이다. 그래서 원시인들은 항상 조심스럽게 걸었고, 몸은 항상 경계하는 상태였다. 원시 정글은 조용하고 으스스하여 "이곳은 도처에 위험이 도사리고 있다."라고 경고한다.

갑자기 그의 내심에서 강렬하고 거친 목소리가 흘러나왔다. "달아나자!" 원시인은 가장 민첩한 속도로 미리 봐 둔 도주로를 따라 달아났다. 원시인들이 도망쳤던 곳에서 우리는 두 마리의 신선한 곰 발자국이 찍혀 있음을 발견할 수 있었다. "사람을 잡아먹는 곰이 멀지 않은 저 앞에 있어서 나는 더 이상 앞으로 나아갈 수 없었다. 곰의 코는 매우 영험하다." 두려움이 알려 주어 원시인은 재빨리 안전한 곳으로 탈출했던 것이다.[9]

경각심 또는 공포심과 같은 감정의 암시 단계에서는 위험은 아직 감각에 입수되지 않은 상태에서 경고 메시지가 발령된다는 특징을 지니고 있다. 감각에 접수되지 않은 정보는 시각적 메시지도 청각적 메시지도 없기 마련이다. 그런 이유 때문에 정보가 확실하지도 않을 뿐만 아니라 현실적 가능성도 제한적이며 그래서 신체 안전 기능을 제대

9 『有感觉,还是没感觉』乔舒瓦·弗理德曼(Freedman. J.)著. 吴岱妮·骆妮梅译. 电子工业出版社. 2007. 1. p.41. 一个原始人正行走在丛林中, 他在寻找这一天的食物。有个声音自他走出睡觉的山洞开始就不断地在他耳边回响: '当心, 注意, 丛林充满危险！'这个声音是警惕发出的。因而, 原始人一直走得小心翼翼, 身体时刻处在戒备的状态。原始丛林静谧而诡异, 警惕在说：'这里危机四伏。'突然, 一个强烈得刺耳的声音从他内心迸发出来："快跑！"原始人便以最敏捷的速度, 依循他早一计划好的路线逃跑。我们可以看见, 原始人逃离的地方印着两个新鲜的熊的脚印。'吃人的熊就在不远的前方, 我不能再前进, 熊的鼻子很灵。'说着并迅速带动原始人逃到安全的地方。

로 발휘하지 못할 수도 있다. 설령 일부 정보가 시각화된다고 할지라도 그것은 단지 표면에 드러난 현상이기 때문에 직접적인 위험물을 제시하지 않는다. 암시가 신체 안전을 도모하는 데서 대단히 중요한 요소이지만 왕왕 생명체에 무시당하는 이유가 바로 여기에 존재한다. 위험은 언제나 자신의 음험한 정체를 화려한 면사포로 가리고 나타나 생명체를 속이기 때문이다. 하지만 생명 보존 법칙은 원시인들에게도 작동하여, 위험이 우리 주변의 도처에 도사린 채 시시각각 생명을 노리고 있다는 사실을 암시를 통해 느끼게 한다. 이 위대한 천부적인 기능은 뇌의 참여를 배제하고서도 자동적으로 작동하는 생명체의 고유한 특징이다. 대뇌피질의 그 느러터진 해석력만 믿다가는 생명체는 진작 포식자나 위험의 공격 앞에서 하나의 싸늘한 송장이 되었을 것이다. "인간의 뇌는 컴퓨터만큼 빠르지는 않지만 세계에서 가장 기능이 월등한 컴퓨터라도 인간의 직관을 따라잡을 수는 없다."[10] 암시나 감정에 그러한 속도감이 없다면 생명 안전을 위험으로부터 지키기에 부족할 것이다. 오히려 인간은 단지 주먹만 한 뇌 하나를 믿고 흔히 암시 같은 불완전한 정보를 무시하는 경향이 존재하지만, 지금까지도 뇌의 진화가 되지 않은 동물들은 전적으로 감정과 암시를 믿고 그 지령에 순종한다. 인간처럼 진화한 뇌가 없다고 해서 동물들이 태어나자마자 포식자의 먹잇감으로 죽는 것은 아니라는 사실을 모르는 사람이 없을

---

10 『有感觉,还是没感觉』乔舒瓦·弗理德曼(Freedman. J.)著. 吴岱妮·骆妮梅译.
    电子工业出版社. 2007. 1. p.307.

것이다. 동물은 변연계와 감정에만 의지해서도 수많은 위험을 피해 각자에게 주어진 수명을 지혜롭게 지속하는 방법을 알고 있다.

두려움에 직면했을 때 동물은 사람에 비해 어떻게 해야 하는지를 더 잘 알고 있다. 어떤 사람들은 두려움이 주는 신호에 당황하고 불안해 하며 어떤 사람들은 무시할 것이지만 누구도 신호를 따르지는 않는다. 그러나 동물들은 이런 어리석은 짓을 하지 않는다. 야생에서 살아남은 동물들은 갑자기 두려움을 느낄 때 결코 "이건 그렇게 큰 문제가 아닐 수도 있어."라고 천천히 생각하지 않는다. 오히려 인간은 자신이 직감을 믿었다는 사실에 부끄러움을 느낄 수 있다.[11]

뇌의 간여가 없이 감각과 감정만으로도 동물들은 사방에 욱실거리는 포식자들로부터 생명의 안전을 별 무리 없이 지금까지도 잘 지켜오고 있다. 결국 생명 안전은 뇌의 보호 때문에 보장되는 것이 아니다. 더구나 언어와도 아무런 상관이 없다. 인간도 동물에서 기원했다는 점을 감안하면 사고하는 대뇌피질이 진화하기 전에는 다른 동물들처럼 감각 정보와 감정 또는 암시와 같은 신체 안전장치의 지령에 따랐을 것이며 적어도 그것에 대한 믿음을 부끄럽게 여기지는 않았을 것이다.

---

11   동상서. p.38. 在面对恐惧时，动物比人更懂得该怎么做。对于恐惧给出的提示，有些人会惶恐不安，有些人不屑一顾，但他们都没有听从提示的指引，然而，动物是不会犯这种傻的。野外求生的动物，在突然感受到恐惧时，从不会慢悠悠地思考：'这可能不是什么大问题。'反倒是人类，会因为自己相信了直觉而感到羞愧。

"누구도 우리의 생각에 대한 암시의 지배에서 벗어날 수 없다."[12]라는 것을 인정할 때 우리는 그것을 부끄럽게 여기다가 피해나 죽음을 맞이하게 된 순간 후회해도 소용없게 된다.

사고 체계 I은 우리가 다른 동물과 공유하는 사고방식으로, 의식 밖에서 수행된다. 그것은 다양한 사건·인물·활동·상황을 자동으로 분류해 빠르게 발생하는 사건에 대응해야 할 때 작동한다. 이러한 사고 패턴은 신속하고 감정적이며 포괄적이어서 우리가 즉각적으로 반응하도록 유도하지만, 왜 그렇게 반응하는지 이해하지 못한다. 또한 시스템 I은 아주 쉽게 주체를 속인다. 사고 시스템 R은 우리의 의식에 의해 통제되는 사고방식이다.

결론적으로 시스템 I의 사고 패턴, 즉 우리의 "좀비 두뇌"의 암묵적인 패턴이 우리의 일상 행동 대부분을 지배한다.[13]

---

12   동상서. p.35. 没有人能够逃脱暗示对于我们思维的统治。

13   『非理性冲动』戴维·刘易斯David Lewis著. 胡晓姣, 张温卓玛, 陈鹏译. 中信出版社. 2015. 1. p.33. 思维系统I是我们和其他动物共有的一种思考方式, 它是在意识之外进行的。它会将不同的事件、人物、活动以及状况自动归类。当我们需要对快速发生的事件做出反应时, 系统I便开始工作。这种思维模式兼具迅速、情绪化以及概括性等特点, 促使我们即刻做出反应, 而我们却不明白为何会如此反应。系统I还很容易被蒙蔽。思维系统R是受我们的意识控制的思考方式。p.42. 总之, 系统I的思考模式, 即我们的'僵尸大脑'的默认模式, 操控着我们大部分的日常行为举止。

암시의 반응 속도는 신속하고 즉각적이지만 반응의 이유를 모르며 또 암시를 접수한 주체를 속인다. 그럼에도 암시 또는 감정은 우리의 일상 행동 대부분을 통제한다. 속아 넘어가는 것은 이유를 모르기 때문이며 속으면서도 행동의 대부분을 감정 또는 암시에 맡기는 이유는 그것을 통해 신체의 안전을 도모하기 위해서다. 신체 안전 시스템은 위험이 신체에 접촉해 피해를 입히기 전에 대처해야 되기 때문에 불완전한 졸속의 정보도 무릅쓰고 신호를 발령하는 것이다. 물론 오늘날에는 뇌의 진화로 확실한 정보만 믿으려고 하는 경향이 존재하지만 그래도 많은 경우에 위험을 피하는 유일한 방법은 감정과 암시가 보내는 신속한 신호에 의존하는 것이다. 위험을 피하거나 대처할 방법을 강구하기 위해서 필요한 것이다. 확실하게 뇌에서 발송되는 신호가 아니라고 무시하는 순간 불행은 당신을 순식간에 집어삼킬 수도 있다. 켈리의 사례가 바로 그러한 경우에 속한다.

켈리는 결국은 쇼핑백을 빼앗으려고 잡았던 손을 놓았다. 눈에 띄지 않는 이 동작은 켈리가 눈앞의 낯선 남자를 신뢰하기 시작했다는 것을 보여준다. 그러나 켈리는 쇼핑백뿐만 아니라 자신의 운명을 좌지우지할 수 있는 권한까지 넘겨주었다. …… 앞에 있는 남자가 진심에서 도와주려는 것 같아 보였지만 켈리는 뭔가 잘못되고 있다는 느낌을 받았나. 나만 그녀는 그것이 뭐라고 말할 수가 없었다. 그럼에도 켈리는 눈앞의 남자가 그토록 친절하고 예의 바르게 보였기 때문에 자신의 의심에 자책감을 느껐으며 다른 사람의 호의를 오해하는 사람이 되고 싶지 않았다.

겉으로는 다정해 보이는 청년은 그녀의 신뢰를 이용해 그녀의 아파트에서 무려 3시간 동안 그녀를 괴롭힘으로써 석 달간이나 지울 수 없는 악몽에 시달리도록 했다. 남자는 타인을 신뢰할 줄 아는 켈리의 선량함을 훼멸했으며 그녀의 존엄성과 자신감을 짓밟았다. 스스로 발산하는 신호들을 하나 또 하나 무시함으로써 하마터면 목숨을 잃을 뻔한 것도 그녀의 불행이며 그나마 마지막 순간에 위험 신호를 포착해 죽음의 운명으로부터 도망친 것도 자신의 행운이라는 사실을 당시에는 몰랐다.[14]

켈리는 슈퍼에서 물건을 사 들고 아파트 층계를 올라가다가 우연하게 나타난 남자가 무거운 짐을 들어주겠고 도움을 자청하자 처음에는 거절하다가 나중에는 호의를 받아들인다. 그녀는 어딘가 불길한 느낌

---

14   『恐惧给你的礼物』加文·德·贝克尔著. 陈羚译. 中华工商联合出版社有限责任公司. 2018. 9. pp.4~5. 凯莉拽着那个袋子, 但片刻之后, 她放开了手。正是这个不起眼的动作, 表明凯莉已经愿意信任眼前的陌生人。凯莉已交出去的不光是购物袋, 更是从操控自身命运的权力。……尽管那一刻, 他看起来仅仅是想帮点忙, 但凯莉还是觉得有什么地方不对劲儿, 只不过她一时还说不清楚。可是, 当凯莉看见面前的这个男人, 看起来是那么笑容和善, 彬彬有礼, 她不禁为自己的多疑感到内疚, 她不想成为一个误解别人好意的人。p.7. 那个面似友善的年轻人利用了她的信任, 在她的公寓里, 对她进行了长达3个小时的折磨, 留下了三个月都难以摆脱的噩梦。他摧毁了凯莉信任他人的能力, 也践踏了凯莉的尊严与自信。凯莉此刻还不知道, 正是由于屏蔽了一个又一个自觉发出的信号, 让她近乎命丧黄泉, 这是她的不幸 ; 但也正是因为她终于在最后一刻捕捉到了危险信号, 才逃过了死亡的厄运, 这又是她的幸运。

이 들긴 했지만 겉으로 드러난 청년의 친절함과 예의를 지키는 모습만 믿고 신체 안전 시스템에서 보낸 암시를 무시했다가 성폭행당하고 죽을 뻔하는 대가를 지불해야 했다. 표면적인 친절과 바른 예의가 음험한 심보를 가리고 불길한 느낌을 희석시켰던 것이다. 그래도 늦게라도 암시가 보낸 의심을 믿었기에 다행히도 죽음의 문턱에서 구사일생으로 탈출할 수 있었다. 더 말할 것도 없이 다정함과 친절은 저 흐리멍덩한 암시보다 훨씬 흡인력이 있다. 하지만 생명 보존 법칙은 사람을 유혹하는 위선처럼 화려하지도 않고, 현란한 기교를 부리지도 않는다. 그것은 오로지 생명을 지키기 위한 군더더기가 없는 하나의 생리적이고 심리적인 수단일 따름이다. 그것을 믿고 안 믿고는 개인의 자유에 달렸지만 생명 안전 시스템은 생명 탄생의 시초부터 지금까지 한 번도 자신의 책임을 게을리한 적이 없다. 그러한 불변의 책임적 자세는 대뇌피질이 진화한 다음에도 지속되고 있다. 생명체의 지속성은 감정이나 암시와 같은 신체 내부에 장착된 생명 안전 법칙의 자율적인 작동으로 가능하다. 이 생명 안전 법칙으로 수행되는 자동 안전 시스템이 순간일망정 중단되면 생명체는 더 이상 생존을 지속하지 못하고 죽고 말 것이다.

항상성 초기의 생화학적 기원은 지금까지 거의 알려져 있지 않지만, 그러나 그것은 여전히 생명의 핵심을 유지하는 일련의 기본적인 메커니즘으로 작동한다. 항상성은 강유력하고 비사고적이며 무언의 명령이다.

다양한 형태의 생물체에 대해 말하면 이것을 반포하는 유일한 목적은 생명의 지속과 번영을 보장하는 것이다. 항상성 명령이 생명의 "지속"을 위한 것이라는 점은 분명하다. 그것은 생존을 유지할 뿐 아니라 사람들이 생물체나 종의 진화를 고려한다면 굳이 언급하고 특별히 강조할 필요가 없을 정도로 자명하다.

그 이유는 항상성이 생명의 최적화를 이뤄냈기 때문이다. 이는 마법을 필요로 하지 않는 노력이며, 그 이면에 있는 메커니즘은 자연 선택이다.[15]

여기서 안토니오 다마지오가 말하는 "항상성"은 내가 주장하는 생명 안전 법칙과 유사하다. 그 작동 방식이 비사고적이고 무언의 명령이고 마법 같은 것을 필요로 하지 않는다는 점에서도, 생명의 지속과 번영을 목적으로 한다는 점에서도 많이 닮아 있다. 그러나 다마지오는 항상성을 특별히 강조할 필요도 없이 자명하다는 이유로 연구를 더 깊이 진행하지 않는 우愚를 범한다. 솔직히 항상성 즉 생명 안전 법칙은 뇌보다도 신체의 그 어떤 다른 기관들이나 감각 또는 감정보다도 훨씬

---

15   『万物的古怪秩序』安东尼奥·达马西奥Antonio Damasio著. 李恒威译. 浙江教育出版社. 2020. 5. p.34. 尽管内稳态早期的生物化学起点至今已湮没不详, 但它依然是一组维持生命核心的基本机制。内稳态是一种强有力的、非思想性的、无言的命令, 对各种形态的生物体来说, 颁布这道命令的唯一目的就是确保生命的持续和繁荣兴旺。内稳态命令是为了生命的'持续', 这一点是显而易见的：它维持着生存, 并且只要人们考虑到生物体或物种的演化, 它就是不言而喻的, 无须专门提及和特别强调。p.4. 之所以如此, 是因为内稳态实现了生命的最优化, 这是一种无须魔力的努力, 其背后的机制是自然选择。

중요하고 우선적이다. 생명체의 모든 부위들 즉 뇌, 심장, 감각들은 죄다 생명 안전 법칙이 조종하는 대로 움직인다. 어떤 의미에서는 생명안전 법칙은 생명 그 자체라고도 할 수 있다. 그것이 있은 다음에야 신체의 다른 부위들도 비로소 존재 이유를 가지고 그것의 지시를 따라 작동하게 되는 것이다.

지금까지의 담론을 간단하게 요약하면, 감정은 사건이 발생한 다음 발생하지만 암시는 사건 발생 전에 외부 현상과 직간접 경험에서 생긴 의심을 전제로 신체에 잠들어 있는 경각심을 일깨워준다. 모든 사람은 우거진 숲을 보면 그 속에 뱀이 있을 거라 의심한다. 암시는 아무런 확증도 없으면서 천부적인 능력으로 미래를 예측한다. 암시가 맞을 확률은 거의 제로이지만 혹여 맞을 경우 인체에 미치는 악영향이 지대하다. 그것은 암시가 드러난 현상을 경험과 결부시키지만 숨겨진 의도는 볼 수 없기 때문이다. 혹여라도 숨겨진 의도가 현실이 되면 켈리의 경우처럼 신체에 돌이킬 수 없는 심대한 타격이 될 수도 있다.

제2절

원시 의식과
기억

1. 원시적 기억

　기억은 생명 안전 법칙의 최소 소비 원리에 따라 체내에 설계 장착된 원시적 안전장치이다. 생명체는 들소가 포식자인지 아닌지, 사과가 독이 있는지 없는지, 강물이 깊은지 얕은지에 대해 감각 기관의 연합 검증을 거쳐야 인지 가능하다. 그런데 이 검증 내용이 만약 체내에 기억되지 않는다면 들소를 만날 때마다, 사과를 먹을 때마다, 강물을 건널 때마다 포식자, 독, 얕은 곳을 일일이 확인해야만 한다. 생명 시스템은 생존 과정에서 똑같이 반복되는 이런 불필요한 과정들을 경유하지 않고 한두 번 검증을 마친 반복 동작은 체내에 결과를 기억함으로써 그 번거로움에서 탈피한다. 이러한 안전 시스템의 간소화는 신체 기관이 소유한 기능들의 효율성을 높이는 역할을 한다. 생명체에게 가장 중요한 것은 포식자를 가려내고 그 포식자로부터 도망칠 수 있는 퇴로를 탐지하고 다음번에 사용할 수 있도록 그것을 기억해두는 것이

다. 기억은 이러한 안전 필요성 때문에 시작되어 먹잇감의 검증으로
그 기능이 점차 확대되었다. 이것이 사실이라면 기억의 과정이 궁금해
질 수밖에 없을 것이다. 기억의 형식과 절차에 대한 학계의 통설은 아
쉽게도 자율적이지도 않고 뇌에 한정된 국부적인 현상일 따름이다.

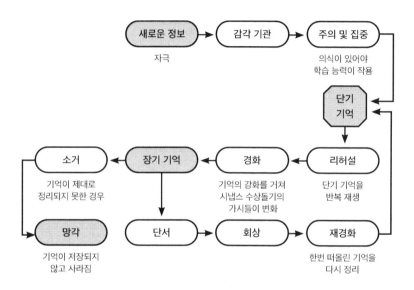

[사진 22] 현대 심리학 이론에 의하면 기억은 시냅스 연결에 의해 뇌에 전송되어 대뇌피
질에 저장된다. 그러나 나는 기억이 감각 기관 단위로 신경 세포에 저장되며 해석이 필요
한 부분만 뇌에 전달된다고 간주한다.

기억은 기본적으로 4단계를 거쳐 형성된다. 첫 번째, 부호화(encoding)
단계에서는 뇌가 인식하고 집중한 대상으로부터 시각 신호, 소리, 정보,
감정, 의미를 포착하고 이 모두를 신경 신호로 변환한다. 두 번째, 강화

(consolidation) 단계에서는 뇌가 이전까지 서로 무관하던 신경 활동들을 서로 연관성을 갖는 하나의 패턴으로 연결한다. 이렇게 연결된 패턴은 세 번째 저장(storage) 단계를 거치면서 신경세포들이 영구적인 구조 변화와 화학 변화를 겪으면서 지속성을 얻는다. 그런 다음 마지막 인출(retrieval) 단계에서 연결된 패턴을 활성화할 때마다 이전에 학습하고 경험한 것들을 다시 들여다보고, 회상하고, 알고, 인지할 수 있게 된다. 의식적으로 떠올릴 수 있는 장기 기억이 생성되려면 4단계가 모두 제대로 작동해야 한다. 우선 정보를 뇌에 입력해야 한다. 그리고 정보를 서로 연결하여 뇌 내부의 영구적인 변화를 통해 저장해야 한다. 그리고 정보에 접근하고 싶을 때 저장된 정보를 가져오면 된다.[1]

대뇌피질의 관자엽은 청각과 시각, 그리고 곧 보겠지만 기억을 담당한다.[2]

기억에 대한 학계의 통론은, 한마디로 말하자면 기억이 대뇌피질에 입력된다는 주장으로 집약할 수 있다. 그러나 주지하다시피 "대뇌피질은 뇌에서 가장 나중에 진화"[3]한 하나의 후속적 신체 기관에 불과

---

1   『기억의 뇌과학』 리사 제노바 지음. 윤승희 옮김. 웅진지식하우스. 2022. 4. 15. p.27.

2   『기억의 비밀』 에릭 캔델, 래리 스콰이어 지음. 전대호 옮김. 북하우스 퍼블리셔스. 2016. 4. 11. p.38.

3   『뇌의 가장 깊숙한 곳』 케빈 넬슨 지음. 전대호 옮김. 북하우스. 2013. 3. 15. p.16.

하다. 이 주장이 사실이라면 대뇌피질이 아직 진화하지 않은 시기에는 기억이 저장될 수 없다는 말이 될 것이다. 그러나 기억은 생명체 생성의 초창기 때부터 생명 안전 법칙에 따라 설계된 고유한 신체 기능이다. 기억이 없으면 위험한 장소를 회피하지 못했을 것이며 포식자를 확인할 수도 없었을 것이다. 이러한 상황은 비단 인간을 떠나 현재 생존하고 있는 동물의 경우에도 예외는 아니다. 해안선을 따라서 혹은 대륙을 가로지르거나 대양을 건너 북쪽이나 남쪽으로 이동했다가 다시 살던 곳으로 돌아오는 겨울 철새 또는 여름 철새들은 서식지를 기억하지 못하면 생존할 수 없다. 이 철새들은 모두 신체 건축학적으로 대뇌피질이 존재하지 않음에도 세대를 이어 서식지를 기억하고 철마다 이동 경로를 반복 순환한다.

탄자니아의 광대한 세렝게티 대초원에서 서식하는 누 떼들은 계절이 바뀌면 신선한 목장과 물을 찾아 악어들이 욱실거리는 마사이 라마강을 건너 북쪽으로 대이동을 했다가 다시 세렝게티 대초원으로 돌아온다. 만일 이들 누와 얼룩말들이 대뇌피질이 없다는 이유로 자기들이 살던 세렝게티 초원을 기억하지 못했다면 해마다 반복되는 순환 이동은 절대로 불가능할 것이다. 그들은 자신의 서식지를 정확하게 기억하고 있는 것이다. 개의 경우에도 다를 바가 없다. 한 살짜리 진돗개인 '손홍민'은 집에서 20km떨어진 거리의 진돗개 대회에 나갔다가 주인을 잃어버렸는데, 41일 만에 한 번도 오간 적이 없는 길을 더듬어 집으로 다시 찾아왔다. 집에 도착한 진돗개는 풀숲을 헤치고 온 듯 온몸에 진드기와 벌레가 가득했으며 발이 젖어 있는 상태였다. 후각이 발달한 개가 냄새를 따라 집으로 찾아왔다고 쳐도 냄새를 기억했던 것만은 분명하다. 냄새는 먼 곳에서도, 물체가 가로막아도 바람을 타고 전달될 수 있기 때문이다. 이러한 사실들을 미뤄볼 때 기억은 결코 뇌와 관련되고 대뇌피질에 의해 저장되지 않음을 암시해 준다고 할 것이다. 뇌와 대뇌피질이 진화된 후에 기억의 형성과 저장 작업에 동참했을 수는 있지만 그것의 존재가 기억의 유무를 결정하는 원인이 될 수는 없다는 것이다.

기억이란 무엇인가? 가장 넓은 의미에서 기억은 경험을 한 후에 발생하는 모든 변화이다. …… 이스라엘의 신경생물학자 야딘 두다이(Yadin Dudai, 1944~)는 보다 유용하고 조작 가능한 기억의 정의를 제시했다. 즉, 기억은 경험에 의존하고 시간이 지나도 보존되는 내부 징표이다.[4]

가장 자연스러운 대답은 기억 흔적이란 그저 과거의 지각적 입력에 대한 과거의 해석의 잔해에 지나지 않는다는 것이다. 우리가 아는 바로는, 이러한 잔해는 나중에 재구성되거나 걸러지거나 수정되거나 깔끔하게 정

---

4   『意识探秘：意识的神经生物学研究』克里斯托夫·科赫(Koch,C.)著. 顾凡及,
     侯晓迪译. 上海科学技术出版社. 2012. 6. p.258. 什么是记忆？在最广义之
     下, 记忆就是在有所经历之后所发生的任何变化。……以色列神经生物学家
     杜达伊(Yadin Dudai, 1944~)提出了一种更有用的、可操作的记忆定义, 即记忆是
     在时间上保存有赖于经验的内部表征。

리되지 않는다.[5]

　기억의 특징이 감각 경험에 의존하고 시간의 흐름과 관계없이 보존되기 때문에 철새들과 누 떼는 실수 없이 서식지를 번갈아 이동할 수 있으며 최초 인류의 조상들은 포식자를 기억하고 그 공격에 항상 대비할 수 있었던 것이다. 그러나 이상하게도 이러한 기억의 정의 자체에 대해 일부 학자들은 의심의 눈초리를 보내며 그들만의 새로운 주장을 펼친다. 그런데 그 주장들은 과학적인 설명은 고사하고 설득력조차 부족하다는 공통점으로 인해 아쉬움을 남긴다. 기억은 과거 경험의 흔적이고 잔해이며 "재구성되거나 걸러지거나 수정되거나 깔끔하게 정리되지 않는다."라는 표현에 주목할 필요가 있다. 이미지일 경우 기억은 시각 정보의 원시적 흔적이나 잔해로 남으며 한 번 남은 흔적의 원형은 고정불변하다. 그 이미지는 오로지 꿈이나 상상 속에서만 이미지들 간의 비교 수단을 통해 변형될 따름이다. 이 분야의 담론은 꿈과 상상 편에서 구체적으로 전개하려고 한다.

　기억은 사건의 복제품이 아니다. 모든 지각 행위는 일종의 창조이며, 모든 기억 행위는 일종의 상상이다.[6]

5　『생각한다는 착각』닉 채터 지음. 김문주 옮김. 웨일북. 2021. 9. 30. p.253.

6　『뇌의식의 우주』제럴드M.에델만, 줄리오 토노니 지음. 장현우 옮김. 한언. 2020. 8. 1. p.158.

우리의 일상적인 기억은 어떤 사건을 초 단위로 그대로 재생하는 것이 아니다. 일반적으로 상당히 모호하며, 뇌가 만들어 낸 것이다 보니 가짜 기억이나 맥락상 추측하여 채워 넣은 요소들도 포함되어 있다.[7]

기억이 "상상"과 대동소이하다거나 "뇌가 만들어 낸" 것이라는 논리는 기억의 원시적인 순서를 뒤집어 세우는 비과학적인 언어도단 행위라고 할 수 있다. 그들의 주장대로 따르더라도 기억이 먼저 있고 그다음에 뇌가 저장하는 것이다. 아니면 뇌가 기억을 창조하고 그것을 뇌에 저장한다는 말인가? 상상은 욕망이나 본능이 실체적인 원시 기억을 소재로 하여 이미지 간 비교 방법을 통해 수의적으로 변경시킨 가상의 결과물이다. 기억이 모호한 이유는 뇌가 만들어냈기 때문이 아니라 빛이 사라진 안구 내에서의 망막 상의 특징 때문이다. 뇌가 만들어 낸 결과물이라면 절대로 모호하지 않을 것이다. 뇌는 흐릿하거나 모호한 것을 만들어내는 신체 기관이 아니다. 뇌는 원시 의식인 기억과는 달리 집요하게 확실한 결과만을 추구하는 진화된 신체 기관이다. 기억이란 도대체 무엇이며 또 기억이 저장되는 장소는 어딘가에 대한 미스터리는 아직도 심리학계에 구름처럼 떠돌아다니고 있다. 그만큼 심리학이 가야할 길은 아직도 멀고도 멀었다.

---

7   『뇌 과학의 모든 역사』 매튜 코브 지음. 이한나 옮김. 도서출판푸른숲. 2021. 9. 30. p.319.

우리는 다양한 기억 유형을 위해 어떤 뇌 시스템들이 중요한지를 대략적으로 알지만 기억 저장의 다양한 성분들이 실제로 어디에 위치하고 어떻게 상호작용하는지 모른다. 우리는 안쪽 관자엽 시스템의 다양한 하위 구역들이 어떤 기능을 하고 나머지 대뇌피질과 어떻게 상호작용하는지를 이제 막 이해하기 시작하는 중이다. 어떻게 우리가 서술 기억을 의식적으로 알아챌 수 있는지도 아직 밝혀지지 않았다.[8]

기억과 뇌 또는 대뇌피질과의 관계에 대해 알기 어려운 이유는 뇌의 진화 이전부터 존재한 기억을 후기에 생성된 뇌와 억지로 연결시키려 하기 때문이다. 학자들은 종교에서 소환한 신의 특징을 과학인 심리학의 뒷문으로 슬그머니 끌어들여 뇌에 부여함으로써 대뇌피질의 역할을 '신격화'하기 시작한 것이다. 종교적인 유일신 대신 대뇌피질을 신격화해야만 풀기 어려운 생명의 비밀을 그나마 찬란한 과학을 배경으로 설명할 수 있다고 착각했기 때문이다. 나는 단언한다. 학자들에 의해 어정쩡하게 신의 반열에 오른 뇌에는 신의 전지전능함이 없다. 그것은 그냥 유물론적인 입장에서 보면 생명 안전 법칙의 요구에 따라 개발된 신체의 한 물질 기관에 불과할 따름이다. 뇌의 기능은 절대로 감각, 감정, 본능, 의식 등 정신세계를 모두 지배하는 통치 기관이 아니다. 이런 맥락에서 학자들은 기억의 장소마저도 강다짐으로 좁

8   『기억의 비밀』에릭 캔델, 래리 스콰이어 지음. 전대호 옮김. ㈜북하우스 퍼블리셔스. 2016. 4. 11. p.468.

은 뇌의 영역에 국한시키려고 시도한다.

> 현재의 시각에 따르면, 기억은 널리 분산 저장되지만, 다양한 구역들
> 이 전체의 다양한 측면들을 저장한다. …… 특정 뇌 구역은 특화된 기능
> 을 하며, …… 각 구역이 다른 방식으로 전체 기억의 저장에 기여한다.[9]

보다시피 기억이 저장되는 장소를 특정된 두개골 안의 좁은 뇌 속
에 집어넣으려는 의도는 기억을 대뇌피질의 지배하에 두기 위해서일
것이다. 그것은 뇌를 생명의 상위에 올려놓음으로써 뇌 기능의 범위를
최대한 확대하고 그것을 생명을 주재하는 신적 존재로 만들기 위한 음
모의 일환이다. 종교가 형성되던 시기에 신의 창조가 허구를 이용해
신비와 능력의 확대로 성사된 것처럼 뇌의 신성도 똑같은 과정을 거쳐
이룩되었다고 해야 할 것이다. 그런데 여기서 주목할 점은 "분산 저
장"이라는 표현에 미혹될 것이 아니라 그 분산 지점이 역시나 자그마
한 하나의 "뇌 구역 안"에 한정되어 있다는 사실이다. 심지어 분산의
형태는 복수의 장소가 아니라 통일된 기억 이미지의 찢어짐이다. 개체
기억이 조각나 정체성이 붕괴되었다는 의미에서는 저장된다는 의미
마저도 존재할 수 없다. 그것이 기억으로 부활하려면 흩어진 조각들이
다시 하나로 배열되어야 한다. 그들의 표현을 빌리면 "재창조"되어야
한다.

---

9   동상서. p.38.

사실 기억 은행 같은 것은 없다. 장기 기억은 뇌의 어느 특정 영역에 저장되는 것이 아니기 때문이다.

뭔가를 기억할 때마다 우리는 경험한 정보의 여러 요소들을 활성화하는데, 이 요소들은 하나의 단위를 이루도록 서로 엮여 있다.

뇌 여러 부분에 흩어져 있지만 서로 연관성이 있는 세포들을 찾아 모아야 기억을 복원할 수 있기 때문이다. 우리는 기억을 떠올리는 것이지, 동영상처럼 재생하는 것이 아니다.[10]

단일한 기억 구역은 존재하지 않으며, 단일한 사건의 표상에도 많은 뇌 부분들이 참여한다.[11]

기억의 경우, 저장은 뇌 전체에 분산된다. 이 분산된 저장은 지각 과정에서 작동하는 뉴런 네트워크에서 뉴런 사이의 연결 형태를 띤다.[12]

---

10   『기억의 뇌과학』 리사 제노바 지음. 윤승희 옮김. 웅진지식하우스. 2022. 4. 15. pp.32~34.

11   『기억의 비밀』 에릭 캔델, 래리 스콰이어 지음. 전대호 옮김. 북하우스. 2016. 4. 11. p.38.

12   『인지심리학』 존 폴 민다 지음. 노태복 옮김. 웅진지식하우스. 2023. 5. 24. p.235.

"특정 대상에 대한 기억이 저장된 장소를 아직 짚어낼 수 없다."라는 말은 뇌 안의 저장 장소를 일컫는 표현이며 "기억은 신경계 전체에 골고루 퍼져 있는 것은 아니다."[13] 기억은 원시적으로 존재하는 현상이 아니라 "재구성 작업이며 말 그대로의 과거 재생이 아니다."[14] 과거 해석의 잔해인 기억은 나중에 재구성되거나 걸러지거나 수정되거나 깔끔하게 정리되지 않는다는 닉 채터의 주장을 받아들일 때 기억은 잔해인 동시에 재구성되는 이중 구조를 가질 수밖에 없다. 지각에 의해 생성된 잔해와 재구성을 통해 활성화된 기억은 저장 장소도 분명하지 않은 정체불명의 존재이다. 게다가 "원시적 감각 형식이고 분류 전의 정보를 보유하고 있으며" "완전히 인지되지 않았으며 적절한 카테고리로 분류되지 않은" "감각 기억"[15]은 "장기 기억에 도달하기 전에 거치는 단일한 임시 기억 저장소"[16]처럼 존재하지 않는가? 저장소도 존재하지 않는 기억이 어떻게 짧은 시간일망정 존재할 수 있는가?

내 생각에도 기억이 분산 저장된다는 주장에 일단 동의한다. 그러나 그 저장 위치는 결코 뇌 안에 한정되지는 않는다고 본다. 임시 기억

---

13   『기억의 비밀』에릭 캔델, 래리 스콰이어 지음. 전대호 옮김. 북하우스. 2016. 4. 11. p.166.

14   동상서. p.170.

15   『记忆心理学』杨治良等编著. 华东师范大学出版社. 1999. 6. p.40. 感觉记忆与短时记忆的不同之处在于, 感觉记忆是原始的感觉形式, 是分类前的信息保持。也就是说输入的信息此时还没有完全被认知, 没有归到适宜的类别中去。

16   『기억의 비밀』에릭 캔델, 래리 스콰이어 지음. 전대호 옮김. 북하우스. 2016. 4. 11. p.196.

이나 또는 감각 기억도 장기 기억처럼 똑같이 저장된다. 그것은 기억이 생성된 장소에서 다른 곳으로 이동하여 다시 재구성되는 현상이 아니다. 기억이 잔해이며 지각이 남긴 흔적이라 할 때 그 형태는 시간이 흘러도 태어난 자리에서 불변하지 않는다. 오로지 그것이 변할 수 있는 순간은 꿈을 꿀 때와 상상의 순간에만 예외로 나타날 뿐이다.

> 지각 처리에 대한 각 개별적인 사건의 잔해는 언제나 그렇듯 생겨난 자리에 그대로 머문다. 뇌는 다음 차례의, 또 그다음 차례의 생각의 순환 때문에 곧장 바빠지기 때문이다.
> 오늘의 기억은 어제의 지각적 해석이다.[17]

다만 우리는 여기서 닉 채터가 말한 "생겨난 자리"가 다른 장소가 아닌 바로 뇌라는 사실을 염두에 둘 필요가 있다. 기억이 생겨난 자리에 그대로 머무는 이유는 뇌가 다른 생각에 바빠지며 기억에 관심을 돌릴 시간적 여유가 없기 때문이라고 한다. 나는 기억은 뇌가 아니라 신체의 다른 많은 세포들 속에 분산 저장된다고 생각한다. 따라서 세포들로 구성된 체내의 많은 기관들 이를테면 오감, 운동 근육, 심장, 폐 등에도 관련 기억들이 생성되고 그 자리에 저장된다. 우리는 이미 위의 담론에서 눈의 망막에 시각 정보들이 기억되고 있음을 살펴본 적

---

17   『생각한다는 착각』 닉 채터 지음. 김문주 옮김. ㈜웨일북. 2021. 9. 30. pp. 253~254.

이 있다. 이러한 현상은 지각이 아닌 다른 신체 기관들에서도 골고루 나타난다.

심장은 생각하고, 세포는 기억하며, 이 두 가지 프로세스는 아직 신비하고 매우 강력하지만 알려진 다른 어떤 힘과도 다른 속성을 가진 매우 미묘한 에너지와 관련이 있다.[18]

심장이 생각한다는 주장은 저자의 개인 견해에 불과하지만 "세포는 기억이 가능하다"[19]라는 주장에는 일리가 있어 보인다. 수술을 통해 다른 사람의 장기를 이식받은 환자들의 신체 변화에서 이 추측에 설득력이 있음을 입증되고 있다. 이성異性적 성향의 변화라든지, 성격상의 전수라든지, 음식 습관의 전이 현상이라든지 아무튼 장기를 이식한 여자의 신체적 특징이 받은 자의 신체에 그대로 나타나는 현상은 그것을 말해준다. 환자 이식수술을 담당한 의사들이나 수술을 받은 환자들의 손에서 이러한 연구 논문들과 자서전들이 육속 출판되는 것에서도 세포가 기억을 한다는 사실을 알 수 있다. 아직 그 이론에 모든 학자들이 동의하는 것은 아니지만 불원한 장래에 연구를 통해 증명될 것이 틀림없다.

---

18   『the heart's code : tapping the wisdom and power of our heart』 energy by Paul Pearsall BROADWAYBOOKS NEW YORK 1998. pp.4~5.

19   동상서. 1998. p.9.

몇 주 후, Tim은 또 다른 꿈에 나타났다. 나는 여자로 변한 남자이다. 나는 빠르게 운전하고 있으며, 여러 곳에서 급커브 회전을 하며 그것을 즐긴다. 갑자기 나는 회전 중 하나를 할 수 없었고 고속도로를 가로질러 분기점을 넘어 다가오는 차량 속으로 날아간다. 하늘을 나는 것 같은 자유롭고 거친 느낌, 자동차가 절벽에서 떨어질 때 Thelma와 Louise의 결말과 약간 비슷하다.[20]

사고로 죽은 청년인 팀(Tim)의 심장을 이식한 여성 환자의 꿈에 나타난 한 장면이다. 그녀는 심장의 소유주인 팀의 기억 코스를 따라 사고 장면의 꿈을 꿀 뿐만 아니라 자신은 싫어했지만 청년이 즐겨 마시던 맥주도 즐긴다. 심장 하나 때문에 청년의 기억이 그녀의 신체에서 작용을 한 것이다. 이 사실은 한 마디로 심장이, 즉 심장을 형성한 세포들이 이 모든 것들을 기억하고 있다는 것을 의미한다. 심장뿐만 아니라 시각, 청각, 촉각, 근육, 신체 모든 부위의 세포와 기관들이 죽는 순간의 공포를 기억한 것이다. 물론 심장이 기억한 부분은 놀라움의 감정이지 시각과 같은 이미지 기억은 아닐 것이다. 그러나 여성 환자는 교통사고로 죽은 청년의 사연을 듣고 그와 관련된 꿈을 꾸었을 것이다. 이렇듯 기억은 뇌에만 저장되는 것이 아니라 신체 각 부위의 세포에 분신되어 저장된다. 이렇게 저장된 모든 기억은 욕망이나 감정, 본능 또는 뇌의 호출에 따라 저장된 부위에서 소환된다.

---

20   『A Change of Heart Claire Sylvia Warner』 Books 1997. p.113.

우리는 귤을 보면 뇌가 아니라 입안에서 침이 돌며 반응한다. 혀와 구강 세포의 귤에 대한 기억 때문이다. 주변에 고소한 냄새가 퍼지면 뇌가 아니라 코가 먼저 민감하게 반응한다. 그 냄새를 대뇌피질이 아니라 코 세포가 기억하고 있기 때문이다. 섹시한 여성을 목격한 혼전 남성은 뇌보다 먼저 성기가 반응한다. 그것은 성에 대한 성기의 유전적이고 본능적인 기억 때문이다. 이처럼 많은 기억은 뇌와는 무관하다. 기억이 세포에 저장되는 목적은 신체의 안전을 위해서 필수적이기 때문이다. 어떤 기억도 최초에는 생명의 유지와 안전과 연관이 있었다. 기억이 세포에 저장되고 기관마다에 저장되는 것은 신체가 여러 측면과 각도에서 바깥세상과의 관계를 형성함으로써 안전에 효과적으로 대비하기 위해서이다.

2. 언어적 기억

생명의 초기에는 언어(말)가 존재하지 않았다. 신체 안전 확보와 유지가 우선이었기 때문이다. 원시 의식의 생명 안전 법칙의 시스템에 언어는 필수 요건이 아니었다. 포식자로부터 안전을 지키고 먹잇감을 획득하고 번식하는 일이 급선무였다. 언어는 나중에 뇌가 발달하여 대뇌피질이 형성된 다음에야 비로소 진화된 후발성 신체 특이 기능이다. 게다가 언어는 어느 날 갑자기 인간의 뇌 안에 들어온 생명의 선물도 아니다. 말 이전에 시작된 최초의 의미 전달 수단은 손짓, 발짓, 얼굴 표정 등이 결합된 이른바 몸짓 언어였다. 환언하면 언어의 기원은 수어手语다. 인류는 말이 있기 전에는 수어를 통해 구성원들 사이에 생각을 교환했다. 최초에는 수어와 얼굴 표정만으로도 일반적인 생활 관련 의미는 충분히 전달했을 것이다.

> 뇌의 언어 영역이 운동 피질 근처에서 발달한 것은 말이 생기기 전에 의사소통에 쓰인 기본 형태가 손짓이었기 때문이라는 주장이 있다. 사람들이 손짓이나 입을 움직이는 것을 볼 때에는 운동피질의 일부(F5)와 (좌뇌 전두엽이 있으며 특히 언어 산출에 관여하는 곳인) 브로카 영역이 자극을 받는다고 한다. 말이 생기기 전에 원시인들은 원숭이들이 입술을 탁탁 치듯이 몸짓이나 손짓으로 의사를 교환했을 것으로 추측한다. 이렇게 볼 때 인간의 언어 회로는 언어 이전 단계에서 다른 사람의 몸짓 또는 손짓을 인식하는 기능을 담당했던 브로카 영역 선행 형태의 산물인 셈이다.[21]

몸짓 또는 신체 언어의 특징은 의미 소통의 형식이 상대방의 시각을 최종 전달 목표로 삼는다는 점일 것이다. 원시인들의 신체 언어는 대화 쌍방의 시각 참여에 의해 성사된다. 그런데 이미 지나간 과거의 일이나 혼자만 본 개인적인 목격담을 타인에게 전달하기에는 수어는 한계가 있다. 그 이유는 과거나 개인적인 경험은 대화 상내의 시각에

---

21   『마인드해킹』 탐 스태포드, 메트 웹 지음. 최호영 옮김. 황금부엉이. 2006. 3. 30. pp.341~342.

보여줄 수 없기 때문이다. 더구나 원시인들이 집단적으로 수렵 행위를 하거나 포식자를 피해 도망칠 때, 보이지 않는 곳(숲속이나 골짜기 등)에 있는 동업자와 정보를 공유하거나 적시에 위험 신호를 전달할 때 수어는 아무런 역할도 할 수 없다. 그런데 아이러니한 것은 초기 인류는 맹수를 포위하는 수렵이나 여성들의 채집 활동 또는 포식자의 공격을 피하기 위해 항상 집단 행동을 해야만 했다는 사실이다. 이렇듯 안전 필요성 때문에 언어의 진화는 몸짓 언어에서 급속하게 시야가 차단된 공간에서도 소통되는 음성 언어로 대두되었다. 처음에 시작된 급박한 위험을 신속하고 간단하게 동료한테 전하는 외마디 언어 단계를 거쳤으며 점차 복합적인 단어의 연쇄로 발전했다.

언어 능력은 인간의 유전이 아니다. 유전은 호흡, 심장박동, 보기, 듣기, 먹기, 자기 등처럼 태어날 때부터 저절로 할 줄 아는 능력이다. 그러나 언어는 태어날 때는 한마디도 모르다가 몇 년이라는 시간이 경과해야 장악할 수 있는 능력이므로 후천적이다. 그리고 언어는 또한 기억으로 생성하는 것도 아니다. 사람들은 보통 인간의 대뇌피질과 뇌의 브로카 영역의 지배하에서만 언어를 장악할 수 있다고 믿는다. 그러나 대뇌피질도 브로카 영역도 발달하지 않은 개도 서, 앉아, 누워, 뒹굴어, 눈 감아, 먹어, 일어나, 가라는 말쯤은 알아듣고 기억할 줄 안다. 그것은 아마도 소리의 차이를 분별해서 청각에 기억하는 방법이었을 것이다. 개는 말을 못하고 인간만 말할 수 있는 이유는 인간의 후두

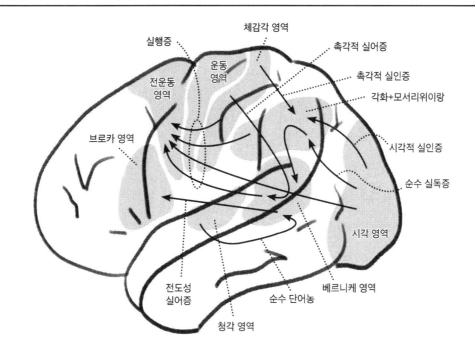

[사진 23] 뇌의 언어 기능은 신피질이 형성된 다음에야 비로소 진화된 후발성 신체 특이 기능이다. 언어 기능 관련 부위 태반이 운동피질과 연계된 현상은 언어가 손짓을 비롯한 신체 동작 언어에서 기원했음을 설명한다.

와 구강 구조가 말을 하는 데 적합하기 때문이다. 대뇌피질과 뇌의 브로카 영역이 진화하지 않았을 때에도 인간의 청각은 소리를 분별해 들을 수 있었다. 인간은 모방을 통해 언어를 배운다. 유아는 어른들의 목소리를 듣고 입 모양의 변화를 보고 말을 모방한다. 여기서 음성은 청각이 기억하고 발음은 입술과 혀 등 구강 세포가 기억한다.

8개월: 옹알옹알 배우는 말은 더 잦아지고 복잡해진다. 대부분의 아기들은 자신이 들은 말소리를 흉내 낼 수 있다. 많은 아기들은 몇 개의 단어를 말할 수 있거나 혹은 '엄마'나 '아빠' 같은 소리를 낼 수 있다. 그러나 그들은 아직 단어의 의미를 이해하지 못한다. ……

1살: 1살이 되면 아기들은 자신이 듣는 소리에 세심한 주의를 기울이기 시작한다. 그들은 간단하게 시키는 말도 지시도 알아 듣는다. …… 어떤 음식을 원하는지, 잠을 자야 하는지에 대한 그들의 의사를 표현하기 시작한다. 그들은 더 자주 여러 가지 말을 모방하고 '엄마', '아빠' 외에도 다른 여러 개의 단어를 정확하게 사용한다.[22]

단어의 의미를 이해하지 못하며 말한다는 건 해석 기능을 담당하는 뇌의 참여 없이 구강이 독립적으로 말을 한다는 것을 입증한다. 아기들이 '엄마', '아빠'라는 말부터 하는 이유는 그것이 입을 벌렸다가 닫는 가장 단순한 발음 형식이기 때문이다. 혀의 정교한 조작 없이 입술만 아래위로 움직이면 발화가 가능하다. 음식을 먹을 때에도 그 동작은 반복된다. 다만 목소리가 동참하지 않을 따름이다. 위에서도 언급했듯이 아기들은 말을 배울 때 뇌로 기억하는 것이 아니라 엄마나 아빠

---

22 『人类行为与社会环境』查尔斯·H·扎斯特罗、卡伦·K·柯斯特著. 师海玲等译. 中国人民大学出版社. 2006. 1. p.81. 牙牙学语变得更加经常和复杂. 大多数婴儿能够模仿他们听到的说话的声音. 许多婴儿能够说出几个词或发出像'妈''爸'样的声音. 然而他们还不能理解词的意识. ……到1岁, 婴儿开始仔细注意他们听到的声音. 他们能听懂简单的命令. ……他们开始表达他们要哪种食物或是否要睡觉. 他们更加经常性地模仿一些声音, 并且除了"妈妈""爸爸"之外, 他们也能正确的使用其他几个词.

혹은 주변 성인들의 말소리를 귀담아 듣고 입 모양을 세심히 봐두었다가 틈만 생기면 모방하면서 단어를 몸으로 익힌다. 물론 아기들이 먼저 배우는 말들은 엄마, 아빠, 형님, 누나 외에 먹는 것과 관련된 단어들과 잠을 자는 것과 관련된, 가정생활에 필수적인 단어들일 것이다.

갓난아기는 생후 12개월 무렵 처음으로 의미 있는 단어를 말한다. 이 직전에는 가장 놀이와 성인에 대한 꾸준한 모방에서 부호를 사용하는 능력을 보였다(Meltzoff, 1988). 뿐만 아니라 우리는 아기들이 말하는 첫 번째 단어의 대부분이 그들이 만든 물건이나 참여한 활동, 쉽게 말해 그들이 감각 활동 방식을 통해 이해한 어떤 경험에 집중된다는 것을 발견하게 된다.

아기가 7~8개월이 되면, 상대방이 말을 하면 아기는 조용해지며 상대방이 말을 멈추면 소리를 내어 반응한다.[23]

그다음 순서로는 자신의 눈으로 직접 보고 귀로 듣거나 개인적인 놀이를 통해 알게 된 장난감이나 관련된 물체의 이름을 어른들을 통해 알고 소리를 모방할 것이다. 상대방이 말할 때는 조용해지고 말을 멈

---

23   『发展心理学 : 儿童与青少年』谢弗(Shaffer,D.R.)等著. 邹鸿等译. 中国轻工业
      出版社. 2016. 1. p.340. 婴儿在差不多12个月大的时候讲出第一批有意义的
      单词 ; 而在此前不久, 婴儿在假装游戏和对成人的延迟模仿中表现出了使
      用符号的能力. 而且, 我们会发现, 婴儿说出的第一批单词, 大都集中在他
      们曾经操作过的物体或参与过的活动上, 简言之, 就是集中在他们通过感
      觉运动图式所理解的某些经验上. p.346. 到7~8个月大的时候婴儿在同伴
      讲话的时候很安静, 等到对方停止讲话时, 他会发出声音作为回应.

추며 입으로 소리를 내어 반응하는 현상은 바로 모방의 과정을 나타내는 것이다. 조용히 듣는 것은 말소리의 특징을 식별하고 그 말을 발음할 때의 어른들의 입 모양을 관찰하기 위해서 취하는 사전 모방 자세이다. 그래야만 몇 번의 모방을 통해서도 비교적 근사하게 따라 할 수 있기 때문이다. 언어 기능은 의미를 해석하는 대뇌피질과 브로카 영역의 기능을 제외하면 유전조차도 아니지만 모방 기능은 인간이 태어나는 순간부터 할 줄 아는 천부적인 유전이다. 이 천부적인 능력으로 인간은 유전으로 전해지지 않는 기능도 학습을 통해 어렵지 않게 습득할 수 있는 것이다. 모방 기능은 원시 의식 중에서 하나의 중요한 구성 부분이다.

"생후 첫 10~13개월 동안 어린이는 언어 발달 전 단계"[24]로서 언어와 인연이 없다. "대부분의 아이들은 단어 10개를 익히는 데 3~4개월이 걸린다"[25]라고 한다. 단어를 습득하는 데 시간이 이렇게 소모되는 이유는 모방을 통해서 세포가 말을 익혀야 기억되기 때문이다. 모방을 통해 익히려면 수십 번 같은 동작을 반복해야만 하기 때문이다. 신체는 반복을 지양하지만 일단 반복적인 행위는 익혀지면 그다음부터는 자동으로 진행된다는 특징이 있다. 걸음걸이도 처음에는 모방을 통해 부단히 넘어지면서 반복되지만 모방 과정이 완성되면 걷기는 자동으로 행해진다. 언어도 반복적인 모방으로 일단 입에 오르면 굳이

---

24   동상서. p.344. 生命的头10~13个月, 儿童处于语言发展的前语言阶段……

25   동상서. p.346. 大多数儿童需要3~4个月才能掌握10个单词量。

기억을 뒤질 필요가 없이 입에서 자동적으로 발음이 만들어진다. 구강 세포가 그 발음에 필요한 움직임을 기억했기 때문이다. 그것을 세포 기억 또는 근육 기억이라고 표현하기도 한다. 대뇌피질과 브로카 영역에 전달되는 언어는 의미를 해석하기 위해서다. 뇌는 구강의 발음 형태를 기억하지 않는다. 기억할 필요조차도 없다.

   기억력이 저하되는 경우 흔히 나타나는 증상 가운데 하나가 바로 말 막힘(blocking) 또는 설단 현상(TOT, Tip of the Tongue)이다. 단어, 특히 사람 이름, 도시 이름, 영화 제목, 책 제목 같은 것을 생각해 내려는 경우 분명히 알고 있는데도 떠오를 듯 말 듯 아무리 애를 써도 떠오르지 않는다. 그렇다고 잊어버린 것은 아니다. …… 왜 이런 현상이 발생할까? 모든 단어는 그 단어에 상응하는 신경 부위가 있고 관련 신경세포들이 연결되어 있다. 어떤 신경세포는 단어의 시각적 측면을 저장한다. 단어가 활자로 인쇄되었을 때 어떤 모양인지를 저장하는 것이다. 다른 신경세포들은 그 단어의 개념 정보, 즉 그 단어가 무슨 뜻이고, 어떤 감각적 지각 및 감정과 연관되어 있으며 과거에 이 단어와 관련된 어떤 경험을 했는지 등을 저장한다. 또 다른 세포들은 음운 정보를 저장한다. 단어를 발음했을 때 어떤 소리가 나는지를 저장하기 때문에 단어를 소리내어 발음하거나 발음을 머릿속에 떠올릴 때 필요한 세포들이다. 설단 현상은 찾고 있는 단어와 연관된 신경세포들이 일부만 활성화되거나 약하게 활성화될 때 일어나는 현상이다. …… 저장된 단어 정보와 단어의 철자 및 소리의 연결이 불충

분할 때도 같은 현상이 일어난다.[26]

이른바 "설단 현상"은 "떠오를 듯 말 듯 아무리 애를 써도 떠오르지 않는데 그렇다고 잊어버린 것은 아니"라는 모순된 현상임을 알 수 있다. 분명 하나의 단어인데 잊어버린(떠오르지 않는다) 동시에 잊어버린 것이 아닐 수가 없는데 말이다. 저자는 그 원인을 단어에 부응하는 신경 세포들의 분할된 역할 때문이라고 한다. 활자의 시각적 측면을 저장하는 신경세포, 개념 정보 즉 뜻을 저장하는 신경세포, 음운 정보를 저장하는 신경세포 등 구체적으로 역할을 분류하고 있다. 그러면서 설단 현상은 "연관된 신경세포들이 일부만 활성화되거나 약하게 활성화될 때 일어나는 현상"이라고 주장한다. 그런데 저자는 활자의 모양, 뜻 즉 의미, 소리와 발음이 저장되는 신경세포의 구체적인 위치에 대해서는 웬일인지 밝히지 않고 있다. 묻지 않아도 그 저장 위치는 대뇌피질이 있는 브로카 영역일 것이다. 결국 활자의 시각적 이미지, 소리의 정보, 발음 요령과 단어의 의미까지도 그 모든 구성 요소들을 일괄적으로 뇌 하나에 저장되는 셈이다. 나는 이미지, 소리, 발음, 의미는 그 형태도 다르고 접수 기관도 다를 뿐만 아니라(시각, 청각) 발성(구강), 정보의 최종 저장 장소도 각이하다고 생각한다.

언어는 자모, 소리, 발음, 의미가 합쳐져서 형성된다. 자모는 시각

---

26   『기억의 뇌과학』 리사 제노바 지음. 윤승희 옮김. 웅진지식하우스. 2022. 4. 15. p.119~120.

(문자일 경우)에 저장되고 소리는 청각이 기억하고 발음은 입이 기억하고 의미는 대뇌피질의 브로카 영역에 따로따로 입력한다. 당신은 어느 순간에 발음은 쉽게 되는데 의미가 생각나지 않거나 의미는 금방 떠오르는데 발음이 되지 않는 이상한 경우를 한 번쯤은 경험했을 것이다. 그 원인은 반복 연습을 통해 발음 요령을 기억하고 있는 구강(입술과 혀와 이빨을 구성하는 세포)과 단어의 의미를 기억하고 있는 뇌의 장소가 다르기 때문이다. 또는 문자는 술술 읽히는데 뜻은 모르겠고 뜻은 알겠는데 단어를 읽거나 말할 수 없을 때도 종종 있었을 것이다. 그 원인 역시 문자 이미지를 기억하는 눈과 의미를 기억하는 뇌의 장소가 다르기 때문이다. 위의 인용문에서 언급된 설단 현상도 이 경우와 같다고 말할 수 있다. 한마디로 정리하면 언어의 발음은 모방을 통해 구강 세포가 기억하고 그 의미는 뇌에 전달되어 해석된 다음 이른바 브로카 영역에 저장된다.

워너의 실험이 함축하는 바는 분명하다. 첫째, 기억력은 어순의 변화가 문체의 변화보다는 의미의 변화를 초래하는 경우에 더 좋다. 이는 사람들이 보통 언어 메시지로부터 의미를 추출하며 정확한 어순은 기억하지 않음을 시사한다.[27]

---

27   『인지심리학과 그 응용』존 로버트 앤더슨 지음. 이영애 옮김. 이화여자대학교 출판부. 2012. 1. 31. p.145.

뇌의 기억이 언어 메시지로부터 의미만 추출해내고 어순은 제외한다는 것은 결국 뇌 기능은 언어에서 뜻만 받아들일 수 있다는 말이다. 그렇다면 어순은 어디서 어떤 기관이 기억한다는 말인가? 어순을 모르면 언어를 구사할 수 없다. 심지어 어순이 틀리면 추출한 의미 자체도 뜻을 잃게 될 수밖에 없다. 의미는 어순 즉 문법 속에서만 확실하게 뜻을 가질 수가 있기 때문이다. 따라서 언어를 사용하는 사람이라면 누구나 의미만 기억할 것이 아니라 반드시 어순을 기억해 두어야 정확한 의미를 만들어 상대방에게 전달할 수 있다. 그런데도 저자는 어순을 기억에서 배제하는 커다란 실수를 범한 것이다. 나는 버림받은 어순을 소환해 말소리를 듣고 그것을 발화하는 청각과 구강 세포 안에 기억하도록 주선할 것이다. 그래야만 뇌 안에 저장된 의미와 청각 세포와 구강 세포에 저장된 어순이 결합하여 문법에 맞는 정확한 의미를 만들어내어 대화 상대에게 전달할 수 있기 때문이다. 대화의 기본은 언어의 발화와 그 발화된 언어 속의 의미를 이해하고 파악하는 데서부터 시작된다. 이해와 파악이 없이는 대화는 불가능할 뿐만 아니라 언어 자체도 필요가 없어질 것이다.

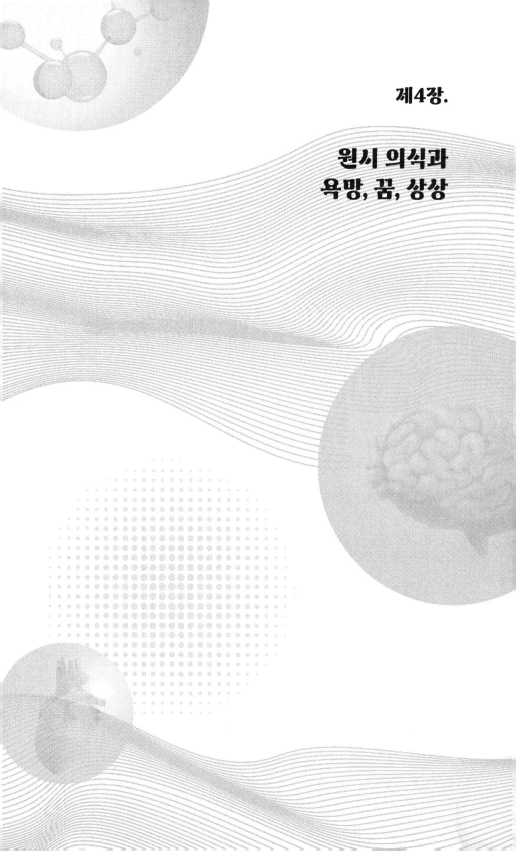

제4장.

원시 의식과
욕망, 꿈, 상상

제1절

원시 의식과 욕망 그리고 작동 원리

1. 욕망과 본능

아쉽지만 지금까지 우리가 알고 있는 심리학계의 통설로는 욕망에 대한 충분한 논리적 이해가 불가능하다고 해야 할 것이다. 욕망에 대해 전문적으로 연구한 프로이트나 라캉의 이론으로도 과학적으로 만족스러운 설명이 안 되고 있는 실정이다. 그들의 이론에 '무의식'과 '억압'이라는 있지도 않은 심리학 신조어들이 끼어드는 순간 실험과학은 기발한 논리적 예측에 밀려나고 말았다. 우리는 일단 욕망이라는 단어가 포용하고 있는 의미의 범위를 정하는 것에서부터 난관에 봉착한다. 과연 욕망의 범위를 정신 활동의 모든 영역에 적용할 것인지, 아니면 본능적인 현상에 국한할 것인지 그도 아니면 본능에서 의식으로까지 영역을 확대할 것인지 하는 문제에서도 확실한 구분이 전제되지 못하고 있다. 현재 학계의 주장은 대체로 욕망을 인간의 모든 행위와 연결시킬 뿐만 아니라 심지어는 의식과 신경, 뇌의 뉴런까지 소환하는 분위기이다. 본능, 의식, 뇌와 뉴런까지 문자 그대로 정신세계 전부를 욕망과 묶어서 하나의 통일된 시스템으로 생각하는 것이다. 범위를 그처럼 무한대로 확대하면 욕망의 기능이 최대한 늘어날 것 같지만 실은 그 정반대이다. 욕망은 이루 헤아릴 수 없이 수많은 정신세계 속에 파묻혀 본래의 필마단창匹馬單槍의 예리한 특성을 상실한 채 억울하게 질식할 수도 있으니 말이다. 그런 이유에서라도 욕망에 대한 담론을 전개하려면 먼저 이 신비한 학술 용어에 대한 정확한 정의부터 내려야 할 것이라고 생각된다. 그러한 정의가 전제되어야만 욕망의 진짜 모습이 우리 앞에 드러날 것이기 때문이다. 그런 다음에야 욕망의 속성과 작동 원리에 대해 논할 수 있을 것이다. 그렇다면 현존하는 심리학계의 그 거창한 욕망 이론은 과연 어떤 모습일지 궁금하지 않을 수 없다. 그들이 주장하는 욕망 이론은 범위라도 정해진 것일까?

[사진 24] 먹잇감 사냥이라는 욕망은 맹수와의 생사를 가르는 싸움이 전제되는 위험한 활동이지만 결코 포기되지 않는다. 따라서 욕망을 생명체의 자가 치료 시스템이라고 한다. 생존 본능에서 발생한 욕망은 음으로 양으로 뇌 기능과 결탁하는 감정과는 달리 유전 본능인 생명 보존 법칙의 룰에마저 저항할 뿐만 아니라 뇌의 직접적인 지배까지 거부한다.

하인리히 하더, <글립토돈트를 사냥하는 고인디언들>

욕망은 인간의 모든 활동을 일으키는 근본적인 동력이자 문명이 만들어

낸 무궁무진한 원천이다. 욕망이 없는 인간은 좀비와 같다고 할 수 있다.

본능적 수준 아래의 욕망은 흙에서 싹트는 씨앗처럼 일종의 보이지 않

는 식물 신경의 통제를 받는다. 땅을 뚫고 나와야만 비로소 의식의 공간

으로 들어갈 수 있다.[1]

욕망 동기 심리학은 일단 욕망이 미치는 범위를 신체의 모든 활동의
영역으로 확대하다가 드디어는 의식과도 연결한다. 그러나 여기서 "의
식"은 "식물 신경"과 모순된다. 식물 신경이란 생명체의 의지와는 관계
없이 자율적으로 신체 기관들의 기능을 조절하는, 교감 신경과 부교
감 신경으로 구성된 신경계이다. 의지란 그 의미를 이루려는 강한 욕
망이라고도 풀 수 있는데 결국은 비의식인 욕망은 욕망과는 아무런 관
계가 없는 자율적인 식물 신경을 통해 놀랍게도 의식에 도달하는 셈
이 된다. 게다가 이 욕망은 본능이면서도 본능에서 밀려나 그 아래층
에 짓눌린 또 다른 어떤 형체 없는 실체로서 보이지도 않는 식물 신경
의 도움을 받아서야 가까스로 흙(본능)을 뚫고 싹(욕망)이 튼다. 결국은 욕
망은 본능이면서 동시에 본능(흙)이 아닌 어떤 것(씨앗)이라는 말이다. 본

---

[1] 『欲望的世界 Ⅳ 欲望与行为心理』张振学著. 中国商业出版社. 2016. 12.
p.1. 欲望是人类产生一切活动的根本动力, 也是人类文明产生的不竭源泉。
可想而知, 一个没有欲望的人必然形同僵尸, …… p.8. 本能层面之下的欲
望就像在土壤中萌芽的种子, 处于一种隐而不见的植物神经的控制之下。只
有破土而出, 才能进入意识的天空。

능에서 분리된 욕망이 갈 곳은 의식밖에 없을 것이다. 욕망이 본능(흙)에서 싹이 트려면 먼저 씨앗이 전제되어야 한다. 그러니까 본능과 욕망은 시작부터 질적으로 전혀 다른 존재인 것이다. 본능결정론자인 윌리엄 맥두걸(William McDougal, 1871~1938)은 "본능은 욕망을 생산하는 내면의 에너지"라고 역설하고 있는데 그 뜻인즉 욕망이 본능 자체가 아니라 본능의 하위 개념이라는 말과 다름없다. 본능이 먼저 있고 욕망은 거기서 생산된 피조물이다. 그는 계속해서 다음과 같이 주장한다.

본능은 일종의 유전적이고 천부적인 심리적 생리 경향으로 여기에는 앎, 과정, 뜻이라는 세 가지 구성 요소가 포함된다는 것이다.[2]

비단 욕망뿐이 아니라 본능을 비롯한 유전은 창조되지 않는다. 그것은 후대가 원하든 원하지 않든 부모로부터 자식에게로 무조건 전수傳受되는 생리적인 현상이다. 따라서 욕망은 날 때부터 이미 본능 그자체이다. 다만 다양한 본능 중 욕망은 신체 내에서 그에게만 주어진 특별한 기능을 수행하도록 유전자에 기록되어 있을 따름이다. 보다시피 어떤 본능에는 정과 뜻이 결합되지만 욕망만은 이 두 가지 기능이 모두 배제된다. 그것은 음으로 양으로 뇌 기능과 결탁하는 감정과는 달리 욕망은 유전 본능인 생명 보존 법칙의 룰에마저 저항할 뿐만 아

---

2   『优化你的欲望 让欲望不再困惑你』沈方玉编著. 北京工业大学出版社.
     2007. 7. p.30. 本能是一种遗传和天赋的心理、生理倾向, 它包含有知、情、意
     三种成分。

니라 뇌의 직접적인 지배까지 거부하기 때문이다. 그런 의미에서 감정과 의식(뜻)은 본능일 수는 있어도 욕망과는 전혀 다르다는 것을 알 수 있다. 그러나 맥두걸은 "감정은 원시적 본능과 짝을 이룬다."[3]라고 억지 주장한다. 문제는 짝을 이루려면 그 둘은 하나의 본능이 아니라 두 개로 분리된 별개의 존재여야 한다는 것이다. 게다가 그는 반사적 개념마저 본능에서 분리시킨다.[4] 감정과 반사적 반응은 설령 욕망과는 다른 점이 있더라도 본능에서 분리해서 생각할 수는 없다. 맥두걸의 주장은 본능만 생리학적 개념이고 반사적 반응은 생리학적 개념이 아니라는 의미로 이해될 수도 있다. 그것들이 하나의 범주에 묶일 수 있는 조건은 단 하나 "심리적 생리 경향"이라는 포괄적 전제 아래에서만 가능해진다. 유전적 경향이나 본능적 현상 또는 천부적인 상태나 심리적 생리 현상이라고 해서 모두 동일한 양상을 띠는 건 아니다. 맥두걸이 이른바 본능과 감정, 반사 신경이 다르다고 착각하는 원인은 단지 호기심, 모방, 모성애, 욕망, 세포 반응, 정서와 같은 본능의 여러 가지 요소들이 각자 독특한 양상을 지니고 있다는 점을 입증해 줄 따름이다.

---

3   동상서. p.30. 人类行为中不变的情绪是和原始本能配对的。

4   동상서. p.30. 通常的本能概念只是生理学的概念. 人们把它和反射概念相混淆了。

일반적으로 욕망이 생기는 이유는 두 가지다. 첫 번째는 내부 원인으로 신체 내부의 생리 운동에 의한 에너지 소모와 잉여에서 발생하는데 이는 에너지 수요성 반응과 해결 반응에 대한 신경 감각을 일으킨다. 예를 들어 식욕의 욕망 원인은 인체 내에 필수적인 음식 에너지가 부족하여 발생하는데 예비 에너지가 갈수록 부족하여 필요한 인체 생리 활동을 지탱하지 못하게 되면 식욕을 담당하는 신경중추가 섭취 혹은 포식의 지령을 내린다.

욕망은 감각을 통해 생겨나고 형성된 후에는 우선 마음에 흔적을 남긴다. 즉 감각·지각·기억·분석·판단 등의 감성적 또는 이성적 형태로 인간의 심리적 차원에 존재한다.[5]

욕망의 발생 원인은 신체 내부의 생리 운동과 감각인데 신경중추의 지령에 의해 움직이는 이성적 형태로 존재한다. 신경중추에 지령을 내리는 신체 부위가 묻지 않아도 이성적 즉 논리적 판단을 하는 뇌이기 때문일 것이다. 마음과 심리를 끌어들인다고 해서 그 기조는 변하지

---

5 『欲望的世界 Ⅳ 欲望与行为心理』张振学著. 中国商业出版社. 2016. 12. p.14. 一般而言,欲望产生的原因有如下两种: 第一种是内因, 是源自于身体内部生理运动导致的能量耗损与剩余, 从而引起神经感觉对能量的需求性反应和排解性反应, 如食欲的欲因是人体内部必备的食物能量出现匮乏, 其储备能量越来越不足以支撑必要的人体生理活动, 主管食欲的神经中枢便会发出摄食或饱食的指令。 p.63. 欲望通过感觉产生并形成之后, 首先在心理留下痕迹, 即以感觉、知觉、记忆、分析、判断等感性或理性的形式存在于人的心理层面。

않는다. 욕망은 마음일 수도, 심리 현상일 수도 있지만 뇌의 일방적 지령에 수동적으로 따르지는 않는다. 만일 뇌의 간섭을 받는다면 그것은 의식에 의해 진행이 잠시 지연되거나 은닉해 있을 뿐이다. 물론 프로이트와 라캉은 이러한 현상을 과대 포장하여 있지도 않은 무의식을 만들어내 욕망 억압 이론을 주장하고 있다. 그렇다고 해서 생명 보존 법칙, 지각, 본능, 욕망과 같은 원시 의식이 형체도 없는 무의식 속에 감금되어 의식에서 완전히 추방되지는 않는다. 의식이 느낌이고 앎이라고 할 때 욕망을 비롯한 원시 의식은 분명하게 이러한 기능을 가지고 있기 때문이다. 무의식이란 애초부터 존재하지 않는 허울 좋은 허상이다. 인간은 죽지 않는 한 어떤 형태로든 의식이 존재한다. 심지어는 뇌가 휴식하는 수면 상태에서도 일부 원시 의식은 여전히 작동한다.

따라서 욕조欲灶는 이중성을 띠는데, 한편으로는 욕조가 발생하는 구체적인 생리적 부위를 가리키며, 다른 한편으로는 구체적인 신경의 관할 구역을 가리킨다. 이는 하나의 욕조는 생리학적 신체 욕조를 가리킬 수도 있고, 또는 감각적인 신경의 욕조를 가리킬 수도 있음을 의미한다. 예를 들어 사랑에 빠진 남녀는 간절하게 서로를 키스하고 싶어한다. 묻건대 키스하고 싶은 이 연인의 욕망은 입술 부위에 있을까 아니면 입술과 혀를 담당하는 뇌의 특정 신경 피질 부위에 있을까? 당연히 입술과 뇌가 합쳐져서 하나의 완전한 욕조를 이룬다고 말해야 할 것이다. 왜냐하면 둘 중 하나가 없거나 어느 하나의 부위나 기관이 빠져도 그 욕망은 생길 수 없

기 때문이다.[6]

저자의 설명에 따르면 욕조는 일명 욕원欲源이라고도 하는데 한마디로 요약하면 욕망이 발생하는 신체 부위 즉 장소를 말한다. 키스하고 싶은 욕망의 경우 그 욕조의 장소는 두 곳인데 하나는 생리학적 신체 부위로서 입술일 테고 다른 하나는 신경 관할 구역이다. 하나의 강(욕망)에 발원지(욕조)가 두 곳이라는 논리는 말도 안 되는 주장이다. 반드시 그중 하나의 장소만 진짜 발원지이고 다른 하나는 지류일 것이기 때문이다. 아니면 신체 부위의 느낌이 신경을 통해 전달되면 뇌의 느낌은 생물학적 신체 부위가 느낀 다음에야 성립되는 사후적 현상이라고 이해할 수밖에 없다. 만약 그것이 전달된 것이라면 생리학적 부위의 사건은 이미 진행되었을 테니 둘 중 하나가 없으면 그 욕망이 사라진다는 말도 설득력이 없기는 마찬가지이다. 정확하게 표현하면 생리학적 신체 부위는 느꼈는데 뇌는 몰랐다고 해야 할 것이다.

---

6   동상서. p.21. 所以, 欲灶具有双指性, 一方面指向欲望发生的具体生理部位, 一方面指向具体的神经辖区。这就意味着一个欲灶既可以指向生理性的肉体欲灶, 也可以指向感知性的神经欲灶。比如一对热恋中的男女都急切地要亲吻对方, 试问这个亲吻欲的欲灶是在嘴唇部位呢, 还是在大脑中主管唇舌的某个具体神经皮质区呢？应该说, 二者合为整体方为一个完整的欲灶, 因为二者缺一不可, 缺少任何一个部位或区域, 这个欲望都不会产生出来。

그리고 키스를 "느끼는" 장소가 두 곳이라는 주장에도 어폐가 있다고 생각된다. 키스할 때 입술과 코와 귀가 감지하는 피부의 질감, 향기, 마찰할 때의 음향을 "뇌의 특정 신경 피질 부위"는 어떤 방식으로 느끼는지 알 수가 없다. 대뇌피질에 원격 정보를 받아서 생생하게 재현하고 그것을 느끼는 특별하고 원시적인 감각 기관이 따로 존재하지 않는 한은 말이다. 다만 현재 우리가 느끼는 키스에 대한 감지는 원시 감각적인 차원이 아니라 부드럽고 따스하고 말랑말랑하고 향기롭고 달콤하다는 판단인데 이는 언어적인 사고이며 그런 기능을 할 수 있는 신체 부위는 유일하게 뇌의 신피질뿐이다. 그러나 이른바 그 신피질이 진화하기 전에도 적어도 포유동물은 키스와 유사한 느낌을 경험했다. 예컨대 어린애가 엄마 젖을 먹을 때도 유두의 부드럽고 따스한 질감을 생생하게 느꼈을 것이다. 그러한 느낌은 신피질의 언어적 판단과는 무관하며 처음부터 신체에 고유한 유전적 인지 기능이다. 단언컨대 파충류 뇌라는 변연계도 수유 행위의 진행 정보는 전달받았겠지만 생리학적 신체 부위 즉 유방과 아기 입술의 마찰을 느끼는 일에 개입하지는 않았을 것이다.

　　포유류는 파충류의 뇌를 보존하고 이 신경계 주변에 변연계라고 불리는 새로운 뇌 조직을 발달시켰다. 뇌의 이 새로운 부분은 전문적으로 감각과 감정을 담당한다. …… 만물의 영장인 인간이 포유동물의 대뇌피질을 기반으로 추상적 추론 능력을 가진 특별한 대뇌 신피질을 더 진화시켰음에도 불구하고 파충류의 뇌간과 포유류의 변연계 감정 중추는 여전히 우리의 뇌에 남아서 본래의 역할을 발휘하고 있다.[7]

플라톤 이전부터 지금까지 우리의 유전자는 변하지 않았다. 유전적으로 말하면 우리는 여전히 동굴 속의 남녀이며 단지 초현대 사회에 살고 있을 뿐이다.[8]

분명 변연계가 담당하는 원시 의식 부분은 "감각과 감정"이다. 욕망이 정말 감정과 다르다면 변연계에는 욕망을 담당하는 기능이 없을 것이다. 그리고 주목해야 할 점은 신피질이 진화한 지금까지도 인간의 뇌 조직은 유전적으로 변연계가 작동하는 "동굴 속의 남녀"일 따름이다. 신피질이 진화하기 전부터 욕망이 존재했다면, 그리고 또 그때는 변연계만 작동했으며 담당 영역도 감각과 감정에 국한되었다고 하면 당시 욕망을 담당하는 뇌 조직은 도대체 어느 부위인가? 욕망은 그 어떤 뇌 조직이나 심지어는 생명 보존 법칙의 강력한 본능 앞에서도 순

---

7   『人性的起源 从动物本能到人类本性的进化』韩明友著. 吉林科学技术出版社. 2004. 7. p.180. 哺乳动物保留了爬行动物的大脑，并在这个神经系统的周围发展出被称为边缘神经系统的新的大脑组织，这部分新的大脑组织专门负责感觉和情感。……作为万物之灵长得人类，尽管在哺乳动物大脑皮质基础上，进一步进化出具有抽象推理能力的特别的大脑新皮质，但爬行动物的脑干和哺乳动物的边缘情感中枢仍然保留在我们的大脑中，并发挥着原有的作用。

8   『本能 为什么我们管不住自己』特里·伯纳姆, 杰伊·费伦著. 李存那译. 中信出版社. 2019. 5. p.216. 从柏拉图之前到现在, 我们的基因就未曾改变。从遗传上讲, 我们依然是洞穴中的男女, 只是生活在超现代社会里。

종하지 않고 독립적이고 자율적으로 작동하는 시스템일 거라는 추측도 가능해진다.

사실 어떤 생명체가 극도로 굶주리면 생명 보존 법칙에 따라 본능적으로 다른 생명체가 소유한 먹이를 빼앗아 먹는 데까지는 욕망이라고 보는 것이 타당하다고 생각한다. 그러나 먹이 임자와 싸워서 이길 수 있는지, 만일 질 것 같으면 강제로 빼앗지 않고 훔칠 것인지를 고민(판단)하거나 자기는 굶으면서도 제한된 먹이를 새끼에게 양보하는 행위는 이미 순수한 욕망에 끼어든 의식(변연계)의 개입이라고 할 수 있다. 물론 의식이 욕망에 개입하는 순간 그것은 위험을 피하거나 모성애라는 생명 보존 법칙이 작동한 것이기도 하다. 그것은 결국 욕망이 마지막 단계에서는 생명 보존 법칙으로 넘어가 어느 정도 의식과 타결함을 보여준다. 그러나 순수한 욕망 자체는 절대로 의식(뇌)과 타협하지 않는다. 남의 음식을 훔치거나 빼앗아 먹는 것이 양심적, 도덕적으로 맞는 것인지 하는 고민은 프로이트와 라캉이 말하는 욕망의 억압 이론이다. 프로이트와 라캉은 의식이 욕망을 억압한다며 이 양자의 적대적인 대치 상태를 명분으로 "무의식"에 관한 터무니 없는 가설까지 조작해 사람들을 한동안 미혹시키는 데 성공한 적이 있다. 사실 기아(굶주림)나 섹스 행위와 같은 욕망은 의식(뇌)의 견제에 정면 도전한다. 욕망과 의식의 대립은 양자 관계가 지령과 단순 집행의 스타일이 아니라 각기 독립된 두 개의 서로 다른 시스템임을 증명한다. 욕망의 경우에는 위 또는 성기와 같은 발원 장소의 세포와 신경들만 반응하고 뇌의 지배는 여기까지 미치지 못함을 의미한다. 만일 욕망이 뇌의 지배 아래에 있다면 욕망과 의식이 대립할 수 없다. 프로이트와 라캉은 의식에 의한 욕망의 억압으로 그 둘의 사이가 주종主從 관계라고 판단하면서부터 이론적 오류가 시작되었던 것이다.

욕조欲灶는 인간으로 하여금 물질세계에서 정신세계로 향해 가게 하는 근원이거나 혹은 인간이 정신으로 가는 여정의 시발점이자 출발점이며, 또한 정신·의식의 생성과 형성의 근원이다.

욕망은 감각의 기초 위에서 생기므로 감각이 없으면 욕망을 논할 수 없고, 신체 조직의 뉴런이나 수용체, 즉 해당 뇌 부위가 없으면 욕조가 존재하지 않으므로 욕망도 생성될 수 없다.[9]

욕망으로 인해 의식이 생성되고 해당 뇌 부위(의식)에 의해 욕망이 생성된다는 견해는 상호 모순되는 주장이라고 생각한다. 결국 뇌 부위는 욕망이 만들어내고 다시 뇌 부위에 의해 욕망이 생성되는 셈이니 도대체 어느 쪽이 먼저 존재했는지 순서가 헷갈린다. 만일 뇌가 욕

---

9   『欲望的世界 Ⅳ 欲望与行为心理』张振学著. 中国商业出版社. 2016. 12. p.25. 欲灶是促使人们从物质世界向精神世界的根源, 或者是人类奔向精神旅程的始发站和出发点, 也是精神、意识产生和形成的根源, 欲灶的消失直接会导致精神的消失。p.124. 欲望是在感觉的基础上产生的, 没有感觉也就谈不上欲望, 没有肌体组织的神经元或感受器, 亦即相应脑区, 也就不会有欲灶存在, 也就不会有欲望产生。

망 때문에 생성되었다면 뇌가 없는데 욕망은 또 어떻게 생성되는지에 대한 설명이 전무하다. 게다가 욕망은 설사 뇌가 선재한다고 해도 감각이 없으면 존재가 불가능하다고 한다. 감각과 뇌 부위 두 기관 중에서 어느 쪽이 욕망을 인지하는지에 대해서도 부연 설명이 없다. 욕망을 느끼는 기관이 원시 의식인 감각으로도 충분하다면 구태여 뇌가 인지 작업에 끼어들 필요는 없을 것이다. 감각은 신체 외부뿐만 아니라 내면의 통증과 같은 증상에도 민감하게 반응하기 때문이다. 그러한 감각의 느낌은 관련 부위의 세포 차원에서도 충분하며 다만 그 정보가 해석을 위해 뇌로 전달될 뿐이다. 이즈음에서 문제시되는 것은 욕망과 의식 중 지배자는 어느 쪽이며 복종하는 자는 어느 쪽이냐 하는 선택이다.

> 하지만 욕망 역학 심리학은 자극이 욕망 발생의 근본 원인이라고 간주한다. 인간의 의식 활동과 행위 활동을 추동하는 근본적인 힘은 자극이 아닌 욕망이다.[10]

욕망 역학 심리학의 주장대로라면 의식을 작동시키는 에너지가 욕망이라는 설정하에서는 그것을 지배하는 측도 욕망일 것이며 의식은 단지 욕망이 지배하는 대로 움직이는 피동적인 존재라는 말이 된다.

---

10   동상서. p.17. 但是, 欲望动力心理学认为, 刺激是产生欲望的根本原因。而驱动人类意识活动和行为活动的根本力量是欲望而非刺激。

이 주장에 일리가 있든지 없든지를 떠나서 일단 욕망은 의식은 물론 그 어디에도 예속되지 않는 독립적인 존재일 거라는 추측이 자연스럽게 떠오르는 지점이다. 생리적 자극은 욕망을 생산하며 욕망은 의식을 작동시킨다. 그 자극은 외부적인 요인일 수도 있고 내재적인 원인일 수도 있을 것이다. 그러나 자극은 그 자극을 일으킨 원인이 존재하기 마련이다. 욕망 역학 심리학은 "자극"을 포장하기 위해 의도적으로 그 존재를 회피하는 오류를 범하고 있지만 욕망의 생성과 작동에서 뇌의 지배권을 삭탈시킨 점은 그나마 돋보인다. 우리는 이제 아래의 담론에서 욕망의 본래 모습과 작동 원리에 대해 논할 것이니 기대해도 좋을 것이다.

2. 욕망의 작동 원리

이제 우리의 담론 주제인 욕망의 정의를 내릴 때가 된 것 같다. 욕망은 일단 그 무슨 의식에 억압된 "무의식"도 아니며 "인간의 모든 활동을 일으키는'근본적인 동력이자 문명이 만들어내는 무궁무진한 원천"이 되기에는 더구나 자격 미달이다. 욕망은 어떤 외부의 요인 때문에 신체 기관에 이상이 생기거나 생명 안전 법칙의 시스템이 작동을 멈출 때 그 멈춰진 부위가 독자적으로 발동하는 자가 치유 수단이다. 따라서 욕망은 오로지 문제가 발생한 하나의 기관만을 위해 뇌 의식은 물론 신체의 기본적인 생명 보존 법칙에까지 감히 저항하면서 실현을 추구한다. 욕망은 신체의 개별적 기관과 연결된 독립적이고 국부적인 기능을 가진 유전 시스템이다. 욕망은 현실적인 해결에서는 조건이 충족된 특정 기관과만 관계를 가지며 그것의 현실적 실현이 불가능할 때 상징적인 해결에서만 별도로 꿈과 관계를 형성한다. 상징적인 해결을 위해서 상상, 환상과도 일부 관계를 가지지만 이 분야는 뇌 의식과 연결되기 때문에 욕망과의 연결은 제한적이다. 욕망의 가장 큰 특징은 뇌의 직접적인 지배를 거부하는 것이며 심지어 신체의 기본 운영 시스템인 원시 의식, 생명 보존 법칙과도 종종 엇서 나간다. 다만 욕망의 법칙은 한시적, 조건부적으로 작동한다. 반면에 생명 보존 법칙은 신체 전반 구조와 연결된 종합적인 기능의 유전 시스템으로써 각 기관, 대뇌피질, 신피질과 협력하여 문제를 해결한다. 생명 보존 법칙의 룰은 욕망과 달리 상시적으로 작동한다.

일단 욕망은 발생하면 신체의 모든 기능을 압도한다. 생명체를 총체적으로 관리하는 생명 보존 법칙의 룰마저도 무시한다. 생명 보존 법칙에 의해 검증이 되지 않은 모르는 버섯에 대한 의심을 도외시하고 검증을 건너뛰면서까지 먹어버린다. 버섯에 독이 있을 수 있으니 먹지 말라는 뇌의 지령도 무시한다. 그 이유는 욕망이 생명 보존 법칙의 기능이 제대로 작동하지 못하는 비정상적인 신체 내에서 그를 대신하여 임시 해결사로 등장하기 때문이다. 물론 욕망은 최종 단계에서는 생명 안전 법칙의 시스템이나 뇌의 지배와도 타협하여 조율할 수 있지만 초중반까지는 독단적으로 선택하고 결정한다. 그러나 여기서 문제가 되는 것은 욕망의 영역이 도대체 어디까지인가 하는 범위 측정일 것이다. 지금까지 심리학에서 유행하는 주장에 따르면 인간이 하고 싶은 모든 심리가 욕망에 포섭된다. 식욕, 성욕은 물론이고 금전욕, 권력욕, 명예욕까지도 욕망에 총망라되고 있다. 나는 아래에 심리학자들이 생각나는 대로 뒤섞어 놓은 욕망의 범주를 유기체의 기본 유전 본능인 생명 보존 법칙의 시스템 안에서 그것들의 생성 차이점에 천착하여 3가지로 분류한 다음 그중에서 한 가지를 선별해 보았다.

[사진 25] 금전욕은 권력욕, 명예욕처럼 뇌의 필요에 따른 외부 사물에 대한 일종의 집착일 뿐 신체 내부의 이상 반응으로 발생하는 욕망과는 차원이 다른 욕념欲念이다.

　　　　　　　제4장. 원시 의식과 욕망, 꿈, 상상

1. 인체의 특정한 기관에 직접적으로 흡수되는 외부 사물의 물질적 공급이 부족하거나 차고 넘쳐날 때의 반응: 욕망(식욕, 성욕, 수면욕, 몽夢욕)

2. 외부 사물의 간접적 정보 공급이 지각을 유혹하여 신체 여러 기관에서 일제히 일어나는 반응: 감정(생존욕, 안전욕, 감정, 호기심, 모방, 모성애)

3. 뇌의 필요에 따른 외부 사물에 대한 집착: 욕념欲念(권력욕, 명예욕, 금전욕)

나는 기존 욕망 이론에서 1번의 경우만을 욕망으로 뽑아내려고 한다. 그것은 2, 3번의 "욕망"들과 달리 외부 사물이 신체 기관의 직접적인 흡수와 배출과 관련된 수요라는 공통점이 존재하기 때문이다. 정보, 뇌 의식이 생명체와 외부를 이어주는 연결 고리 역할을 하는 2, 3번의 경우와는 다르게 1번에서는 연결 고리가 물질이라는 점이다. 식욕은 음식물의 공급이 중단되어 발생하며 성욕은 영양소 공급의 과분함으로 정액이 넘쳐나서 생긴다. 수면과 꿈에 대해서는 아래 담론에서 계속할 것이다. 권력욕, 명예욕 등의 욕념은 그것들이 개인의 생활에 필요한지를 판단한 후에 발생하는 현상이다. 손익, 유불리에 대해 논리적으로 따져야만 얻을 수 있는 이러한 판단 기능은 신체에서 오로지 신피질 부위뿐임으로 반드시 뇌의 개입이 전제될 수밖에 없다. 그리고 생존 및 안전에 대한 감정, 호기심, 모방, 모성애 등은 본질적으로는 생명 보존 법칙과 결부된 보조적인 시스템이다. 다행스러운 것은 그리스의 철학자 에피쿠로스는 욕망을 두 가지 부류로 나누었다는 사실이다.

에피쿠로스는 인간의 욕망을 두 가지 부류로 나눌 수 있다고 여겼다. 하나는 자연적 욕망이고 다른 하나는 비자연적 욕망이다. 전자는 또 필요 욕망과 필요하지 않은 욕망 두 가지로 분류했다. 필요 욕망이란 생명과 건강을 유지하기 위해 필요한 기본적인 욕망을 말한다. 음식, 일정한 육체적 쾌락 등의 추구이다.

비자연적인 욕망이란 고대 그리스의 에피쿠로스가 사용한 용어로 권력이나 명예 등에 대한 추구를 가리킨다.[11]

이른바 에피쿠로스가 말하는 "자연적 욕망"은 동물에서 진화한 인간이 진화 이전부터 가졌던 생명 보존 법칙을 가리킨다. "생명과 건강을 유지하기 위한" 생명 보존 법칙에서 가장 으뜸가는 욕망은 섭취 즉 식욕이다. 육체적 쾌락 역시 생명 보존 법칙의 작동을 보조하는 감정 시스템으로서 역할을 담당한다. 주목해야 될 지점은 에피쿠로스도 예리한 분석력으로 권력욕과 명예욕 등을 비자연적 욕망으로 분리하고 있다는 점이다. "인간은 비자연적 욕망도 많이" 갖고 있지만 그는 이

---

11   『欲望论』蔡贞明著. 西南交通大学出版社. 2010. 7. p.32. 伊比鸠鲁认为, 人的欲望可以分为两类：一类是自然欲望, 另一类是非自然欲望。前者又分为必要欲望和非必要欲望两种。必要欲望指为维持生命和健康所必需的基本欲望。如饮食、一定的肉体快乐等追求。p.52. 非自然欲望, 古希腊伊比鸠鲁用语, 指对权势、名誉等的追求。

부분은 "사회적, 정신적인 내용을 포함한다"[12]라고 강조하고 있다. 한마디로 요약하면 이 부분의 "욕망"에는 동물성이 결여되어 있다. 그것은 사회성과 정신성을 띠고 있다는 점에서 뇌와 직결될 수밖에 없으며 그 이유 때문에 육체적이고 자연적인 욕망에서 제외되어야 하는 운명을 타고난 것이다. 욕망이 동물도 가지고 있고 또 육체적이라 하면 동물이 가진 뇌 수준을 넘어서지는 못할 것이다. 적어도 욕망만은 인간과 동물이 동일한 작동 과정을 거쳐야만 하는 이유가 거기에 있다. 이조건을 받아들인다면 이른바 비자연적인 욕망은 욕망에서 배제돼야만 마땅하다. 그렇다고 자연적인 욕망을 동물의 뇌가 지배한다는 말은 아니다. 동물의 뇌에도 인간의 뇌와 같은 대뇌피질 부분이 존재함에도 그렇다. "인간과 동물의 뇌 차이점은 신피질이 더 크다는 점" 뿐이다. "만일 신피질을 제거한다면 겉모습만으로는 동물의 뇌와 인간의 뇌를 구별할 수 없다."[13] 인간의 뇌는 동물일 때부터 지금까지 세 개의 진화 단계를 거쳤다. 연구에 따르면 이 세 개의 뇌는 신경으로 상호 연결되면서도 독립적이며 어느 뇌도 다른 뇌의 지배를 받지 않는다고 한다. 오래된 뇌라고 해서 진화된 대뇌에 종속되지 않는다면 여전히 기존의 자기 역할을 수행한다고 보는 것이 타당할 것이다.

---

12   동상서. p.72. 人不仅有包括物质、性、安全和舒适等在内的自然欲望, 而且还有许多包括社会性内容和精神性内容在内的非自然欲望。

13   『我们为什么不说话 动物的行为、情感、思想与非凡才能』坦普尔·葛兰汀、凯瑟琳·约翰逊著. 马百亮译. 江西人民出版社. 2018. 1. p.75. 比較人類和動物的人腦的……區別是……新皮質比較大。……如果去掉新皮質, 僅僅從外觀上是分不出動物大腦和人類人腦的。

두개골 내부의 가장 낮은 층에 위치한 뇌의 첫 번째이자 가장 오래된 부분을 파충류 뇌라고 한다. 그다음에 생긴 두개골 중앙에 위치한 부분은 오래된 포유동물의 뇌이다. 마지막으로 두개골의 가장 높은 곳에 생겨난 부분은 새로운 포유동물의 뇌이다. …… 매개 부분에는 모두 각자 고유한 독자성과 제어 시스템이 있다. 예를 들어 "맨 위층"은 "맨 아래층"을 제어할 수 없다. …… 이는 인간의 몸에는 아마도 정말 동물의 부분적 특성이 있고 그것은 인간의 특성과 완전히 다른 상호 독립적이라는 것을 의미한다. …… 우리의 뇌가 하나의 통일된 단일체가 아닌 세 개의 서로 독립된 부분으로 이루어질 수 있는 이유는 진화 과정에서 기능이 상실된 부분이 버려지지 않았기 때문이다. …… 이것이 다름 아닌 생물학자들이 말하는 보존인데 진화 과정에서 필요한 부분은 보존될 수 있다는 의미이다.[14]

파충류와 포유류, 그리고 새로운 포유류의 세 개의 뇌는 아래에서 위로 올라가는 수직상의 위치 차이가 있을 뿐 그들 사이에 권력 서열 같은 건 존재하지 않는다. 뿐만 아니라 그들은 보존 원칙에 의해 각기 독립적인 제어 기능을 가지고 있다. 중요한 것은 신피질이 없는 파충

---

14   동상서. pp.76~77. 人腦中第一部分也是最古老的一部分, 位於頭顱內部的
      最底層, 叫爬行動物人腦。後來的一部分位於頭顱的中間位置, 是舊哺乳
      動物大腦。最後出現的這部分位於頭顱的最高層, 是新哺乳動物人腦。……
      但每個部分都有各自的主體性和控制系統, 比如「最高層」無法控制「最底
      層」。……這就意味著人類身上也許真的有部分動物特性, 它和人類特性截
      然不同, 互相獨立。……我們的人腦之所以會有三個互相獨立的部分而不是
      一個統一的整體, 是因為在演化的過程中, 失去作用的那部分並沒有被拋
      棄。…… 這就是生物學家所說的保留, 在演化過程中有用的部分會被保留
      下來。

류나 포유류의 뇌만으로도 인간과 동일한 감정이나 욕망을 느낄 수 있다는 사실이다. 학자들은 암석 개미의 뇌는 "풀씨 한 알보다 가볍지만 …… 포유류의 대뇌피질과 설계나 기능 면에서 놀랄 만큼 유사하다." "1990년대에 이르러 해부학자들은 모든 척수동물의 뇌가 기본적으로 동일한 구조(후뇌, 중뇌, 전뇌)를 가지고 있으며 조류, 어류, 양서류도 포유 동물의 대뇌피질과 유사한 뇌 조직이 있음을 깨달았으며 …… 조류가 실제로 사고를 하는 신경망을 갖고 있다"[15]라는 연구 결과를 공식 발표했다. 동물들은 "출생 직후 얼마 지나지 않아 네 가지 기본 감정을 가지는데 그것은 분노, 먹이를 사냥하려는 충동 두려움, 호기심과 기대"[16]이다. 우리는 동물이 감정과 상황 판단을 할 수 있다는 사실을 구체적인 포유동물이나 조류에 대한 조사에서 어렵지 않게 발견할 수 있다. 연구 결과에 의하면 개나 돌고래 같은 포유류는 물론이고 까마귀와 같은 조류, 개미와 같은 곤충에 이르기까지도 그런 현상이 발견된다. 사람만 언어에 대한 이해가 가능한 것이 아니다. 개도 언어에 대한

---

15   『动物智慧 我们的动物朋友们的思想和情感』维吉尼亚·莫雷尔著. 王燕译. 湖南科学技术出版社. 2017. 1. p 53. 可能比一粒草种子还要轻, 但是现在许多研究人员认为它们与·哺乳动物大脑皮质在设计和功能上具有惊人的相似性。p.128. 到20世纪90年代, 解剖学家认识到所有脊髓动物的大脑都有相同的基本构造。(后脑、中脑和前脑), 而且鸟类, 鱼类和两栖动物也具有类似于哺乳动物大脑皮质的脑部组织。最终……正式宣布鸟类的确拥有进行思维的神经网络。

16   『我们为什么不说话 动物的行为, 情感, 思想与非凡才能』坦普尔·葛兰汀. 凯瑟琳·约翰逊著. 马百亮译. 江西人民出版社. 2018. 1. p.126. 研究人员已經找到並确定了四種基本情感, 它們都是在動物出生後不久就表現出來的：1.慣怒；2.追捕獵物的衝動；3.恐懼；4.好奇心/興趣/期望。

이해가 가능한데 무려 "어휘 장악량이 1,022개"[17]나 된다고 한다. 그들도 "두려움, 사랑, 기쁨, 분노, 동정, 질투를 보이고 고통받거나 기뻐하며 우정과 서식지에 대한 애착을 갖고 있으며 가정을 꾸리고 부모 노릇을 하는 본능을 갖고 있다."[18] 인간과 다를 바 없이 감정, 애착, 모성애를 다 가지고 있는 셈이다. 개는 언어를 담당하는 이른바 브로카 영역도 없으면서 단어를 기억한다. 침팬지, 앵무새 등도 마찬가지다. 이것은 언어를 브로카 영역이 아니라 청각이 기억함을 의미한다. 왜냐하면 개는 소리와 연결된 입의 동작만 구분하고 단어의 뜻은 아예 모르기 때문이다. "개미는 냄새 수용기로 상대가 친구인지 적인지를 판단하며 공격받는다는 정보를 퍼뜨리고, 동료를 불러 모으고, 먹잇감을 획득했다는 소식을 전달할 수 있다. 그들은 또한 자신의 뒷다리를 가볍게 땅에 붙이고, 분비샘에서 일종의 페로몬을 분비해 냄으로써 자매들이 따라올 수 있도록 냄새로 지도를 그린다."[19] 까마귀는 둥지에서 새끼를 가져가면 "깃털을 빳빳이 세운 채 성이 나서 사납게 울부짖는

---

17   『动物智慧 我们的动物朋友们的思想和情感』维吉尼亚·莫雷尔著. 王燕译. 湖南科学技术出版社. 2017. 1. p.1. 狗有1022个词汇量。

18   『自然之书 动物的本能、智慧和情感』John Burroughs约翰·伯勒斯著. 李锐媛译. 电子工业出版社. 2019. 8. p.52. 动物会表现出恐惧、爱、快乐、愤怒、同情、嫉妒，因为它们会受苦或欣喜，因为它们会建立起友谊和对故乡的眷念，拥有建立家庭和充当父母的本能……

19   『动物智慧 我们的动物朋友们的思想和情感』维吉尼亚·莫雷尔著. 王燕译. 湖南科学技术出版社. 2017. 1. pp.46~47. 蚂蚁利用触角上的气味接收器，它们能够判断对方是朋友还是敌人，能够散布遭受攻击的信息，能够招来同伴，还能够传递捕获猎物的新闻。它们也能轻轻地将自己的后退触碰地面，从腺体释放出一种信息素，用气味来绘制地图，以便自己的姐妹跟踪。

다."[20] 침입자에 대해 격렬한 분노감을 드러내는 것이다. 결국 이런 기능은 그들이 언어를 장악해서도 아니며 신피질이 존재해서도 아니다. 그들에게는 과거의 그 포유류 또는 포유동물의 뇌밖에는 없다. 바꿔 말하면 인간은 신피질 때문에 감정을 느끼는 것이 아니라는 말이 될 것이다. 감정의 생성은 신피질이나 언어와는 아무런 관계도 없다. 그나마 관계가 있다면 파충류 뇌나 포유류 뇌와 연관되었을 것이다. 감정 또는 욕망의 생성에서 이 세 개 뇌의 기여도는 각기 어느 수준일지는 다음 장에서 논하게 될 것이다. 미리 한마디 힌트를 주자면 그렇게 큰 영향력은 미치지 못한다는 것이다.

인간과 마찬가지로 동물들도 짝의 이탈과 죽음에 커다란 고통을 느낀다. 상심한 동물들은 종종 무리를 떠나 혼자 있고 싶어 할 뿐만 아니라 그들을 달래려는 어떠한 도움도 거부한다. 그들은 꼼짝도 하지 않고 한자리에 앉은 채로 멍하니 하늘을 쳐다보거나 식음을 중단하고 더 이상 이성에게 관심이 없으며 가끔씩 죽은 동료를 절절하게 그리워한다. 그들은 동료를 구하려다가 실패한 다음에는 며칠 동안 그 곁을 맴돌며 시신을 지킨다.[21]

---

20   『海豚的微笑：奇妙的动物情感世界』马克·贝科夫编. 辽宁教育出版社.
      2001. 11. p.98. 它们羽毛蓬起, 发出类似怒吼和咆哮的声音。

21   『动物的情感世界』马克·贝科夫 Bekoff, M著. 宋伟等译. 科学出版社.
      2008. 10. p.55. 和人类一样, 动物也会因为伙伴的离开和死去感到巨大
      的痛苦。伤心不已的动物们往往会离开自己的群体, 寻求独处, 而且拒绝任
      何企图改变它们的帮助。它们会一动不动地坐在一个地方, 眼神空洞望着天
      空。它们停止进食, 对异性的不再感兴趣, 有时候会对死去的同伴念念不忘。
      它们会试图使它复活, 失败之后, 就呆呆地陪着那具尸体好几天。

인간의 욕망을 논하는 과정에서 동물에 대한 분석에 이처럼 많은 편폭을 할애하는 이유는 인간의 욕망 체계가 파충류나 포유류 시절의 유전이 전해져 내려오기 때문이다. 적어도 생명 보존 법칙 영역 내의 욕망과 감정은 동물과 인간이 다르지 않다. 욕망은 신피질이나 언어의 도움 없이도, 더 중요하게는 포유류가 가진 대뇌피질의 훼방이 없이도 독자적으로 생성되고 자율적으로 작동된다. 뇌와의 협력은 맨 나중에 선택이 필요한 순간에서야 뒤늦게 이루어진다. 욕망이 생성되어 실현을 추구할 때에는 생명체의 기본 시스템인 생명 보존 법칙과도 대립 구조를 형성한다. 예를 들어 굶주린 생명체는 맹수 앞에 놓인 먹잇감에도 생명 보존 법칙이 보내는 위험 신호를 무시하고 무작정 취하려고 대담하게 접근한다. 생명체는 굶주리면 먹잇감 때문에 생명 안전 법칙이 설치한 금지선을 넘어 두려움도 극복하고 호랑이 굴 앞에까지 다가간다. 죽기를 각오한 모험이다. 굶어서 죽으나 포식자에게 잡혀 죽으나 마찬가지이기 때문이다. 생명 안전 법칙의 안전, 섭취, 번식 시스템에서 먹을 것과 성교가 급박한 상황에 처하면 욕망은 그 상대를 쟁취하기 위해 물불을 가리지 않는다. 이때 안전 시스템의 견고한 장벽과 불가피하게 충돌하게 되며 심하면 장벽에 구멍까지 뚫고 밖으로 나가려고 한다. 안전이 담보된 영역 안에서는 소원하는 상대(식욕의 경우에는 먹잇감, 성욕의 경우에는 성 파트너)를 구할 수 없기 때문에 욕망은 급박해져 서두르게 되는 것이다. 그런 용기가 생기는 원인은 아주 간단하다. 외부 인소의 원인 때문에, 예를 들면 먹잇감의 고갈 때문에 생명 안전 법칙의 섭취 시스템이 작동을 멈추면 신체 기관 내부로부터 욕망이 자동 치유 기능의 임무를 띠고 대신 등장하기 때문이다. 욕망은 섭취 중단 문제의 해결 능력을 상실한 생명 안전 법칙의 한계—안전선을 파괴하고 그 너머에서 원하는 것을 강박적으로 취한다. 성욕은 그나마 자위로 임시 해결이 가능하지만 식욕은 반드시 위장에 음식물이 들어가야 해결된다. 치유를 위해서라면 목숨을 걸고 먹이를 빼앗는 것과 같이 생명 위험도 감수하며 그것도 불가능할 때는 몽정이나 상상을 소환하여 상징적으로 해결하기도 한다. 그러나 욕망이 직면한 모험은 안전 금지선을 넘었기 때문에 항상 위험이 동반된다. 그 위험을 피하기 위해 흔히 욕망은 꿈과 상상을 부린다. 욕망은 현실 속에서만 실현 가능하며 따라서 외부 현실과만 연관된다. 그러나 상상은 현실에서는 실현 불가능하다. 따라서 기억 이미지를 소환하여 가상 조합을 통해 임시 구성된다. 욕망은 의식이 켜져 있어도 작동 가능하며 꺼져 있어도 꿈을 소환해 작동이 가능해진다. 그러나 상상은 의식이 켜져 있을 때만 작동한다. 꿈의 상징 또는 추상성은 신경이 50% 꺼져 있는(REM 수면) 몽롱한 상태에서 망막 상이 데이터를 잘못 제공하는 데 기인한다. 켜져 있는 50% 신경은 욕망으로서는 불가능한 이미지 조합(모호한 상상)이 가능해지기 때문이다. 욕망은 의식이 켜져 있을 때는 현실에서 실현 불가능한 바람을 뇌에 의뢰하여 상상을 통해 간접 실현하고 꺼져(50%) 있을 때는 꿈을 생산하여 간접적으로 대리 만족한다. 상상과 꿈의 공통점은 현실 속에서 실현 불가능하다는 데 있다. 상상은 뇌가 하

고 욕망은 원시 의식이 담당한다. 다만 중단되었던 생명 안전 시스템
이 정상적으로 작동함과 동시에 욕망은 스스로 짧은 수명을 끝내고 기
관에서 안개처럼 자취를 감춘다.

욕망의 독자성은 여기서 멈추지 않고 뇌 의식(포유류의 대뇌피질과 인류의
신피질)과도 정면으로 대립한다. 굶주림으로 식욕에 빠져든 인간은 구멍
가게에서 판매하는 음식물도 훔쳐 먹고 싶지만 도덕과 양심이 허락하
지 않아 선뜻 집어 들지 못한다. 먹고 싶은 마음은 욕망일 테고 가로막
는 존재는 뇌 의식일 것이다. 설사 욕망이 좌절된다 해도 그것은 잠시
일 따름이며 인내의 정도가 한계에 도달하면 드디어 도덕을 팽개치고
과감하게 상품을 훔칠 것이다. 동물의 경우에도 며칠 굶으면 동료가
자리를 비운 사이를 틈타 그가 감춰둔 먹잇감을 두말 제하고 훔쳐 먹
을 것이다. 도덕도 양심도 욕망을 제지할 수 없는 이유는 단 하나이다.

음식에 대한 자연스러운 욕망은 굶주림이나 영양실조를 겪지 않는 것
이며 더 긍정적으로 말하면 신체가 지속적으로 건강하게 작동하는 것에
대한 욕망이다.[22]

22   『欲望的治疗：希腊化时期的伦理理论与实践』玛莎·努斯鲍姆著. 徐向东,
     陈玮译. 北京大学出版社. 2018. 5. p.112. 对食物的自然欲望是不要挨饿或
     营养不良, 更正面的说, 是对身体持续健康运作的欲望。但是, 适量的食物
     就可以满足这个欲望。这种食物只需某种营养平衡, 无需特别奢侈或精致。

바로 생명 보존 법칙이 인도하는 생존에 대한 생명체의 유전적인 갈망이다. 다시 말하지만 욕망은 문제가 발생한 기관 하나만을 위한 신체의 자가 치료 시스템이며 오로지 중단된 생명 보존 법칙의 정상적 가동을 회복하는 데에만 집중한다. 그 시스템은 유전적이며 본능적이고 자율적이다. 감각은 신체 변화 상황을 면밀하게 주시 또는 감지하고 해당 기관에 욕망을 발동할 수 있도록 자극 신호를 전달한 다음에야 그 정보를 뇌 조직에까지 송출한다. 그러면 생명 보존 법칙의 통제 에너지를 잃은 신체 기관은 욕망을 소환하여 자가 치료를 위임한다. 뇌 의식은 빨라야 여기까지 사건이 진행된 다음에야 뒤늦게 감각으로부터 정보를 입수한다.

제2절

원시 의식과
꿈, 상상

1. 원시 의식과 꿈

꿈은 어디서, 어떻게 만들어지는가에 대한 문제는 당연하게 심리학의 연구 대상이다. 꿈의 특징은 반드시 잠을 잘 때에만 나타난다는 것이다. 우리는 흔히 잠을 잘 때는 뇌 즉 의식도 휴식을 취할 것이라고 생각한다. 그럼에도 심리학에서는 꿈의 발원지를 뇌라고 단정하고 있다. 이 주장처럼 꿈이 뇌에서 생성된다면 의식은 휴식하지 말아야 하며 의식이 수면 상태에 진입하지 않으면 꿈의 내용이 그처럼 비상식적이고 질서도 없으며 비현실적인 황당한 이야기가 만들어지면 안 될 것이다. 그 이유는 항상 명석한 의식은 그런 비논리적이고 허망한 이야기를 만들어내지 않기 때문이다. 물론 꿈을 꿀 때는 의식이 작동하지 않는다는 전제하에서만 한 시기 심리학계를 뜨겁게 달군 프로이트와 라캉의 '무의식' 이론도 모습을 드러낼 수 있었다. 무의식에는 아예 의식이 존재하지도 않는다.

[사진 26] 꿈의 내용으로 무질서하고 비현실, 비논리적이며 허황된 이야기가 만들어지는 원인은 렘수면이 반수면 상태이기 때문이다. 잠들었을 때 안구의 쾌속 움직임을 통해 알 수 있다.

(그러면서도 이 이론은 강력한 의식의 수단인 '언어처럼 구조화 되었다'고 주장하는 모순된 이론이기도 하다.) 그렇다면 꿈의 사건 내지 이야기는 누가 만들어내며 (또는 어떻게 만들어지며) 그 내용은 무엇에 의해 이야기로 구성되는가? 꿈은 과연 무의식이 만들어 낸 것인가 아니면 역으로 무의식이 꿈이 만들어 낸 것인가에 대한 수수께끼도 아직 풀리지 않은 채로 담론 테이블 위에 놓여 있다.

수면에는 크게 나누어 두 가지 유형이 있다. 뇌의 활동이 낮은 '논렘 (non-REM sleep)', 사람이 잠을 자면 먼저 논렘 상태가 되고, 그 뒤에는 렘수면, 다시 이어서 논렘수면이라는 식으로, 두 가지 수면 형태가 하룻밤 사이에 4~5회 반복된다. '논렘수면' 중에는 뇌의 활동이 전체적으로 저하되어 있으며 의식은 없다. 한편 렘수면 중에는 뇌의 많은 곳이 깨어 있을 때와 같은 정도로 활발하게 활동한다. 그러나 뇌의 활동 패턴은 깨어 있을 때와 크게 다르다. 전두전 영역(前頭前領域)의 일부 등, 사고나 판단에 관여하는 부분의 기능 저하가 나타나고, 감각계로부터의 입력도 시상 단계에서 막힌다. 감각계에서 얻은 정보를 적절하게 판단해 주의하는 일이 이루어지지 않으므로, 렘수면 중에서도 뇌의 활동은 활발하지만 의식은 없다.' 사쿠라이 교수의 말이다.[1]

요약하면 꿈은 렘수면 상태에서 뇌에 의해 생성된다고 한다. 그런데 우리는 논렘수면 시에는 의식이 없지만 렘수면 중에는 뇌가 깨어 있을 때와 같을 정도로 활발하게 활동함에도 불구하고 여전히 의식은 없다라는 문구를 기억해 둘 필요가 있다. 렘수면은 의식이 없지만 있는 것처럼 활발하게 활동하고 또 활동은 하지만 깨어 있을 때와는 크게 다르다는 식의 도대체 의식이 깨어 있는지 아니면 꺼져 있는지 하는 설명에서 모순된 주장을 펴고 있다. 꿈이 언제 어디서 어떻게 그리고 무엇에 의해 생성되는지 하는 문제는 꿈 연구에서 반드시 해결되어야 하는 과제로 부상된다. '언제'의 질문에 대한 심리학계의 대답은 렘수면이 진행되는 동안이며 '어디서'와 '무엇'이라는 질문에는 뇌와 의식이 대응한다. 그러나 '어떻게'라는 의문에는 누구도 확실한 정답을 제시

---

1   『뇌와 뉴런(신경세포)』 강금화, 이세영 옮김. 아이뉴턴. 2018. 5. 15. p.48.

하지 못하고 있는 것이 목전의 실정이다. 그리고 하나 더 첨언한다면 렘수면 상태에서의 뇌의 활발한 활동이 깨어 있을 때의 활동과 어떻게 다른지에 대해서도 '다르다'라는 망연한 설명 말고는 구체적인 해석이 부족하다.

사람들은 왜 꿈을 꾸는가? 우리는 이미 생리학적 메커니즘에 근거한 해답을 제시했는데 그것은 잠자는 동안 뇌가 스스로 활성화되기 때문이다. 우리는 또한 꿈을 꾸는 것 자체가 뇌가 스스로 활성화되는 부수적 현상일 수 있다는 것을 암시했기 때문에, 꿈이 나타나는 진짜 이유는 빠른 안구 운동 수면에 대한 우리의 심리적 연구에서 추론한 것과는 상당히 다를 수 있다.[2]

수면은 뭐니 뭐니 해도 하루 동안 작업한 뇌의 피로를 풀고 에너지를 충전하기 위해 신체가 스스로 취하는 휴식이다. 그런데 아이러니하게도 뇌는 렘수면 동안 휴식 대신 도리어 활성화된다. 활성화된 뇌는 왜 꿈을 꾸게 되는 것일까? 꿈이 활성화된 뇌가 생산한 결과물이라면 왜 질서정연하고 논리적인 것으로 이름난 뇌의 생산물이 그처럼 무질서하고 모호하며 망령妄靈된 내용들로 구성되는지에 대한 의문

---

2   『梦的新解』霍布森Hobson, J.A.著. 韩芳译. 外语教学与研究出版社. 2015. 8. p.75. 人为什么会做梦？我们已经给出了基于生理机制的答案，那就是因为睡眠中大脑的自我激活。我们也曾暗示，做梦本身可能是大脑自我激活的一个附带现象，所以梦出现的真正原因可能与我们从快动眼睡眠做梦的心理研究中推断出的结论大相径庭。

이 따른다. "깨어 있는 것과 꿈을 꾸는 것은 서로 다른 두 종류의 의식 상태"[3]라면 양자 사이를 구별하는 특징적인 차이는 도대체 무엇일까? 사람은 태어날 때부터 아니, 어머니의 자궁 속에서부터 꿈을 꾼다고 한다. 태아는 이미 하나의 몸인 어머니와 서로 다른 두 가지 종류의 의식을 가지고 있으며 그것이 정상적으로 작동하고 있다는 것을 말한다. 물론 태아나 영아는 아직 뇌가 충분하게 발달하지 않았음에도 뇌에서 꿈을 생산해 내는 것이다.

우리는 누구나 태어날 때부터 꿈을 꾸고 심지어 자궁 속에서도 꿈을 꾸기 시작하기 때문에 어릴 때는 꿈속에서 많은 시간을 보낸다. 신생아의 수면은 모두 쾌속 안구 운동 단계에 있으며 대부분의 꿈이 이 단계에 해당한다. 일반적으로 아기는 매일 14시간 이상의 수면이 필요하므로 이렇게 되면 꿈을 꾸는 시간이 상당히 늘어난다. 우리는 비록 아기가 꾸는 꿈의 내용을 분명하게 알 수는 없지만, 대부분의 꿈은 신체적 감각에 의해 발생하거나, 꿈의 내용이 모두 신체적 감각과 관련이 있을 수 있다.[4]

---

3   동상서. p.71. 清醒和做梦是两种不同的意识状态. ……

4   『梦境世界的语言』戴维·方坦纳著. 李洁修译. 中国青年出版社. 2001. 4.
     p.94. 我们每个人天生就是梦者, 甚至在子宫里就开始做梦了, 所以我们幼
     时的很多时间都是在梦中度过的。新生儿的睡眠都处在快速眼活动阶段,
     大多数梦都处于这个阶段。儿童快速眼活动睡眠时承认的三倍。一般婴儿每
     日要有14个小时以上的睡眠, 这样做梦的时间就相当可观了。虽然我们显然
     不可能知道婴儿作梦的内容, 但他们的大部分梦都可能是因身体感觉而引
     起的, 或是梦中的内容都与身体感觉有关。出生一个月后, 随着婴儿的视力
     和听力的增强, 视觉和听觉意象也会在婴儿的梦中起到一定的作用。

신생아의 꿈도 성인들과 다를 바 없이 렘수면 단계에서 생성되지만 단지 내용 면에서는 성인들과 달리 신체적 내용과 관련된다고 하는 것은 아직 시청각 경험이 적기 때문일 수도 있으나 그보다도 더 중요한 원인은 생명 보존 법칙이 공포, 암시 등 감정적 시스템을 통해 신체에 위험 신호를 보냈던 것처럼 촉각 등의 꿈을 통해 신체에 불리한 정보를 전달하는 특수한 시스템이기 때문이다. 신생아는 피부 감각으로 덥고 추움을 느끼며 후각으로 공기의 답답함을 인지하고 그것을 꿈을 통해 안전 신호를 발송한다. 자리에 오줌을 누면 축축한 불쾌감을, 대변을 누면 끈적끈적한 불쾌감을 느끼고 그것을 꿈에 반영하여 신체에 알려준다. 신생아들은 대부분 시간을 수면에 할애하기 때문에 신체에 신호를 보내는 가장 유효한 전달 경로로서 꿈을 활용하게 되는 것이다. 생명체의 모든 기능은 바로 이 생명 보존 법칙 시스템의 중심핵을 둘러싸고 돌아가며 꿈이라도 예외가 될 수는 없다.

미국 발달 교육 심리학자 로버트 코건은 아이들의 꿈속에 등장하는 짐승, 악마, 괴물들도 아이들의 내면 의식을 상징한다고 보았는데, 이 충동은 그들의 의식적인 행동 밑에 숨어 있다가 자기 통제가 느슨해지기만 하면 의식적인 상태에서 폭발해 혼란을 일으킬 수 있다고 주장했다. 어린이들이 꿈속에서 야생동물에게 산 채로 잡아먹히는 경우는 매우 흔하다. 코건에 따르면 이것은 내면의 충동과 외부 요구 사이의 격렬한 충돌을 나타내기 때문에 아이들이 금방 나타나 아직은 취약한 자아의식을 잃을까 봐

두려워한다는 점에서 특별한 의미를 가진다.[5]

아이들의 꿈이 신체 감각에 의해 생성될 뿐만 아니라 아직 감각적 경험도 없는 야생동물에게 산 채로 잡아 먹히는 꿈도 꾼다는 주장은 생명 보존 법칙이 꿈을 통해 위험함에 대한 안전 의식을 고취함을 의미한다. 야생동물에게 잡아먹히는 장면은 기껏해야 텔레비전이나 부모가 들려주는 이야기책에서 얻은 간접 경험일 것이다. 옛날 노인들은 애가 울음을 그치지 않으면 "호랑이나 늑대가 와서 잡아 간다"고 위협하기가 일쑤였다. 그러면 아이들은 신기하게도 울음을 딱 그친다. 그와 같은 민첩한 반응은 실제 호랑이나 늑대에 대한 공포가 촉발한 것이 아니라, 그냥 '울면' 나타나 '잡아간다'는 데서 위험을 느끼는 생명 보존법의 신체적 표현이다. 그 무슨 내면의 충동과 외부 요구 사이의 격렬한 충돌이나 취약한 자아의식을 잃을까봐 두려워한다는 해석은 명분도 설득력도 없다. 생명 보존 법칙의 암시가 없다면 이 충동(꿈)은 무슨 이유로 무엇에 의해 의식적인 행동 밑에 숨어 있다가 자기 통제가 느슨해지면 또다시 의식적인 상태에서 폭발하는가? 코건의 말대로라면 꿈은 원래 의식의 차원에 (숨어) 있었다고 한다. 왜 숨어 있어

---

5   동상서. pp.95~96. 美国成长教育心理学家罗伯特·克根认为, ······儿童梦中野兽、魔鬼、怪物好像也象征着儿童的内心意识, 这种冲动隐藏在他们的有意识行为之下, 如果自我控制一松懈, 这种冲动就会在有意识状态下爆发, 并造成破坏。儿童梦中被野兽活吃的情况十分常见, 在克根看来, 这便具有特殊的意义, 因为这表明面对内心冲动与外界要求之间激烈的冲突, 儿童害怕失去刚刚出现仍然脆弱的自我意识。

야만 했고 또 무엇이 폭발하게 했는지 분명한 것은 하나도 없다. 꿈은 생명 보존 법칙과도 주종 관계는 아니며 단지 생명 보존 법칙이 감정을 이용한 경우처럼 꿈이 나타나면 그것을 신체에 유용한 신호를 보내는 통로로 이용할 따름이다. 그리고 꿈은 원시 의식에 속하면서도 동시에 의식과 미묘한 관계를 가진다. 아래의 담론에서 만나겠지만 꿈은 결코 깨어 있을 때와는 다른 그 이상한 의식이 독단적으로 생산해 낸 의식만의 전유물이 아니다. 프로이트는 "'어른들의 꿈에 비하면 아무런 의미가 없다'고 생각했다. 그는 아이들이 이른바 '잠복기'(대략 7세부터 사춘기까지) 동안 성욕이 상대적으로 결핍되어 있다고 주장"했으며 융은 "그 괴물들이 아이들의 무의식 속에 있는 남성과 여성의 원형적 이미지"[6]라고 주장한다. 프로이트의 생각에 어른의 꿈에 의미가 있는 것은 그 내용이 성욕과 연결되기 때문인 것으로 이해해야 할 것이다. 왜냐하면 아이들의 꿈에는 성욕 결핍 현상이 있기 때문이다. 프로이트는 꿈에 성욕에 관한 내용이 없으면 "아무런 의미가 없다"라고 단정한다. 야생동물이나 괴물이 나오는 꿈은 의미가 없다는 논리이다. 게다가 융은 꿈에 등장하는 괴물도 생명체를 위협하는 위험한 존재가 아니라 아이들의 무의식 속에 있는 남성과 여성의 원형적 이미지라고 간주한다. 꿈에 성욕과 관련된 내용이 결여되었다고 아무런 의미가 없다는 프로이트의 억지 주장이나 괴물이 남녀의 원형 이미지라고 생각하는 융의

---

6   동상서. pp.96, 97. 弗洛伊德认为'与成年人的梦相比毫意思', 他认为儿童在所谓的'潜伏'期(大约是在7岁到青春期), 相对缺少性欲望, …… 那些怪物让我们看到儿童无意识中的男女原型意象……

고집은 아무런 과학적 근거도 설득력도 전무한 엉터리 궤변에 불과하다. 다시 말하지만 아이들의 꿈속에 나오는 야생동물이나 괴물은 생명의 탄생 초기부터 신체에 장착된 생명 보존 법칙이 꿈을 통해 체내에 보내는 안전에 관한 신호이다. 부모의 이야기나 텔레비전에서 본 공포 장면들에 대한 불안감이 꿈을 통해 그것이 자신의 생명에도 위해가 될 수 있다는 신체 안전 시스템의 경고 메시지이다. 그러나 심리학계에서는 꿈의 이유에 대한 다양한 가설들이 난무한다. "꿈이 무언가를 연습하기 위한 일종의 가상 현실, 즉 시뮬레이션"이라는 설, "렘수면이 가상 현실 세계를 재생하여 태아가 현실 세계를 대비할 수 있게 한다는" 주장, "현실에서 훈련하기에는 너무 위험한 상황을 꿈에서 체험하여 미리 대비할 수 있다는 위협 시뮬레이션 이론, 꿈에서 다양한 사회적 상호작용을 연습하여 현실에서의 사회 유대를 강화할 수 있다는 사회 시뮬레이션 이론" 등이 혼재한다. 어니스트 허트먼(Ernest Hartmann)은 "꿈이 불쾌한 기억과 경험에서 벗어날 수 있게 돕는 치유의 과정"[7]이라고 생각한다.

그러나 꿈속에서 진행되는 연습의 프로젝트를 기획하고 진행하는 주체가 밝혀지지 않고 있다. 모든 절차는 렘수면이 결정한다. 렘수면은 꿈뿐만 아니라 뇌까지 지배한다. 목적과 주제를 세우고 실현한다. 그러나 렘수면은 주도적인 현상이 아니라 수동적인 정신 현상일 따름

---

7   『뇌의 가장 깊숙한 곳』 케빈 넬슨 지음. 전대호 옮김. 북하우스. 2013. 3. 15. pp.293, 294.

이다. 그것은 다른 어떤 원인의 결과물일 따름이지 스스로 기획하고 목적을 정하지 못한다. 그것은 그냥 생명의 신호를 신체에 전달하는 중계소 역할을 할 따름이다. 그것을 지배하는 다른 어떤 역할을 담당하는 신체의 기능에 의해 조종되는 거울이다. 렘수면에 기능이 있다면 그것은 꿈에 유사 이미지를 제공하고 그 꿈을 내재적으로 현시하는 것 뿐이다.

"REM 수면 중 1차 시각 피질은 거의 완전하게 침묵하지만, 시각적 장면에 대한 더 높은 수준의 분석을 수행하는 뇌 영역이 강하게 활성화된다"[8]라는 말은 꿈이 시각 기관 특히 망막과 깊은 연관을 가지고 있음을 입증한다. 마크 솔름스(Mark Solms)는 한 걸음 더 나아가 "꿈은 뇌간과 피질의 무질서한 활동의 결과물이 아니라 사고를 담당하는 뇌 영역에서 나온다"[9]라고 간주했다. 꿈은 1차 피질도 아니고 뇌간의 활동도 아니며 그것은 시각 기관과 연결될 뿐만 아니라 뇌의 사고를 담당하는 부위에서 발생하는 현상이다. 그것은 렘수면은 반드시 시각과 연관되며 사고와도 연결되어 있음을 의미한다. 여기서 반드시 강조하고 넘어가야 할 요점은 렘수면의 두 가지 특징이다. 하나는 시각 영역

---

8   『进化的大脑：赋予我们爱情, 记忆和美梦』戴维·J·林登著. 沈颖等译. 上海科学技术出版社. 2009. 8. p.172. 在REM睡眠期间, ……初级视皮层几乎完全静息, 但对视觉场景进行更高级分析的脑区, 以及视觉跨模态记忆和存储的脑区(如海玛旁皮层)呈强烈的活跃状态。

9   『睡眠的秘密世界』佩内洛普·A.刘易斯著. 阳曦译. 中央编译出版社. 2019. 11. p.86. 梦根本不是脑干和皮质的无序活动造成的, 而是来自大脑负责思考的区域。

에서의 "쾌속 안구 운동 수면"[10]이며 다른 하나는 뇌의 시각 영역과 사고 부위의 활성화이다. 꿈의 생성에 시각과 사고가 필수적이라는 의미이다. 그러나 그 사고는 깨어 있을 때의 사고와는 단계적으로 다르다는 점을 알아야 한다. 렘수면 동안 뇌 사고의 특징은 "자각 의식 상실" 또는 "논리적 능력 저하"를 나타내며 사유는 "비논리적이고 통제되지 않는다"[11]라는 의식의 결여를 가지고 있다. 그것은 의식이 준 휴식 상태에 처해 어느 정도 깨어 있으면서도 한편으로는 이미 잠들기 시작했음을 뜻한다.

유전적 본능(생명 보존 법칙, 감정, 욕망 등)이 시각의 망막에 꿈의 재료를 요청하면 망막은 제한된 시간 안에 요청에 부합되거나 유사하거나 또는 전혀 다른 이미지를 신속하게 제공한다. 그러면 뇌의 시각 또는 사고 부위는 제공된 이미지 소재의 용도(기능)를 변경함으로써 본능이 요청한 주제에 대한 비논리적, 비상식적인 이야기를 만든다. 예를 들면 욕망은 성기가 필요한데 망막은 모양이 유사한 삽자루를 대신 제공하는 것이다. 의식이 망막이 제공한 유사 이미지로 엉뚱한 이야기를 꾸며내는 원인은 의식 자체가 완전하게 깨어 있지 못한 탓도 있고 그걸로 욕망이 요청한 꿈의 주제를 표현해야 하기 때문이다. 꿈을 생성하

10   『梦境世界的语言』戴维·方坦纳著. 李洁修译. 中国青年出版社. 2001. 4. p.14. 快速眼活动睡眠

11   『梦的新解』霍布森Hobson, J.A.著. 韩芳译. 外语教学与研究出版社. 2015. 8. p.18. 自觉意识丧失、…… 逻辑推理能力下降…… p.138. 思维-非逻辑性的.不受控制的。

는 원인은 크게 4가지로 분류할 수 있다.

1. 생명 보존 법칙은 감정을 통해 생명체에 위험신호를 보내는 것처럼 꿈을 통해서도 위험 경고를 보낸다.

2. 본능이나 욕망 또는 감정이 활성화되면 생명 보존 법칙을 압도하고 대신 꿈을 지배한다. 신체에 위험도 없고 욕망도 없을 때는 감각적 불편(몹시 덥거나 연기가 매캐하거나 자극적인 냄새가 풍기거나 요란한 우렛소리가 들리거나)이 꿈을 불러 신체에 신호를 보낸다.

> 꿈의 내용에 영향을 미칠 수 있는 경로는 여러 가지가 있다. 예를 들어 최근 연구에 따르면 잠을 자는 사람이 REM 단계에 들어간 후 향기를 불어넣으면 그들은 즐거운 꿈을 꿀 가능성이 많다. 그러나 만일 이때 악취나 불쾌한 냄새를 맡은 사람들은 부정적이거나 불쾌한 꿈을 꿀 수 있다.[12]

3. 위험 요소도 욕망도, 불편도 없을 때에는 렘수면에 일상의 기억이 질서 없이 나타난다.

4. 본능의 요청에 따라 시각 또는 청각이 이미지 또는 음향 자료를 제공하지만 인물, 사건, 환경은 흔히 유사하거나 비슷한 다른 것으로 대체되기에 이야기와 사물은 많은 경우 상징화된다. 원래의 의미는 상

---

12   『睡眠的秘密世界』佩内洛普·A.刘易斯著. 阳曦译. 中央编译出版社. 2019. 11. p.90. 有多种途径可以影响梦的内容。比如说, 近期研究显示, 如果在睡眠者进入REM阶段后向他们吹送香味, 他们更可能会做愉快的梦 ; 而如果此时闻到臭味或者不愉悦的气味, 他们会做负面或是不愉快的梦。

징 속에 은유된다. 뇌가 반 휴식 상태이므로 왕왕 정확도가 떨어져 이
야기가 모호하게 엮어진다.

　본능, 망막, 의식은 각각 역할 분담을 나누어 맡는다. 꿈의 주제(예:
나는 배고프다)를 제시하는 주체는 본능—생명 보존 법칙, 욕망 또는 감정
이고 이미지를 고르는 권한 주체는 망막이며 이야기를 만드는 주체는
뇌이다. 이미지를 선택하는 주체는 요청자인 본능이나 욕망이 아니라
망막이기 때문에 꿈에서 차지하는 역할은 피동적, 일회적이며 꿈에 대
해 수정, 중단, 다시 시작, 취소 기능을 적용할 수 없다. 본능이나 욕망
이 망막에 제출하는 이미지 요청은 "먹고 싶다.", "하고 싶다." 등의 포
괄적인 주제이지 어떤, 어떻게 어디 또는 누구랑, 어떻게 등에 관한 구
체적인 이미지 요청이 아니다. 따라서 제공되는 이미지도 우연히 같거
나 유사하거나 전혀 다른 이미지가 제공되며 본능과 잠들기 전 몽롱한
의식은 이 제한된 이미지로 흐리멍덩하게 이야기를 구성한다. 비논리
적인 의식은 비상식적인 이야기를 꾸며낸다. 이야기가 비상식적인 원
인은 제공된 자료로는 꿈의 포괄적인 주제를 정확하게 표현할 수 없으
며 의식 자체가 이미 논리성을 상실했다는 데 있다. 이 삼자는 서로의
의도를 알지 못한다. 이미지의 은유는 모양의 유사성에서 나온다. 꿈
은 공간적으로는 과거, 현재, 미래를 관통하지만 시간적으로는 현재에
국한된다. 꿈은 망막에 비친 왜곡된 본능(생명 보존 법칙, 감정)과 욕망의 거
울이다. 그 피사체는 망막이 제공한 유사 이미지들로 비논리적인 의식
이 주어진 이미지로 엮어 낸 비상식적인 이야기다.

2. 원시 의식과 상상

상상에 대한 담론의 서두는 우스갯소리로 떼볼까 한다. 상상이 뇌
가 아니라 "제2의 뇌" 또는 "제3의 뇌"와 관련된다고 추정해 보는 것
이다. 왜냐하면 상상에는 꿈과 달리 확실하게 깨어 있는 뇌 의식이 개
입할 뿐만 아니라 그것이 상상을 견인까지 하기 때문이다. 나는 이 책
의 첫머리부터 뇌에 대해 신격화하거나 신체의 모든 기능들이 뇌에 종
속된다는 주장에 반론을 펼쳐왔다. 뇌가 신체의 모든 것을 지배하지
않는다는 증거는 생명 보존 법칙이나 감정, 욕망 등 본능 또는 유전의
경우에도 그렇고 위의 꿈에 대한 담론에서도 이미 강조했다. 그러나
상상의 경우에는 적어도 의식의 참여하에서만 생성 가능하다. 무릇 창
조나 사유, 이야기의 구성에는 의식 즉 뇌 기능의 개입이 전제되어야
한다. 그런데 일부 학자들은 뇌 말고도 뇌 기능을 하는 신체 기관들 즉
"제2의 뇌", "제3의 뇌"가 있다고 주장한다.

최근 미국 컬럼비아대학 해부학 및 세포생물학과장인 마이클 D. 겔슨
(Michael D. Gershon)은 "제2의 뇌" 가설을 제시하고 그 위치가 복부에 있다
는 점을 지적했다. 복부 뇌의 뉴런 수량은 뇌와 거의 같으며 두뇌와 동일
하게 기억, 꿈, 감정을 표출하는 등의 기능을 가지고 있지만 사고할 수는
없다. …… 최근 일본학자들은 "피부는 인간의 제3의 뇌"라는 견해를 내
놓았는데 피부가 색을 구별하고 인체의 건강 상태를 색으로 나타낼 수 있
는 그것이 뇌와 비교해 잘 알려지지 않은 "사고 회로"일 수 있다고 간주

했다. 캐나다 학자들은 피부가 소리를 들을 수 있고 인간의 촉각 신경호 神経弧로서 기억 기능이 있는 것으로 생각했다.[13]

　　"제2의 뇌" 즉 "복부 뇌"는 두뇌와 마찬가지로 기억도 하고 꿈도 꾸고 감정도 표출하는 기능을 가지고 있다는 말이다. 피부 신경이 청각처럼 소리를 듣고 기억을 할 수 있다는 견해에는 관심을 가질 만하다. 그러나 피부가 사고 기능까지 가지고 있다는 주장에는 동의하기가 어렵다. 인간 신체의 세포들이 유전을 저장할 수 있는 것을 볼 때 기억 기능도 있을 가능성이 충분하기 때문이다. 그런 시스템으로 인해 유기체는 생명 보존 법칙의 기능을 세포에 보존하고 눈은 시각 이미지를 뇌가 아닌 망막 세포에 기억하며 귀는 청각 정보를 자신의 세포 안에 저장하는 것이다. 그래서 복부가 비록 뉴런 수량이 뇌만큼 많지만 사고할 수 없다는 겔슨의 견해가 더 설득력이 있어 보인다. 내가 보기에는 상상에 개입하는 뇌가 "제2, 3의 뇌"가 아니라 두뇌라고 판단하는 이유는 뇌에는 해석과 사고, 이야기를 만들어내는 특별한 기능이 있다는 점에 존재한다. 해석의 기능은 신체에서 유일하게 두뇌에만 고유하다. 아무리 제2, 제3의 뇌가 뉴런이 많아 감정을 표출하고 기억하고 색을

13　『想象科学』陆苏拉德著. 江苏大学出版社. 2010. 2. pp.7~8. 近年, 美国哥伦比亚大学解剖和细胞生物学系主任迈克·D·格尔森(Michael D. Gershon)提出"第二大脑"论, 指出第二大脑的位置在腹部, 称"腹脑", 它的神经元数量与大脑差不多, 同样有记忆, 有做梦和流露感情等功能, 只是不能思维, ……近年, 日本学者提出"皮肤是人的第三脑"的观点, 认为皮肤能分辨颜色, 能够以颜色显示人体的健康状况, 是可以于脑相比的至今未知的"思考电路"。加拿大学者则认为皮肤能听声音, 皮肤是人的触觉神经弧, 它有记忆功能。

구별하고 소리를 듣는다고 하더라도 단 하나 해석 능력만은 없다.

[사진 27] 상상을 통해 하늘로 상승하려면 지면과 공중을 잇는 현실적 물체가 있어야 한다. 예를 들면 계단 같은 것인데 『성경』에서는 '계단'을, 『서유기』에서는 '구름'을, 구전문학에서는 '동아줄'을 타고 자유자재로 땅에서 하늘로 오르내린다.

우리는 절대적으로 뇌를 거꾸로 보아야 한다. 뇌는 사람들이 생각하는

것만큼 중요하지 않다. 그것은 단지 신경호神经弧의 교차 중심일 뿐이다.

뇌가 절반인 사람과 뇌가 없는 사람의 현상은 이 중심이 전이될 수도 있다

는 것을 보여준다. 인간의 의식은 뇌뿐만 아니라 복부 신경 중에도 존재한

다. 이것이 이른바 '복부 뇌' 이론이다. 뇌는 실제로 전체 신경 네트워크의

라돈 단말기이고, 신경계 자체가 이 네트워크의 "단말기"이고, 신경계 자체는 이 네트워크의 "호스트"이며, 신경호는 그 주요 "부속품"이다.[14]

　뇌가 학자들이 칭송하는 것처럼 무소불위의 신격 존재가 아닌 단순한 "교차 중심"이라는 말에는 어느 정도 일리가 있지만 그렇다고 별 볼 일 없는 신체 기관은 결코 아니다. 뇌에는 "복부 뇌"에는 없는 해석의 기능이 존재하기 때문이다. 이 해석의 기능이 결여되면 흐리멍덩한 꿈의 이야기가 만들어지고 충족하면 상상과 같이 주제가 명확한 이야기가 창조된다. 감각 정보는 뇌 기능이 참여해야 이미지와 언어적 단어가 해석된 후 상상과 같은 주제를 가진 이야기로 만들어진다. 나는 이즈음에서 상상이란 무엇이며 학자들의 상상에 대한 정의는 어떠한지 궁금해지기 시작했다. 감각적 이미지, 언어에 대한 뇌의 특정한 사용 규칙 그리고 뇌와 상상과의 선후 관계에 대해 알고 싶어진 것이다.

　사람들은 상상력이란 이미지를 형성하는 능력이라고 주장한다. 그러나 상상력이란 오히려 지각 작용知覺作用에 의해 받아들이게 된 이미지들을 변형시키는 능력이며, 무엇보다도 애초의 이미지로부터 우리를 해방시키고, 이미지들을 변화시키는 능력인 것이다. 이미지들의 변화, 곧

14　동상서. p.2. 我们绝对应当颠倒的看大脑：它并不像人们所认定的那么重要。它不过是神经弧的交汇中心而已，半脑人和无脑人现象表明，这个中心还可能转移。人的意识不仅存在于大脑中，而且存在于腹部神经丛中—这就是所谓的'腹脑'论。大脑实际是整个神经网络的'终端机'，神经系统本身才是这个网络的'主机'，神经弧是其主要"部件"。

이미지들의 저 예기치 않은 결합이 없다면 상상력은 존재하지 않는 것이며, 상상하는 행위 또한 없다. 만일 현재적인 이미지가 어떤 부재하는 이미지를 떠올리게 하지 않는다면, 그리고 우연히 한 이미지가 기발한 이미지들의 풍부함을, (곧) 이미지들의 일출을 야기하지 않는다면, 상상력은 존재하지 않는 것이다.[15]

상상력은 이미지를 변형하지만 변형 과정이 명확하게 설명되지 않고 있어 아쉽다. 그리고 이미지들의 변형은 단순한 "결합"만은 아니다. 현재적인 이미지가 어떤 부재하는 새로운 이미지를 떠올리려면 즉 상상이 형성되려면 단순한 결합 수단 말고도 또 다른 첩경이 존재한다. 또 그 이미지들을 변형, 결합하여 상상력을 생성하는 주체는 무엇인지에 대해서도 알 수 없다. 다만 저자가 상상을 "각성된 상태에서 꾸는 꿈"이라고 주장한 것을 미루어 주재자는 의식임을 짐작할 수 있지만 그것은 어디까지나 추측에 불과하다. 상상과 꿈은 최초 형성에서 생성 과정의 순서부터 확연하게 다르다. 꿈은 생성 초기에 본능(생명 보존 법칙, 감정, 욕망)이 망막에 관련 이미지를 주문하면서 시작되지만 상상은 이 단계서부터 이러한 코스에 거부감을 드러내면서 차이를 보인다. 꿈과는 전혀 다른 역방향으로 이동하면서 상상을 만들어 낸다.

---

15   『공기와 꿈』 가스통 바슐라르 지음. 정영란 옮김. 이학사. 2000. 8. 31. pp.19~20.

상상의 과정은 뇌에서 시작된다. 사람들은 오랫동안 상상이 하나의 것에 불과하다고 생각했지만 사실 그것은 다양한 형태의 재능이다. …… 하지만 뇌가 유일한 발원지는 아니다.[16]

약 2억 년 전, 인류의 조상이 초기 포유동물이었을 때부터 신피질은 이미 진화하고 발달하기 시작했다. ……다시 말해 신피질의 존재는 우리가 추상적으로 생각하고 계획을 세우고 환상을 펼치고 성찰하며 현재의 생활환경에 맞춰 적응하고 조정할 수 있게 해준다.[17]

상상은 2억 년 전에 진화한 신피질 즉 뇌에서 발원한다. 신피질은 상상뿐만 아니라 추상적으로 생각하고 기획하고 환상을 펼치는 특수한 기능을 가지고 있다. 신피질 즉 뇌가 개입하는 순간 상상은 주제를 가지게 되고 그 주제를 표현하는 이야기가 창조되기 시작한다. 따라서 꿈과는 다르게 "상상은 의식적 행위"[18]라고 확실하게 단언할 수 있다. 그런 의미에서는 의식이 상상을 주도한다고 봐도 무방하다. 그러나 여

---

16   『想象：创造力的艺术与科学』莱勒著. 简学, 邓雷群译. 浙江人民出版社. 2014. 10. p.237. 想象过程起始于大脑, 尽管人们长期以来都以为想象不过是件很单一的事, 但实际上, 它是一种形式多样的才能。……但是, 大脑不是唯一的源头。

17   『想象力』大卫·贝克斯特罗姆著. 王梦达译. 中信出版集团. 2023. 12. p.37. 大约2亿年前, 在我们的祖先还是早期哺乳动物的时候, 新皮质就已经开始进化和发展。……换言之, 新皮质的存在, 使我们能够抽象思考、制订计划、展开幻想、进行反思, 并且根据当下的生活环境做出适应和调整。

18   동상서. p.139. 想象是一种有意识的行为

기서 홀시하면 안 되는 것은 신피질이 상상의 유일한 발원지는 아니라는 사실이다. 신피질에 주제의 윤곽을 주문하는 상상의 발원지가 더 존재하기 때문이다. 상상은 달리 표현하면 현실보다 과장된 이야기이기도 하기 때문이다. 과장됨으로써 창조되고 창조됨으로써 그 이야기는 새로운 의미를 가진다. 이야기에서 과장이 배제되면 단순한 생각이 되고 설명이 된다. 우리는 의식이 어떻게 유사성과 차이점에서 출발하여 교체를 통해 이미지와 언어의 의미를 과장하여 은유를 부여함으로써 상상을 만들어 내는가에 대해 논할 것이다. 은유는 또 어떻게 문학 작품에서 작용하는지에 대해서도 간단하게나마 첨언하려고 한다. 다만 여기서 상상의 결과가 인간의 의식에 의한 창조물인지 아닌지에 대한 쟁론에 대해 한마디 하고 내려가도록 하겠다.

상상의 재료는 즉 일반적인 표상 기능의 재료는 모두 이전의 표상 기능에서 유래한다. 상상은 결코 창조하지 않으며, 단지 복수의 개념과 형식을 부여할 뿐이다. 감각 기관의 지각과 자아의식의 자료가 상상의 내용의 전부다. 또한 상상의 재료는 항상 기억 화면의 형태로 나타날 수 있다.[19]

---

19 『认知, 情感, 意志』詹姆斯·马克·鲍德温著. 李艳会译. 北京邮电大学出版社. 2018. 8. p.133. 想象的材料, 也就是一般表征功能的材料, 全部都来自早前的表象功能。想象从不创造, 它只是给复数的观念与形式, 感官知觉和自我意识的资料就是想象的全部内容, 此外, 想象的材料总是可以以记忆画面的形式被呈现。

우리는 이미 상상의 활동은 일종의 예측할 수 없는 활동이며 그것은 인간이 생각하는 대상을 만들어내고 갈망하는 것을 만들어내는 요술이라는 사실을 알고 있다.[20]

상상의 재료가 이전에 감각 기관에 저장된(이미지-망막, 언어-청각) 정보에서 유래했다는 점이 상상과 창조의 인연을 끊어버리는 조건이 될 수는 없다. 창조란 없던 것을 만들어내는 것이라 할 때 설사 과거 감각의 이미지나 단어라고 할지라도 간단한 조합 하나만으로도 쉽게 창조가 가능해지기 때문이다. 이러한 창조가 "복수의 개념과 형식의 부여"에 불과하다고 한다면 그래도 상상은 다른 방법을 통해 창조가 가능하다. 상상이 창조하지 않는다는 말은 감각 재료가 기억된 과거 이미지와 단어에 한정된다는 측면에서만 의미가 있다.

일부 학자는 상상이 "생각하고 갈망하는 대상을 만들어낼 수 있는 요술"이라며 창조적 기능을 인정한다. 그러면서도 아이러니하게도 그는 상상을 가리켜 "예측할 수 없는 활동"이라고 본의 아니게 창조적 기능을 삭탈해버린다. 인간의 생각이나 갈망은 예측이 가능하며 신체가 보내오는 예측에서부터 활동이 시작된다. 생각과 갈망은 창조의 원동력이며 예측이 가능하다. 그 예측은 생각과 갈망한테는 활동의 주제일 것이다. 생각이 진행하는 상상은 예측을 주제로 하여 그 코스를 따

---

20 『想象心理学』保罗·萨特Sartre, J P著. 褚朔维译. 光明日报出版社. 1998.
    5. p.192. 想象的活动是一种变化莫测的活动, 它是一种注定要造就出人的
    思想对象的妖术……

라 창조적 이야기를 진행해 나간다. 예측은 본질적으로는 갈망 즉 본능이라고 할 수도 있다. 생명 보존 법칙과 감정, 욕망 등 신체 원시 의식이 예측이 담긴 부탁을 망막에 보내 이미지를 요청했으나 이번에는 망막이 아닌 의식에 직접 요청서를 발송함으로써 뇌로 하여금 상상을 창조하도록 자극한다. 꿈에서는 망막, 잠들기 시작한 의식이 본능이 보낸 예측에 대해 오해한 데서 비상식적인 이야기가 만들어질 따름이다.

수동적 상상이란 의식에서 출발한 이미지가 어떤 이유에서도 어떤 배열 방식으로도 통제를 받지 않고 나타남을 가리킨다. 이 경우 의식 속에서 흐르는 생각은 마음의 감독을 받지 않으며 그들의 내면생활에 대한 상대적 가치도 제대로 인식되지 않을 수도 있다. 의지 또한 이러한 생각들에 대해 선택하거나 융합하지 않을 수도 있으며, 이러한 생각들을 생성하는 유기적, 지적인 원인은 사람의 어떠한 제한도 받지 않아 감각의 포탄이 통제되지 않는 의식을 폭격하도록 허용한다.[21]

생각이 예문의 설명처럼 의식에서 출발했다면 두말할 것도 없이 의식이다. 의식은 마음의 감독, 더 정확하게 표현하면 생명 보존 법칙이

---

21   『认知, 情感, 意志』詹姆斯·马克·鲍德温著. 李艳会译. 北京邮电大学出版社. 2018. 8. p.134. 被动想象是指图像在意识中出发, 不受控制地出现, 这些图像可以源于任何原因, 也可以具有任何排列方式. 在这种情况下, 在意识中流动的观念不受心里监督, 它们对心里生活的相对价值也不会被真正认识. 意志也不会对这些观念进行选择或融合, 产生这些观念的机体原因和智力原因不受人任何限制, 使得感官的炮弹轰炸着不受管控的意识。

나 감정, 욕망과 같은 유전적 신체 본능의 감독이 아닌 자극을 받는다. 의식은 비록 상상의 이야기를 만들어내지만 본능이 제출한 자극의 명목대로 행동하기 때문이다. 의식은 "감각의 포탄에 폭격"당하는 대신 도리어 본능의 주문에 따라 감각적 이미지에 대해 이미지 공급을 강요한다. 의식은 생각을 일으키고 생각은 상상을 제조하며 상상은 의식의 조종에 복종한다. 원시 의식을 중심축으로 하는 배타적인 생명체는 신체 내부의 정신적 활동에서는 자아의 이익을 추구하며 타자나 외부적 규칙의 압력을 거부한다. 그런 이유 때문에 의식은 상상을 할 경우, 본능이 제출한 내용이 비상식적이고 비도덕적이며 비법률적일지라도 제동을 거는 대신 그 요구대로 순순히 이야기를 구성해 만족시켜 준다. 그것은 본질적으로는 오로지 자기만 아는 원시 의식의 법칙에서는 의식도 그 시스템에 자동으로 가담하기 때문이다. 의식 속에서 흐르는 생각이 마음의 감독을 받지 않아서가 아니라 비현실적, 부정적 생각에 대한 감독의 주체인 의식이 통제권을 스스로 포기한 것이다. 어떤 생각이 현실을 초탈해 비상식적이 되었음에도 제지당하지 않으면 그것은 곧바로 상상이 된다.

상상은 완전하게 깨어 있는 의식이 참여할 뿐만 아니라 직접 이미지와 언어를 선택 또는 교체한다. 상상의 핵심 주제는 원시 의식(생명 보존 법칙, 감정, 욕망 등의 유전적 본능)의 발생에서 시작되어 뇌에 제출되면 의식이 이 포괄적 주제(예를 들어 '나는 하늘을 날고 싶다'는 추상적 주제)를 다듬고 구체화한 다음 작성된 요청서를 망막에 요구한다. 이 요청서는 깨어 있는 의식이 작성한 것이어서 꿈과는 달리 이야기에 선명한 주제가 존재한다. 원시 의식이 주제 윤곽을 제시하면 의식이 실체를 보충하는 것이다. 따라서 의식이 망막에 제출한 주제는 구체적이면서도 확실한 이미지를 제시한다. 망막은 제출된 주제가 확실하기 때문에 꿈에서 본능이 제출한 윤곽뿐이던 요청과는 달리 구체적인 요구 사항대로 이미지를 제공한다. 상상은 의식이 주도함으로 내용을 수정, 중단, 다시 시작, 취소가 가능할 뿐만 아니라 이미지와 단어를 수의로 교체할 수도 있다. 상상적 은유는 이미지의 경우에는 모양의 유사성을 연결 고리로 생성되지만 언어의 경우에는 단어 교체 작업에서 탄생한다. 단어가 교체되는 순간 원래의 사전적 단어 의미는 교체된 단어의 의미 뒤에 감춰진다. 즉 은유된다.

상상은 원시 의식이 요청한 추상적 주제(나는 하늘을 날고 싶다)를 표현하기 위해 실제적 사물을 대용하여 그 용도(또는 기능) 범위를 과장해서 이야기를 만들어 완수함으로써 현실을 초월하는 수단이 된다. 하늘 즉 높은 곳으로 상승하려면 현실적으로 지면과 공중을 잇는 물체가 있어야 한다. 종교에서는 계단(성경에서는 '계단'이 하늘길이다)을, 문학에서는 구름(『서유기』에서는 손오공이 구름을 타고 하늘에 오르내린다)이나 구전문학에서는 동아줄(민담에서는 선녀들이 동아줄을 타고 하늘을 오르내린다)과 같은 구체적인 현실적 사물을 빌려와 그 의미를 확장 또는 과장한다. 계단, 동아줄, 구름, 수증기 등 물체의 제한된 기능을 천국에까지 이어지도록 과장하는 것이다. 이처럼 상상은 원시 의식이 요청한 추상적 주제를 현실 사물의 용도 변경을 통해 표현한다. 즉 나는 과장된 사물을 이용해 하늘로 올라가는 것이다. 여기서 상상을 총괄하는 권위자는 의식이다. 의식이 상상의 구체적인 아이디어를 내고 단어와 관련 이미지를 고르고 마음대로 교체하며 이야기를 아이디어에 맞게 꾸며낸다.

상상은 나한테는 없지만 타자에게는 존재하는 기능이거나, 내 조건으로는 거의 불가능하지만 현실이 되기를 바라는 것들에 대한 호기심과 이로부터 촉발된 모방 및 욕념, 욕망에서 시작된다. 의식은 그것의 결여로 인하여 불가능했던 기능과 조건을 망막 상의 과거 물질적 감각정보의 이미지에서 대여해 새로운 이야기를 꾸며낸다. 다만 망막 상은, 가령 꿈이 요청한 이미지를 만들어낼 경우 본능의 소환 요청에 응하긴 하지만 시간적 한계와 주문 대상의 추상성 때문에 정확히 부합되는 이미지를 공급하기 어렵고, 이 때문에 때로는 만족스러운 이미지를, 때로는 요청과 유사하지만 다른 이미지를 제공하며 때로는 아예 공급하지 않기도 한다. 예컨대 욕망이 날고 싶다고 하면 날개라는 구체적인 이미지를 공급하거나, 날개를 찾지 못하면 대신 깃털을 소환하며(프로이트는 삽자루는 모양의 유사성에 근거하여 성기라고 단정한다), 이조차 아닐 경우 꿈의 요청을 무시한다. 날개는 사람에게 부착될 경우 새에게서와는 달리 날개의 의미가 아니라 "비상"을 상징하며 깃털은 날개의 은유(은유의 시작점)이고, 날개 없는 겨드랑이는 날개를 암시하는 상징이다.

문학에서 언어적 상상은 단어의 교체를 통해 이루어진다. 단어는 이미지와 기표의 결합으로 형성되는데, 여기서 상상은 상관된 두 단어 사이의 기표의 주관적(뇌) 교체와 이미지의 유사성을 근거로 한 교체를 통해 생성되는 의지적이면서도 자유로운 은유이다. 언어적 상상에 있어 단어를 고르고 선택하는 권한이 뇌에 있으므로, 의식은 주도적이며 수정, 중단, 다시 시작, 취소 등 기능을 수행한다.

일반적인 상상과 마찬가지로 예술적 상상력 역시 표현을 매개로 하는 의식 활동이다. 따라서 표상이 없다면 인간의 예술적 상상 활동은 물론 인간의 사유 활동 전체도 불가능할 것이다.[22]

예술적 상상력은 표상을 자원과 매개체로 하며, 표상을 가공·변형·조합하는 것을 기본 활동 방식으로 하여 생동감 있고 감각적인 예술적 상상력을 창조하는 것을 목적으로 하고, 표상 자체가 가지는 특징은 예술적 상상력의 수요와 일치한다.[23]

나는 문학 작품에서 창작되는 언어적 은유는 첫째, 단어 해석의 유사성에서 나오고 둘째, 시간적 환경의 차이에서 나오며 셋째, 단어와 결부된 이미지 모양의 유사성에서 나온다고 추정한다. 만해 한용운의

---

22 『艺术想象论』杨守森著. 山东人民出版社. 2016. 9. p.25. 与一般想象相同, 艺术想象亦是以表现为媒介的意识活动.因此, 没有表象, 人类的艺术想象活动, 乃至整个人类思维活动就不可能形成.

23 동상서. p.27. 艺术想象, 是以表象为资源与媒介的, 是以加工,改造,组合表象为基本活动方式的, 是以创造生动可感的艺术想象为目的的, 而表象自身拥有的特点, 恰与艺术想象的需要契合.

시 「님의 침묵」에서 "님"은 '조국'이라는 단어와 교체됨으로써 탄생한 은유이다. 그 두 단어를 연결하는 공통된 의미는 단어 해석에서 누구나 쉽게 확인할 수 있는 "사랑한다"이다. 시인 자신도 머리말에서 "님만 님이 아니라 그리운 것은 다 님이다. 중생衆生이 석가釋迦의 님이라면 철학은 칸트의 님이다. 장미화薔薇花의 님이 봄비라면 맛치니 Mazzini의 님은 이태리다. 님은 내가 사랑할 뿐 아니라 나를 사랑하느니라."[24]라고 강조하고 있다. 이런 식으로 풀면 조국은 필경 백성의 님일 것이다. 한용운은 '군말'에서 마치니의 님이 조국 이탈리아라고 노골적으로 밝히고 있다. "님"과 '조국'의 단어 해석은 차이가 있지만 그 둘이 은유로 엮일 수 있는 건 해석 측면에서 "사랑한다"라는 유사성 때문이다. 님은 내가 사랑하는 사람이며 조국 역시 내가 사랑하는 대상이다. 또한 "님의 침묵"에서 표현되는 '침묵'은 죽음, 병환, 노여움 등과 관련되지만 조국(님)과는 어울리지 않으므로 여기서는 창작의 시대상, 즉 30년대 일제의 통치와 결부시키면 '침묵'이 '억압'의 은유임을 알 수 있다. 은유는 이처럼 시간적 환경의 차이에서도 생성된다. 이미지 모양의 유사성에 대해서는 모양의 유사성 때문에 '삽자루'가 '성기'의 은유라는 상술한 언급만 보아도 이해가 가능하기에 여기서 담론을 접는다.

---

24   『님의 침묵』「군말(序)」 한용운 지음. 범우사. 2015. 6. 13. p.11.

진화 의식과
뇌, 마음, 언어

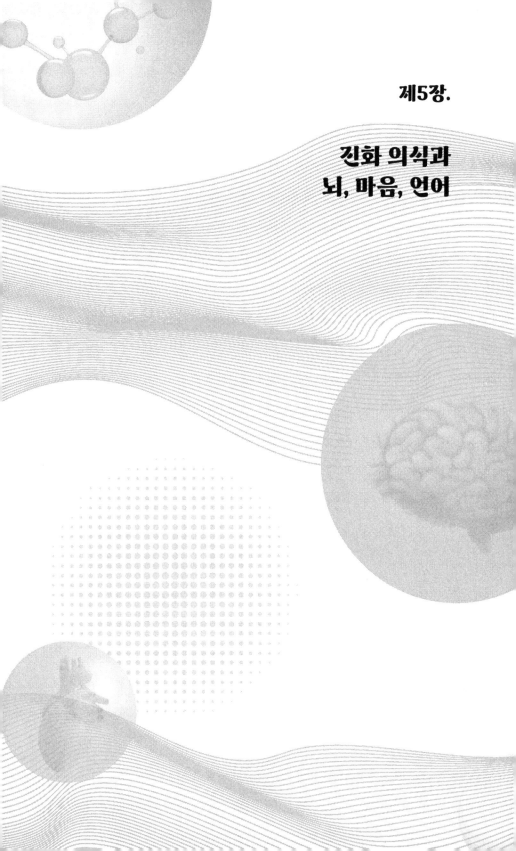

제1절 ═══════════════════

뇌 진화와 마음

1. 뇌의 진화사

우리는 지금까지 오로지 원시 의식 한 가지에 대해서만 집중적으로 담론을 전개해 왔다. 그러나 이제는 드디어 진화 의식이란 무엇인가에 대해 본격적으로 논할 때가 된 것 같다. 담론의 첫머리에서 독자들에게 미리 핵심 내용을 누설하자면, 원시 의식과 진화 의식의 근본적인 차이점은 전자가 형태 진화라면 후자는 형태+기능 진화라는 점이다. 원시 의식은 팔이 짧아지고 다리가 길어졌으며 입이 들어가는 신체적인 형태 변화처럼 눈두덩이 평평해지고 코가 작아지고 귓바퀴가 축소되는 등의 형태 측면에서의 진화만 있었을 뿐 기능 면에서의 변화는 없었다. 그러나 뇌에서는 원시적인 변연계와 중뇌의 정보 종합 및 지령 기능이 존재하는 기초에서 기존의 형태와 기능과는 전혀 다른 새로운 형태와 기능이 생겨났다. 나는 이것을 원시 기능과 분류하여 진화 의식이라고 명명한다. 진화 의식은 생명체의 탄생보다 훨씬 뒤늦은 시기에 생성됐을 뿐만 아니라 오로지 뇌에서만 일어난 획기적인 사건이다. 그것의 존재로 인하여 인간은 비로소 동물이나 영장류와의 오랜인연을 끊고 새로운 종으로 탄생할 수 있게 되었던 것이다. 유구한 역사를 가진 생명의 역사에서 뇌의 변화는 한낱 "5억 년이 넘는 시간"[1]에 걸쳐 "단기간에 '과도하게 생성'"된 "과잉적인 기관"[2]일 뿐만 아니라 겨우 "5만 년 전에야 특별한 창조적 능력을 가진 두뇌가 진화"[3]되었다. 그리고 "4만 년 전을 기점"으로 오늘날까지 뇌는 고정된 상태이다.

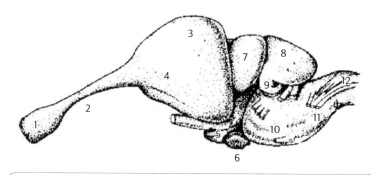

1.후각망울 2.후각로 3.대뇌 4.후각엽 5.시상하부 6.뇌하수체 7.시각엽 8.소뇌 9.소뇌귀
10.교뇌-후뇌 11.연수 12.척수

[사진 28] 파충류 악어의 뇌. 생존에 필수적인 기능 외에 기억하고 생각하는 기능이 거의
없다.

---

1   『뇌 과학의 모든 역사』 매튜 코브 지음. 이한나 옮김. 도서출판푸른숲. 2021.
     9. 30. p.21.

2   『자유의지 그 환상의 진화』 프란츠 M. 부케티츠 지음. 원석영 옮김. 열음사.
     2009. 3. 2. p.123.

3   『史前人類簡史 : 从冰河融化到农耕诞生的一万五千年』 史蒂文·米森著. 王
     晨译. 北京日报出版社. 2021. 2. p.17. 人类50000年前进化出了一种特别有
     创造力的头脑。

파충류에서 포유류로 진화하고 나서야 비로소 뇌는 새로운 진화 단계에 진입했다. 이 새롭게 발달한 뇌 부위가 변연계인데 그것은 뇌간과 소뇌의 상부, 즉 뇌핵의 상부에 위치한다. 뇌의 변연계는 뇌간으로부터 정보를 받아들이고 이 정보를 기반으로 사람들의 감정 반응을 조종한다. 이것이 바로 영장류 동물, 개, 고양이, 돌고래 등 포유류의 세계에서 감정적 반응이 일어나는 이유다. …… 진화의 다음 단계에서 포유류의 뇌는 새로운 발달을 시작한 결과 변연계 상부에 위치한 대뇌피질이 형성되었다. 포유류는 진화 속도가 빠를수록 대뇌피질도 더 크다. 대뇌피질이 클수록 뇌 기능이 더 발달한다. 인간의 대뇌피질 바깥층에는 주름이 많은데, 이것이 바로 대뇌피질이다.[4]

인간의 뇌의 진화는 파충류와 포유류의 두 단계로 분류된다. 파충류 단계의 생명체에서는 뇌가 존재하지 않았는데, 종이 진화하면서 포유류 동물에게는 새로운 뇌 조직인 변연계가 진화하게 된 것이다. 변연계의 기능은 정보 수집과 감정 조절로 정의된다. 이러한 원시적인

4   『你的生存本能正在杀死你 为什么你容易焦虑、不安、恐慌和被激怒』马克·
     舍恩Marc Schoen, 克里斯汀·洛贝格Kristin Loberg著. 蒋宗强译. 中信出
     版社. 2018. 1. p.69. 直到从爬行动物进化成哺乳动物, 大脑才进化了一个
     新的进化阶段, 这个新发育的大脑部位就是大脑边缘系统, 它位于脑干和
     小脑的上部, 也就是说, 位于大脑核区的上部。大脑边缘系统从脑干接收信
     息, 并根据这些信息操纵着人们的情绪反应。这就是为什么人类、灵长类动
     物、狗、猫和海豚等哺乳动物的世界里都有情绪反应。但是, 如同脑干一样,
     大脑边缘系统的反应通常也是无意识地和自发地。……在下一个进化阶段,
     哺乳动物的大脑开始了新的进化, 进化的结果就是形成了大脑皮质, 位于
     大脑边缘系统的上部。哺乳动物的进化程度越高, 大脑皮质越大。大脑皮质
     越大, 大脑功能越发达。人类大脑皮质的外层有很多褶皱, 这就是大脑皮层。

기능은 유독 인간만 가진 것이 아니라 개나 고양이도 모두 가지고 있다. 생명체에서 정보라 함은 지각과 감정을 말하는데 이는 두말할 것도 없이 내가 주장하는 생명 보존 법칙이나 욕망과 마찬가지로 원시 의식에 속한다. 지각과 감정이 원시 의식이라면 이 원시 의식을 수집하고 조절하는 기능 역시 원시 의식에 속해야 할 것이다. 한마디로 변연계는 지각과 감정의 정보가 모이고 흩어지는 원시 의식의 저수지라고 할 수 있을 것이다. 당연히 변연계까지 포함한 이 원시 의식은 모든 포유류가 가지고 있는 공통된 의식이다. 그런데 어떻게 인간은 모든 포유류가 가지고 있는 이 원시 의식에서 한 단계 높은 진화 의식을 탄생시키게 되었을까? 인간의 뇌에 다른 동물들에게는 없는 대뇌피질이 진화하게 된 이유를 나는 손발의 자유, 불의 사용, 언어의 장악 이 세 가지로 귀납한다. 그 어떤 동물도 이 세 가지 중 한 가지도 실행에 옮기지 못하기 때문이다. 손이 해방되어 수작업으로 도구를 만들고 직립 보행을 할 수 있게 된 덕분에 성공적으로 사냥을 하고 불의 사용으로 익힌 음식을 섭취하면서 뇌가 고속도로 진화한 것이다.

최초의 인류 조상에게는 한 가지 특징이 있었다. 두 다리로 걸을 수 있었을 뿐만 아니라 나무에 오르는 것도 잘했고, 절반은 평원, 절반은 수목 생활을 좋아했다. 밤에는 오늘날의 침팬지나 다른 유인원처럼 그들은 나무에서 잠을 잤다. 낮 동안 그들은 다른 포식자를 피하거나 과일을 모으기 위해 나무에 앉아 많은 시간을 보냈을 것이다. 필요한 경우에만 나무에서 땅 위로 내려오거나 혹은 다른 지역의 숲으로 가서 먹이를 찾으며 휴식을 취했다.

약 200만 년 전 직립 인간의 호모 단계에 이르러서야 인간은 비로소 사람의 모습으로 생기기 시작했고, 어느 정도 "인간과 유사"했으며, 두 발로도 거의 현대인처럼 잘 걷게 되어 마침내 원숭이와 구별되었다. 그렇게 약 180만 년의 진화를 거쳐 30만~20만 년 전에야 우리와 같은 현대의 호모 사피엔스가 마침내 지구상에 나타나 지난 6만 년 동안 전 세계를 정복하며 지상에서 가장 지능적이고 유능한 종이 되었다.[5]

인류의 직립보행은 우선 수목 생활에서 나무를 움켜쥐는 역할만 하던 발의 기능을 보행에 옮겼다는 지점에서 의의가 크다. 종래에 다른 나무를 잡을 때까지 가지만 움켜잡던 발가락은 인류가 직립보행을 시작한 후로는 매번 걸을 때마다 지면과 마찰하게 되었고 이는 뇌의 발달을 자극하는 데 유익한 도움이 되었다. 직립은 또한 손을 보행 기능

5　『人从哪里来』赖瑞和著. 中信出版社. 2022. 8. 20. p.86. 最早期的人类祖先有一个特征——他们不但能双足行走, 而且很善于爬树, 喜欢过着半平地、半树栖的生活。晚上, 他们睡在树上, 就像今天的黑猩猩和其他猿类一样。到了白天, 他们很可能有许多时候仍栖息在树上, 以逃避其他猎食者的攻击, 或在树上采集果子。只有在必要时, 他们才爬下树, 走到地面上觅食, 或走到另一区域的树林里觅食或休息。p.60. 一直要到约200万年前直立人的人属阶段, 人才开始长得像人, 有些"人样"了, 双脚也走得几乎跟现代人一样好, 终于跟猿划清了界线。如此又经过了大约180万年的演化, 到了30万—20万年前, 像我们这种现代智人, 才终于出现在地球上, 并且在过去6万年间征服了整个世界, 成了地表上最聪明, 最有本领的物种。

[사진 29] 인류의 조상은 처음에는 수목 생활을 하며 과일을 따먹었다. 나중에 기후변화로 숲 면적이 줄어들자 나무에서 내려와 나무가 듬성듬성한 초원에 살면서 직립보행을 하게 되었다. 직립보행과 불의 사용, 음식을 익혀서 먹기, 언어의 장악은 인간 두뇌의 진화에 결정적인 기여를 한다.

에서 해방시킴으로써 도구를 제작하고 사용하여 수렵을 할 수 있도록 진화하게 유도하며 뇌의 발달에 이바지했다. 또한 동물이 사족 보행을 할 경우 머리를 포함한 신체의 무게 중심이 앞으로 쏠아져 전후 뇌 용량, 특히 좌뇌의 용량이 줄어들게 되는데, 직립보행을 할 때는 전체적으로 수평 형태를 취하게 되므로 상단에 충분한 공간이 형성되며, 좌뇌도 충분한 자리를 확보할 수 있게 된다. 바로 그러한 조건에서 새롭게 진화한 뇌 조직이 신피질이다. 신피질은 여유 공간이 확보된 뇌 윗부분으로 지평을 넓히며 발달할 수 있었다. 신피질의 형태가 늘혀 놓은 계란프라이 모양인 데 반해 그 전에 발달한 뇌인 변연계의 형태는 수직 계란형인 원인은 인류가 사족 보행을 할 때 이마 앞으로 쏟아지는 뇌의 특이한 형태에 영향을 받았기 때문이다. 인류의 포유류 시절에 발달한 소뇌, 중뇌를 포함한 변연계가 생성된 원인은 포유류 동물들이 새끼를 낳고 수유를 통한 양육을 시작하면서, 생명 안전을 지키기 위한 공포와 불안과 같은 기본적인 감정 및 사랑, 기쁨, 행복, 미움, 증오, 슬픔 등 복잡한 감정이 발달하게 되어 그러한 정서적 상황을 총괄할 사령탑이 필요해졌기 때문이다. 그러나 중뇌 또는 변연계는 신피질처럼 정보를 수집하여 해석하고 분석하는 기능이 없이 그냥 호불호의 원시의식적인 몽롱한 판단만 가능할 따름이다. 그것은 사족 보행으로 인해 아래로 쏟아지며 심하게 위축되고 진동하는 뇌의 열악한 상황에서 어쩔 수 없이 발달한 조직이기 때문이다. 정보 수집과 종합적인 기초 판단만으로도 포유류 동물의 생존에 긍정적인 역할을 수행할 수 있었다.

약 200만 년 전 오스트랄로피테쿠스와 호모가 교대하던 시기에 아프리카 대지는 다시 한번 장기간의 가뭄으로 강수량이 감소하고 열대 우림은 더욱 줄어들어 성긴 숲으로 변했으며 듬성듬성한 숲은 사바나 초원으로 변했다. 인류의 조상은 먹이를 찾기 위해 성긴 수풀을 떠나 사바나 초원으로 이동해야 했다. 이는 그들이 수목 생활을 포기하고 더는 나무에 오르시 않고 완전히 두 발로 초원에서만 활농했다는 것을 의미한다.

200만 년 전, 인간이 호모 시대로 접어들어서야 수목 서식지에서 완전히 벗어나며 나무가 듬성듬성한 숲에서 나와 열대 사바나로 이동해 평지에서 살았다. 600만 년 전 침팬지와 분리된 때로부터 200만 년 전 듬성듬성한 숲에서 나올 때까지 계산하면 인간의 조상은 약 400만 년 동안 나무 위에서 살았다.[6]

인간의 뇌 진화에 또 하나의 의미 있는 영향을 준 사건은 나무에서 내려와 초원에서 서식하며 직립보행을 하게 된 것과 비슷한 시기에 발견된 불의 사용이라 할 수 있겠다. 나무 위에서는 불을 사용할 수 없었으며 부뚜막 같은 조리 장소를 축조할 수도 없으므로 불은 반드시 평지로 내려와야 사용 가능해지기 때문이다. "10억 년 동안 지구에는 …… 땔감도 …… 산소도 없어 불이 없었다. 그러나 …… 최초의 숲이 생겨나면서 지구는 불을 지필 수 있는 조건을 갖추게 되었다."[7] 초원은 수목 위보다 넓고 평탄한 대지여서 보행에도 유리할 뿐만 아니라 불을 피우고 음식을 조리할 수 있는 부뚜막을 설치하기도 유리해 불의 사용은 인류 공동체 내에서 급속하게 보급되었다. 연소는 노천 생활을 하

---

6   동상서. p.116. 大约200万年前, 在南猿和人属的交替时期, 非洲大地又一次
         面临长期干旱, 雨量减少, 雨林进一步萎缩, 变成疏林, 疏林则变成热带稀
         树草原。人类祖先被迫离开疏林, 走到热带稀树草原去觅食。这意味着他们
         放弃了树栖生活, 不再爬树, 完全用双脚在草原上活动了。p.88. 一直要到
         200万年前, 人类进入人属的时代, 他们才完全脱离树栖, 走出疏林, 走向热
         带稀树草原, 过平地生活。从600万年前和黑猩猩分手算起, 到200万年前走
         出疏林, 人类的祖先在树上生活了大约400万年。

7   『人类进化史 火、语言、美与时间如何创造了我们』加亚·文斯Gaia Vance著.
         贾青青, 李静逸, 袁高喆, 于小岭译. 中信出版集团. 2021. 9. pp.22~23.

는 인류에게 겨울에 추위를 덜 수 있을 뿐만 아니라 야생동물들의 습격을 막는 자연 보호막 역할을 대신하기도 한다. 특히 여성들과 아이들을 위험에서 분리하는 수단이 되기도 했다. 그러나 그 모든 것을 떠나서 불의 사용이 인간에게 가장 중요한 작용을 한 것을 꼽으라면 당연히 뇌의 발달에 미친 불멸의 기여라고 해야 할 것이다. 불의 사용은 인류에게 익힌 음식이라는, 다른 동물들에게는 없는 뜻밖의 선물을 증정하면서 뇌의 쾌속 진화에 일조했다. 같은 포유류 동물들의 뇌 진화가 변연계의 개발에서 멈춘 이유는 뭐니 뭐니 해도 바로 이 불의 사용 하에 요리할 수 있는 익힌 음식을 먹지 못했기 때문이다. 왜일까? 뇌가 최대한으로 충분히 진화하려면 반드시 그에 알맞은 영양분이 두뇌에 제공되는 절차가 전제돼야 하기 때문이다. 특히 단백질과 지방은 뇌의 발달에 없어서는 안 될 영양 성분들이다. "실제로 인간은 고기를 먹기 때문에 위장이 작아지며 남은 칼로리는 뇌에 사용할 수 있다."[8] 더 정확히 말하면 익힌 고기를 먹기 때문에 칼로리가 뇌에 공급될 수 있었다. 생고기는 호랑이, 늑대 등 포식 동물들도 다 섭취하기 때문이다.

8 『人从哪里来』赖瑞和著. 中信出版社. 2022. 8. 20. p.113. 事实上, 人类是因为吃肉, 肠变小, 可以把剩余的热量用于大脑。

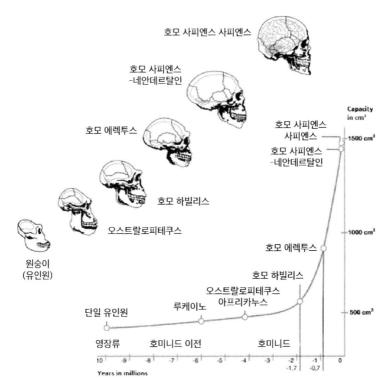

Capacity
in cm³

호모 사피엔스
사피엔스
-1500 cm³
호모 사피엔스
-네안데르탈인

호모 에렉투스
-1000 cm³

호모 하빌리스

오스트랄로피테쿠스
아프리카누스
-500 cm³

단일 유인원
루케이노

영장류   호미니드 이전   호미니드

10   -9   -8   -7   -6   -5   -4   -3   -2   -1   0
-1.7   -0.7

Years in millions

호모 사피엔스 사피엔스

호모 사피엔스
-네안데르탈인

호모 에렉투스

호모 하빌리스

오스트랄로피테쿠스

원숭이
(유인원)

[사진 30] 뇌 용량의 발달 도표. 원숭이부터 현대 인간에 이르는 동안 뇌는 눈부신 진화의
역사를 기록에 남기고 있다. 뇌 용량의 증대는 직립보행과 불의 발견, 익힌 음식 취식, 언
어 장악으로 가능할 수 있었다. 직립보행은 뇌의 평형 안전을, 익힌 음식은 뇌의 영양가를,
빠른 소화는 잉여 에너지의 뇌 사용을, 언어는 뇌의 해석력을 각각 담보해주었던 것이다.

사진 출처: Vincent van Ginneken 외, 「Hunter-prey correlation between migration
routes of African buffaloes and early hominids: Evidence for the "Out of Africa"
hypothesis」

우리의 뇌는 고칼로리, 고단백질 음식이 필요한데, 육류와 지방이 이

를 제공하고 있다. 따라서 요리 문화는 인간의 뇌에서 생물학적 진화를

이끄는 중요한 요소이다. 조리된 음식의 에너지 밀도가 더 높아짐에 따라

인간 조상의 뇌는 자연적 한계를 넘어 커지는 한편 위장은 축소되었다.[9]

호모 에렉투스는 불을 사용하고 구워 익힌 고기나 다른 음식을 먹는 방법을 배웠다. 익힌 음식은 생식보다 위장에서 소화가 쉬우며, 에너지를 많이 공급하여 뇌의 용량을 증가시킨다. 이는 인류 진화의 역사에서 삶은 음식의 중요성을 보여준다.[10]

소를 비롯한 초식 동물들만 일견해도 생식을 하는 대부분의 동물들이 먹는 일에 많은 시간과 에너지를 소모하는 것을 확인할 수 있다. 풀을 뜯어 먹는 시간도 길거니와 먹은 뒤에 다시 새김질을 반복적으로 하여 씹어 넘겨야 위장에서 소화가 된다. 익은 음식을 먹으면 음식이 만만하여 섭취 시간도 줄일 수 있고 새김질할 필요도 없을 뿐만 아니라 소화 시간도 많이 줄어든다. 이렇게 비축된 에너지는 뇌에 공급되어 발달을 촉진하는 데 일조한다. 시간과 에너지가 적게 소모되는 반면 익히지 않은 음식에 비해 조리된 음식에는 뇌의 발달에 필요한 영

---

9   『人类进化史 火、语言、美与时间如何创造了我们』加亚·文斯Gaia Vance著. 贾青青、李静逸、袁高喆、于小岭译. 中信出版集团. 2021. 9. pp.46, 48. 我们的大脑需要高热量、高蛋白质的食物, 肉类和脂肪正好可以提供这些。所以, 烹饪文化是驱动人类大脑生物进化的一个重要因素。熟食的能量密度更大, 这让人类祖先大脑的增大超越了自然的界限, 而肠道得以收缩。

10 『人从哪里来』赖瑞和著. 中信出版社. 2022. 8. 20. p.115. 直立人学会了用火, 或懂得吃烤熟的肉和其他食物。熟食比生食更容易让人的肠道消化, 且提供更多的能源, 让人的脑容量增大。这显示了煮食在人类演化史上的重要性。

양가도 충분해 일거양득인 셈이다. 인간은 원래 초식 동물인데 포식 동물이 되면서 시초에는 생고기를 육식하게 되었고, 불의 발견과 더불어 음식을 조리해 먹음으로써 뇌의 진화에 급가동이 붙은 것이다. 인간이 "수백만 년 전 산불에서 시작"된 불을 통해 100만여 년 전 "호모 에렉투스 시대의 인류"에 의해 "불을 피우는 기술"[11]을 터득하여 음식을 조리해 먹기 시작했음을 감안하면, 신피질의 진화는 그로부터 꼭 95만 년 뒤에 벌어진 사건임을 알 수 있다. 실제로 "스와트크론스 동굴에서는 오스트랄로피테쿠스 유인원의 불에 탄 뼈의 유해가 대량으로 발견"[12]되었으며 "동아프리카 대분지의 고고학적 가치가 높은 투르카나 유적"에서도 "최초의 인류가 사용한 불씨가 발견"[13]되었다. 언어의 사용이 인간 뇌의 진화에 미친 지대한 영향에 대해서는 아래의 담론에서 논하려고 한다. 종합하면 이 세 가지 역사적 사건이 인류의 뇌 진화에서 일으킨 역할은 시간의 흐름에 따른 뇌 용량의 통계학적 수치 변화에서도 적나라하게 드러난다. 고고학계에서 인류의 조상으로 공인된 루시의 뇌 용량에서부터 오늘날 인간의 뇌 용량에 대한 단순한 산술적 숫자 비교를 통해서도 이해가 가능하다. 다만 눈이나 코 등의

---

11 『人类进化史火、语言、美与时间如何创造了我们』加亚·文斯Gaia Vance著. 贾青青、李静逸、袁高喆、于小岭译. 中信出版集团. 2021. 9. pp.23~27.

12 『早期人类』托姆·霍姆斯著. 王莹译. 上海科学技术文献出版社. 2017. 7. p.48. 斯瓦特克朗斯洞穴内发现了大量的烧骨, 距今100万年至150万年, 是大量的南方古猿遗体.

13 『人类进化史 火、语言、美与时间如何创造了我们』加亚·文斯Gaia Vance著. 贾青青、李静逸、袁高喆、于小岭译. 中信出版集团. 2021. 9. p.26.

원시 의식 기관들의 진화는 외부적인 형태 측면에서만 점진적인 변화
가 있었다면 뇌의 진화는 형태와 기능 두 가지 측면에서 모두 진화되
었음을 나타낸다.

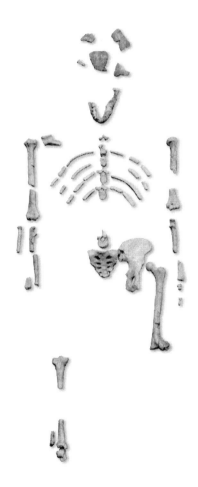

[사진 31] 인류의 조상으로 불리는 12살 루시는 뇌 용량이 약 500세제곱센티미터로 약
1,500세제곱센티미터인 현대인의 뇌 용량에 비하면 매우 작았다. 인간의 뇌 용량은 루시
를 지나 호모 단계에 이르러서야 점차 커지기 시작했다.

200만 년 전의 호모 에렉투스가 나타나기 전인 320만 년 전에 살았던, 인류의 조상으로 일컬어지는 루시는 나무에서 내려와 팔이 짧아지고 하체가 길어진 직립인들과는 달리 아직 유인원을 닮아 다리보다 팔이 길었으며 키는 110cm, 몸무게는 약 29kg의 12살 여자애였는데 뇌 용량은 약 500세제곱센티미터로 약 1,500세제곱센티미터인 현대인의 뇌 용량에 비하면 매우 작았다. 인간의 뇌 용량은 루시를 지나 호모 단계에 이르러서야 점차 커지기 시작했다. 위의 예문에서도 보았듯이 호모의 뇌가 커지기 시작한 원인으로는 그동안의 직립보행과 석기 수제手製 그리고 불을 사용한 숙식熟食이 주요하게 작용했음을 알 수 있다. 그러니까 생명의 탄생과 함께 시작된 원시 의식이 진화 의식으로 전환되는 데는 직립보행, 불을 사용한 숙식, 언어 사용이 결정적인 역할을 한 셈이다. 호모 시기부터 인간의 뇌 용량은 이 세 가지의 조건이 받쳐줌에 힘입어 세월이 흐를수록 커져만 갔다.

   루시를 대표로 하는 400~230만 년 전 아프리카의 오스트랄로피테쿠스의 "뇌 용량이 약 500~700세제곱센티미터"였다면 230~150만 년 전 동아프리카의 호모 하빌리스의 "뇌 용량은 약 500~700세제곱센티미터"로 증가했으며 200~100만 년 전 유라시아 대륙의 호모 에렉투스의 "뇌 용량은 약 600~1,200세제곱센티미터"[14]까지 늘어났다. 호모 하빌리스의 뇌 용량을 " 800입방센티미터"로 추산하는 학자들도 있다. 약 40만 년 전의 호모 사피엔스에 이르러서는 뇌 용량이 무

---

14   『人从哪里来』 赖瑞和著. 中信出版社. 2022. 8. 20. p.112.

려 "약 1,400입방센티미터"에 달했다. 뇌의 크기는 여기서 멈추지 않고 계속 진행되어 22만~4만 년 전 네안데르탈인에 이르러서는 드디어 뇌 용량이 "1,200~1,750입방센티미터(cc)"[15]라는 놀라운 크기로 폭증하는 비약적인 변화가 일어났다. 이른바 현생 인류라고 불리는 호모 사피엔스에 와서는 약 1,100~1,900세제곱센티미터의 고봉에 오르게 된 주요 원인을 꼽으라면 당연히 이족보행과 불의 사용 그리고 언어 사용일 것이다. 그런데 문제는 뇌의 이런 증대가 그 형태 측면에서만 변화를 보인 것이 아니라는 점이다. 보다 질적인 기능 면에서의 변화가 동반되었음을 홀시해서는 안 된다. 뇌의 크기 변화가 초래한 근본적인 기능의 차이는 한마디로 정보 수집을 통한 해석 능력이다. 뇌는 전문적으로 감각 정보를 해석하는 기관이다. "의식은 뇌 속에서 발생하지 않는다"[16]지만 이른바 진화 의식은 바로 그 해석 과정에서 생성된다. 혹여 알바 노에의 주장이 원시 의식을 염두에 두고 한 말이라면 의식은 뇌 속에서 발생하지 않는다. 그러나 그것이 진화 의식일 경우 "뇌는 의미를 좋아한다"라는 표현은 이 점을 강조한 것이라 할 수도 있다. 의미는 반드시 해석을 통해서만 이해되기 때문이다.

---

15   『早期人类』托姆·霍姆斯著. 王莹译. 上海科学技术文献出版社. 2017. 7. p.7.

16   『뇌과학의 함정』 알바 노에 지음. 김미선 옮김. 웅진싱크빅. 2009. 8. 14. p.29.

신피질은 감각의 지각을 받아들이고 운동 명령을 내리며, 공간의 이해, 의식적이고 추상적인 사고와 언어, 상상을 관장한다. 좌뇌의 해석기가 사건에 대한 설명이나 원인을 찾도록 만들어졌다는 사실을 이해하고 나면 이 해석기가 온갖 상황에서 작동하고 있음을 쉽게 알 수 있다.

우뇌는 이야기의 요지를 추론하지 않는다. 모든 정보를 곧이곧대로 받아들이며 원래 없던 정보를 끼워 넣지 않는다.

우리는 해석기는 이야기와 서사를 제공하고 스스로 중요한 결정을 내리며 자유의지를 실천하는 주체라고 믿는다.

해석기는 끊임없이 왜냐고 질문하고 대답한다.[17]

우리는 "해석기"라는 표현에 주목할 필요가 있다. 이 표현은 뇌의 진화 기능을 가장 선명하게 보여준다. 사고와 상상에는 언어가 개입되며 또 판단과 해석과 논리적 분석이 수반되어야 한다. 뇌의 모든 해석은 "왜?"라는 의문 또는 질문에서부터 시작된다. 우뇌는 정보를 단순 수집하지만 언어를 담당하는 좌뇌는 정보와 기억을 소환하여 해석 또는 분석하고 그 기반 위에서 산재한 의미들을 하나의 주제를 중심으로 이야기를 엮어나가며 결정을 내리는 작업을 수행한다. 결국 "우반구는 직관, 감정, 시각, 공간, 촉각에 관여하고 좌반구는 언어, 순차적인 처리, 분석을 담당한다. 말에 관한 기능은 전부 좌반구가 맡고, 경험

17   『뇌로부터의 자유: 무엇이 우리의 생각, 감정, 행동을 조종하는가?』 마이클 가자니가 지음. 박인균 옮김. 추수밭. 2012. pp.110, 113, 136, 145.

의 청각적인 요소는 우반구가 처리한다." 해석과 분석이 언어와 직결되는 이유는 좌뇌의 가동이 "아이가 언어를 이해하고 말을 배우기 시작"[18]해서부터라는 과학적 연구 결과에서도 알 수 있다. 언어가 없으면 해석은 애초부터 불가능하다. 아니 설사 모호하게나마 해석을 한다 치더라도 명확하지도 논리적이지도 분명하지도 않다. 한편으로 해석의 의미가 "현재 기억과 과거 기억 사이에 존재하는 연결점을 찾는 것"이라고 할 때 양자를 이어주는 의미를 분석하는 작업이 곧 해석이라 할 수 있다. 그래서 감각 정보나 기억 중에서 해석의 필터를 통과하지 않은 "감각적 세계의 측면"[19]은 사라지는 것이다.

모든 생리적 신체 부위는 항상 뇌와 연결되어 있다. 그 이유는 각각의 정보들을 종합하고 해석하여 다시 원위치로 지령을 내려보내기 위해서다. 다만 단순하고 반복적인 동일한 행위(호흡, 보행, 시청각 등)의 경우에는, 각 부위가 뇌와 연결은 되지만 뇌로부터 해석이나 지령이 내려오지는 않고 해당 부위가 자동적으로 움직이며 시행된다. 뇌는 뜻밖의 변화가 생길 때에만 원인을 해석하고 분석, 판단하며 대책을 강구하기 위해 참여한다. 그 외의 일반적인 경우에는 단지 느슨한 연결 상태를 유지하고 정보만 수시로 수집될 뿐 행위에 직접 개입하지 않는다. 즉, 뇌는 평소에는 다른 신체 부위와 연결만 되어 있을 뿐 새로운 상황이

---

18   『몸은 기억한다』 베셀 반 데어 콜크 지음. 제호영 옮김. 을유문화사. 2016. 2. 5. p.96.

19   『생각한다는 착각』 닉 채터 지음. 김문주 옮김. 웨일북. 2021. 9. 30. pp.250, 254.

나타나기 전에는 움직이지 않는다. 그러나 원시 의식은 똑같은 동작을 주기적으로 반복하든 아니든 언제나 피동적이다. 뇌 의식은 해석과 판단 또는 지령 작업을 반복하지만 비주기적이고 내용은 번마다 새롭고 주동적이다. 원시 의식의 경우 인간과 동물은 동일하다. 다만 인간은

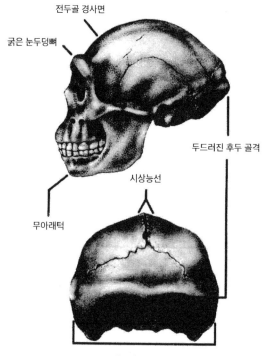

전두골 경사면

굵은 눈두덩뼈

두드러진 후두 골격

시상능선

무아래턱

두개골의 가장 넓은 부분

[사진 32] 유인원의 눈두덩 뼈. 눈 위에서부터 뒷머리까지 굵은 테가 한 바퀴 빙 둘러져 있다. 눈의 변화는 이 둔덕뼈만 평평해지며 형태 측면에서의 진화만 이루어졌고 기능은 불변인 반면 뇌의 진화는 용량의 크기라는 형태, 해석이라는 새로운 뇌 기능 두 측면에서 동시에 진화가 이루어졌다.

사진 출처:『龙骨山冰河时代的直立人传奇』诺埃尔·T·博阿兹, 拉塞尔·L·乔昆 著. 陈淳, 陈虹, 沈幸成 译. 上海辞书出版社. 2011. 8. p.58.

원시 의식과 진화 의식 두 단계로 분류될 뿐이다. 시청각을 비롯한 지각은 정보도 새롭고 비주기적, 비반복적임에도 원시 의식에 포함되는 이유는 소환된 과거 기억과 현재 정보의 차이와 유사성의 비교를 통한 기초적 확인 외에 판단, 해석, 지령의 기능이 없고 피동적이기 때문이다. 그러나 진화 의식은 비교뿐만 아니라 추론, 상상, 논리 등의 수단을 동원하여 해석하고 분석한다.

2. 뇌와 마음

마음의 담론을 진화 의식 파트에서 다루는 이유는 결코 그것이 원시 의식이 아니라서가 아니다. 다만 마음을 진화 의식 즉 뇌와 직결시키려는 심리학자들이 의외로 많다는 점 때문에 여기서 논하는 것이 좋겠다고 판단했을 따름이다. 일단 마음이 진화 의식에 속하는지 아니면 원시 의식에 속하는지 하는 문제는 잠시 뒤로 미뤄두고 모두가 경험한 적이 있는 보편적인 하나의 사례부터 들어 보겠다. 당신은 간혹 잘 알지도 못하며 친분은 고사하고 한 번 만나 본 적도 없는 사람인데 거부감을 느꼈던 영화 배우가 한두 명쯤은 있었을 것이다. 심지어는 싫어하게 된 이유조차도 모를 때가 많다. 누군가가 영문도 모른 채 그냥 싫어지는 이런 마음 현상의 발원지가 도대체 신체의 어느 부위이며 뇌 의식 즉 내가 말하는 진화 의식과 어떤 관계가 있는지를 탐구하는 것이 마음 담론의 주제라고 할 수 있다. 많은 학자들이 주저 없이 마음은 뇌에서 생성된다고 주장하는 것이 오늘날 심리학계의 엄연한 현실이다. 다시 말하면 이유도 없이 누군가를 싫어하는 마음이 뇌 의식에서 만들어진다는 논리이다. 그런데 아이러니하게도 인간의 뇌는 그처럼 모호한 정신 현상을 만들어내는 기관은 아니라는 점을 미리 암시해 둔다. 뇌의 작업은 항상 명석하고 투철하며 또 논리적이면서도 합리적이며 갈피도 잡히지 않을 만큼 두루뭉술하지 않다. 왜 싫어하는지 원인도 모르면서 싫어하는 이런 유형의 정신 상태는 뇌가 아니라 다른 어떤 곳에서 생성된다고 추론하는 쪽이 훨씬 타당할 것이다. 그럼에도 학자들은 "마음의 모든 기능은 뇌에서 만들어진다."[20]라고 공공연하게 주장한다. 마음이 뇌와 연관된다는 정도를 넘어서서 아예 마음은 뇌에서 만들어 낸 파생물인 것처럼 의미를 한참 깎아내리려고 한다.

사실은 마음이 뇌에 깊이 뿌리박고 있기 때문이다. 그들은 단지 뇌의 임시 거주자일뿐 아니라 사막의 유목민 같아 보이지도 않는다. 뇌를 제거하면 마음은 현실적으로 기댈 곳을 상실한다.[21]

마음의 첫 번째이자 근본적인 특징은 의식성이다. 나는 "의식성"이라는 이 단어를 단지 느낌이나 깨어 있는 상태를 의미하기 위해 사용한다.

---

20   『뇌와 마음의 구조』 뉴턴프레스 지음. 아이뉴턴(뉴턴코리아). 2007. 5. 15. p.90.

21   『神秘的火焰:物理世界中有意识的心灵』 C.麦金著. 刘明海译. 商务印书
      馆. 2015. 6. p.29. 事实就在于因为心灵深深扎根于大脑。它们不只是大脑的
      临时住户, 不想沙漠中的的游牧者。去除大脑, 心灵就丧失了实在的依靠。

이 상태는 일반적으로 우리가 아침에 깊은 잠에서 깨어날 때 시작하며 아울러 하루 종일 그 상태가 다시 잠들 때까지 지속된다.[22]

마음은 의식의 뿌리에서 자라난 싹이며 그 싹은 다름 아닌 "의식" 이다. 때문에 마음은 뇌를 제거하면 그 역시 상실된다는 견해이다. 그리고 맥킨이 말하는 "의식"은 뇌에서 생성되는 진화 의식일 것이 틀림 없다. 그러나 이 주장에 그 누구든지 허탈함을 느끼게 되는 이유는 분명하다. 왜냐하면 뇌 의식이 진화되기 전에도 마음은 분명하게 인간뿐만 아니라 포유류 동물 모두에게 존재했기 때문이다. 대뇌피질이 생성되기 훨씬 이전부터 마음은 존재했으며 그것을 수집하고 조절하는 역할은 변연계가 대신하고 있었다. 변연계가 뇌의 역할을 대신할 때 포유류는 새끼를 임신하고 출산해 기르면서 위대한 모성애에 기반하여 사랑과 증오, 행복과 슬픔과 같은 복잡한 마음의 정신 현상을 소유하고 있었다. 맥킨의 주장이 맞다면 뇌가 없는데 어떻게 이런 복잡한 마음을 가질 수 있는가? 마음의 뿌리라는 대뇌피질이 부재하는 조건에서 생명 초기의 인간과 포유류 동물들은 어떻게 마음을 생산하고 영위했는지에 대해 전문가들의 설득력 있는 과학적 설명을 듣고 싶다.

자식에 대한 엄마의 마음의 표현으로서의 모성애는, 앞의 장절에서

---

22   『心灵、语言和社会-实在世界中的哲学』约翰·塞尔著. 李步楼译. 上海译文
       出版社. 2001. 2. p.40. 心灵的首要的和最根本的特征是意识性。我用'意识
       性'这个词意指那些我觉得或清醒的状态, 它们一般在我们早晨从沉睡中醒
       来时开始,并在整个一天继续这种状态, 直到我们再次入睡。

도 언급한 적이 있지만 생명 보존 법칙에 의해 신체에서 자동으로 생성되는 유전 현상 즉 원시 의식이다. 인간과 포유동물을 포함한 모든 유기체는 내재적으로 고유한 생명 보존 법칙에 따라 죽지 않고 생명의 지속성을 지향한다. 생명의 지속은 유한성의 조건하에서 어쩔 수 없이 자신과 후대라는 가능성을 빌려 이루어진다. 자식 또는 새끼는 유한한 개체적 생명의 간접적인 무한한 연장이다. 결국 엄밀한 의미에서 자식 또는 새끼에 대한 모성애, 사랑의 마음은 확장된 자기애라고도 할 수 있을 것이다. 즉 포유 동물의 모성애(자식에 대한 사랑의 마음)는 번식이라는 행위에 내재된 생명 연장의 가능성 때문에 출산 시 기쁘고 행복한 감정을 불러일으키지만, 이렇게 태어난 자식이 병으로 죽거나 포식자에게 잡혀 죽거나 했을 때는 자식의 생명뿐만이 아니라 모체 자신의 생명 단절 역시 겪는 것이기 때문에 깊은 슬픔으로 변모한다. 새끼를 잡아먹은 포식자는 그래서 증오의 대상이 되는 것이다. 새끼에 대한 어미의 이 모든 애착은 의식에 뿌리를 두고 싹튼 것이거나 "인간의 뇌가 여러 종류의 마음을 창조"[23]해서가 아니라 생명 보존 법칙에 뿌리를 박고 자연적으로 싹터 오른 것이다.

하지만 내 관점에서는 신경생리적 과정과 의식 등 모든 것이 뇌에서 이루어진다. 내 생각에는 무의식적 마음을 논한다는 것은 의식 상태와 의

---

23   『감정은 어떻게 만들어지는가?』 리사 펠드먼 배럿 지음. 최호영 옮김. 한국물가정보. 2019. 8. 29. p.510.

식적 행동을 만들어 내는 신경생리학의 인과적 능력을 논하는 것에 불과
하다.[24]

프로이트가 제기한 '무의식'은 근본상에 존재하지도 않으며 그것
은 정확히 표현하면 원시 의식이라 할 수 있다. 내가 말하는 원시 의식
이 프로이트의 '무의식 이론'과 확연하게 다른 점은 그것도 의식은 의
식이라는 사실이다. 의식이 배제된 것이 아니라 원시적인 상태일 뿐이
다. "의식이란 무엇인가? 의식이란 자신과 주변을 올바르게 인식하고
있는 상태를 말"[25]하기 때문이다. 원시 의식은 '무의식'뿐 아니라 이른
바 '잠 의식'도 포함하며 감각적 정보에 생리적으로만 반응하며 그것
에 대해 해석이나 분석을 수행하지 못하거나 모호하게 느끼는 비논리
적인 의식이다.

나는 의식을 간접적으로 또는 직접적으로 연구하는 것 외에는 마음을
연구하는 다른 방법이 없다는 점을 논증할 것이다. 근본적인 이유는 우리
한테는 "의식"이라는 개념을 떠난 "마음" 개념이란 없기 때문이다. 물론
인간의 일생에 있어서 대부분의 마음의 현상은 의식에 나타나지 않는다.

---

24   『心灵的再发现』塞尔Searle, J.R.著. 王巍译. 中国人民大学出版社. 2012.
      2. p.133. 但根据我的观点, 这些全部都是在大脑中进行的：神经生理过程
      与意识.根据我的观点, 讨论无意识心灵, 只不过是讨论神经生理学产生意
      识状态与意识行为的因果能力。

25   『뇌·신경 구조』 이시우라 쇼이치 감수. 윤관현 감역. 윤경희 옮김. 도서출판 성
      안당. 2021. 9. 16. p.187.

형식적으로는 대부분 어느 시점에서 내 마음의 술어에 적용되며 당시 나의 의식 상태의 조건과 독립적이다. 그러나 비록 우리의 정신적 삶 대부분이 무의식적임에도 불구하고, 나는 의식적인 마음 상태에서 파생된 용어를 사용하지 않는 한, 우리는 무의식적인 마음 상태에 대한 개념을 가지고 있지 않다는 것을 논증하고자 한다.[26]

　방법을 구하지 못했다고 의식에 나타나지도 않는 마음의 연구를 어떻게 의식에 대한 연구를 통해 이해할 수 있는지 저자에게 묻고 싶다. 그도 분명 마음은 의식과는 독립적이라고 강조하고 있다. 독립적인 마음을 그것과 격리된 의식의 연구를 통해서 이해할 수 있다는 주장에 설득력이 떨어질 수밖에 없다. 물론 저자가 말하는 의식은 내가 강조하는 진화 의식일 것이다. 그런데 특이하게도 의식과 관계가 없다는 마음을 의식에서 찾겠다는 시도가 어리석어 보이기까지 한다. 그것은 바다 안에서 호랑이를 찾겠다는 것이나 다를 바 없다. 문제는 진화 의식과 원시 의식은 다 같은 의식이라는 동일성을 가지고 있다는 사실이다. 정신이 정상적으로 작동하는 상태에서 주변을 알고 느끼면 그것은

26　『心灵的再发现』塞尔Searle, J.R.著. 王巍译. 中国人民大学出版社. 2012. 2. p.18. 我将论证除了通过间接地或直接地研究意识, 再没有其他办法来研究心智现象。基本原因是我们没有离开"意识"概念的"心灵"概念。当然在人的一生中, 大多数心智现象并不呈现于意识。在形式上, 大多数适用于某一时刻我的心智谓词, 与适用于我当时的意识状态的条件是独立的。然而, 尽管我们的精神生活大多数是无意识的, 我将论证, 除非使用意识性的心智状态衍生的术语, 我们不会有关无意识的心智状态的概念。如果我在这一点上是对的, 那么现在所有关于心智状态的讨论原则上都不谈意识, 的确是不融贯的。

곧 의식이다. 다만 이 원시 의식은 알고 느끼지만 해석이나 분석을 하지 못한다는 점이 진화 의식과 다르다. 바로 이 차이 때문에 그와 동일한 기능을 가진 소위 무의식, 잠 의식은 죄다 원시 의식에 속하게 되는 것이다. 원시 의식은 진화 의식을 제외하면 외부 자극에 대한 생리적 반응 전부라고 할 수 있는 실로 방대한 범위를 가진다. 원시 의식으로서의 이른바 '무의식'과 '잠재의식'은 분명 뭔가를 느끼고 인식하면서도 하나도 확실한 것이 없다. 그런 의미에서 원시 의식은 세포적 반응으로 혼용되기도 한다. 한마디로 집약하면 원시 의식은 몸이 알고 느끼는 생리적 정신 현상이다. 잠재의식을 포함하는 원시 의식은 "우리의 이익을 위해 일하고 봉사"[27]하며 "그 어디에나 존재하며 심지어 인체 생명 세포를 구성하는 가장 작은 부분까지도 잠재의식을 가지고 있다."[28] "하루 24시간 깨어 있고 잠들지 않는 원시 의식의 하나인 "잠재의식은 비이성적이고 판단력과 유머 감각도 없다."[29] 또한 이른바 '무의식'은 의식이 존재하지 않는 것이 아니라 항상 원시 의식과 연결되어 있다. 물론 그것은 진화 의식은 아니다.

---

27   『潜意识：发现未知的自己』奥里森·斯威特著. 肖文键, 马剑涛译. 中国华侨出版社. 2012. 6. p.177. 潜意识, 为我们的利益工作、奉献.

28   『超神奇的暗示术』埃米尔·库埃著. 凌力译. 新世界出版社. 2013. 4. 1. p.37. 潜意识无处不在, 甚至组成人体细胞生命的最为微小的部分也拥有着潜意识."

29   『肉身哲学：亲身心智及其向西方思想的挑战(上)』美乔治·莱考夫George Lakoff, 马克·约翰孙Mark Johnson著. 李葆嘉等译. 世界图书出版有限公司北京分公司. 2017. 12. p.178. 潜意识每天24小时都保持清醒, 从不睡觉。……潜意识不理性, 也没有判断能力, 也没有幽默感.

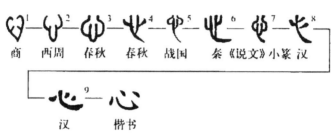

[사진 33] 어떤 사람에게 이유 없이 거부감이 드는 것과 같은 마음은 확실한 것만 추구하는 뇌에서 생기는 것이 아닐 것이다. 갑골문에는 마음 心자가 심장으로 상형되어 있다. 아마도 생명 보존 법칙의 안전 시스템과 연관이 있을 법한 지점이다.

무의식적 이성: 우리 생각의 대부분은 지각층 아래에 있다.

마음에는 무의식적인 면이 있으며 우리의 직관 속에 숨어 있을 뿐만 아니라 다만 간략하게만 이해될 수 있다.

나는 내가 주장한 내용을 한 문장으로 말할 수 있다. 무의식적인 마음 상태는 의식의 접근성을 수반한다. 그것이 잠재된 의식이 아니라면 우리

제5장. 진화 의식과 뇌, 마음, 언어

는 무의식에 대한 개념을 가질 수 없다.[30]

원시 의식의 하나인 '무의식'은 마음과 공존하며 의식이 아닌 직관과만 소통한다. 그럼에도 불구하고 그 무의식에는 잠재 형식으로나마 의식이 접근한다는 주장은 자기모순에 빠진다. '무의식' 즉 원시 의식은 진화 의식에 의존하거나 기대지 않고 스스로 독립적으로 존재한다. 직관과만 소통할 뿐 진화 의식과는 거래하지 않는다. 마음이 '무의식적'이라 함은 의식 자체가 없음을 의미하는 것이 아니며 또 한편으로는 의식이 존재함을 의미하지도 않는다. 그것이 상호 이율배반적인 이유는 이른바 하나의 '의식'이 원시 의식과 진화 의식 두 개로 분류되기 때문이다. 의식이 존재한다고 말할 때에는 원시 의식을 가리키며 의식이 없다고 말할 때에는 진화 의식을 가리키는 데서 비롯된 모순 아닌 모순일 따름이다.

우리는 무의식 작용이 우리가 모르는 사이에 이루어지기 때문에 의식이 우리의 신체적·정신적 생활에서 맡는 역할을 끊임없이 과대평가한다. 그리고 무의식의 놀라운 힘을 잊어버림으로써 우리의 행동이 의식적인 결정에 의한 것이라 여기는 경우가 많다. 따라서 일상생활에서 중요한 역

---

30 『心灵的再发现』塞尔Searle, J.R.著. 王巍译. 中国人民大学出版社. 2012. 2. p.582. 无意识理性：我们的大部分想法处于知觉层面之下。p.590. 心智有无意识的一面，隐藏在我们的直观之中，并且只能被简介了解。p.121. 我可以将论述的内容陈述在一个句子中：无意识心智状态蕴涵了意识的可进入性。我们没有无意识的概念，除非它是潜在的有意识的。

할을 하는 것이 의식이라고 잘못 규정해 버린다. …… 우리가 의식의 특징이라고 생각하고 있는 정신 활동의 일부가 실제로는 무의식적으로 이루어지는 것은 아닐까?[31]

무의식이 마음의 일부이며 마음은 원시 의식의 하나라고 하는 나의 가설에 동의한다면 일상생활에서 중요한 역할을 하는 것이 의식 즉 진화 의식이라고 생각하지는 않을 것이다. 해석 또는 판단이 필요하지 않은 인간의 모든 정신적인 생활은 원시 의식 하나만 가지고도 충분히 운영이 가능하다. "마음과 의식은 같은 말이 아니다. 마음이 풍성해진 상태가 의식"[32]인 것처럼 "풍성함"은 마음이 자체의 원시적 한계를 초월해 진화 의식으로 과도했음을 의미한다. 위의 담론에서 보았듯이 원시 의식에는 마음뿐만 아니라 생명 보존 법칙을 위시하여 감각은 물론이고 감정, 욕망 등 많은 생리적이면서도 정신적인 현상들이 총망라되어 있기 때문이다. 그것이 생리적이라고 함은 원시 의식의 발원지가 신체 내의 세포와 기관이기 때문이며 그것이 정신적이라 함은 일단 생성되는 순간 비물질적인 추상성을 강하게 띠기 때문이다. 이 추상성은 비록 생리적이며 물질적인 신체의 산물이지만 그 표현은 물질과 완전히 다른 정신적인 형태를 가짐으로써 그 모태는 유물론에 입각하면

---

31   『뇌 의식의 탄생』 스타니슬라스 데하네 지음. 박인용 옮김. 한언. 2017. 8. 21. pp.154~155.

32   『느끼고 아는 존재』 안토니오 다마지오 지음. 고현석 옮김. 박문호 감수. 흐름 출판. 2021. 8. 30. p.148.

서도 결과는 관념론적이다. 우리가 흔히 말하는 육체와 정신의 결합은 철학적 언어로 표현하면 유물주의와 유심주의의 결합이라고도 할 수 있을 것이다.

뇌가 공간적이고, 하나의 공간 속 물질 덩어리인데 마음은 비공간적이라면 어떻게 지구상에 뇌에서 생성된 마음이 존재할 수 있겠는가? 뇌의 온실은 어떻게 이처럼 그 자신과는 다른 것을 잉태해 내는가? 한마디로 인간은 어떻게 공간적인 것에서 비공간적인 것을 만들어 내는가?[33]

신체 기관은 비단 뇌 하나뿐만 아니라 심장, 위, 폐 등은 물론 뉴런과 세포까지도 포함하여 모든 기관이 물질적이고 공간적이라는 점을 감안할 때, 다마지오의 의심은 통증이 없는 공연한 아픔이라 할 수 있을 것이다. 그의 주장처럼 마음이 비공간적인 뇌가 아닌 대폭발 전에 이미 물질보다 먼저 존재한 의식에서 생성된 것이라면 더구나 설득력이 떨어진다. 물질 대폭발 전의 의식은 감각이 없이도 존재하는 의식이다. 뿐만 아니라 이 '의식'은 육체, 뇌, 감각 기관이 없이도 대폭발이 일어나고 미리 뇌가 발달할 것을 다 알고 대기하고 있다. 한마디로 '절대 신'이다. 만일 의식이 앞으로 벌어질 대폭발에 대해 아무것도 모른

33 『神秘的火焰 : 物理世界中有意识的心灵』 C.麦金著. 刘明海译. 商务印书馆. 2015. 6. p.98. 假如大脑是空间的, 是一个空间中的一团物质, 而心灵是非空间的, 那么地球上如何会存在从大脑中产生的心灵？大脑的温室如何孕育出某些如此不同于它自身的东西？简言之, 我们如何从空间的东西产生出非空间的东西？

채 대기만 하고 있었다면 대폭발과 의식의 결합을 미리 계획하고 작동시킨 다른 신이 존재할 것이다. 그러나 대폭발의 발생에 대해서도 모르고 의식의 물질과의 결합에 대해서도 모르고 기다렸다면 의식은 영원히 홀로 존재했을 것이다. 스스로 물질과의 결합을 선택했다고 하더라도 그것은 분명 신적 존재일 것이며 타력에 떠밀려 결합했다면 그 타력이 신의 역할을 할 수밖에 없다. 결국 다마지오의 무병 신음의 결과는 신에게 이 모든 기능과 권리를 양도하는 것 외의 다른 목적은 없다. 대니얼은 자신의 저서에서 기발하게도 "감정 시스템은 신피질에 의존하지 않고 자동으로 반응할 수 있으며 일부 감정 반응과 감정 기억은 아무런 의식과 인지적 관여 없이도 형성될 수 있다."[34]라고 단언한다. 라마찬드란 박사는 "아직 우리는 마음과 두뇌에 관한 거대 통합 이론을 제시할 수 있는 단계에 이르지 못했다."라고 과학의 진전에 아쉬움을 토로한다.

그런데 진리가 드디어 그 모습을 드러냈다는 절대적 확신이나 깨달음에 대한 느낌이, 두뇌에서 생각을 담당하는 이성적 부분이 아니라 감정과 관련된 변연계에서 나온다는 것은 참으로 역설적이다.[35]

---

34   『情商:为社么情商比智商更重要(1册)』丹尼尔·戈尔曼Daniel Goleman著.
       杨春晓译. 中信出版社. 2010. 11. p.60. 情绪系统可以不依赖于新皮层自动
       作出反应, 有些情绪反应和情绪记忆可以在完全没有任何意识和认知参与
       的情况下形成.

35   『두뇌실험실』빌라야누르 라마찬드란, 샌드라 블레이크스리 지음. 신상규 옮
       김. 바다출판사. 2015. 4. 1. pp.37, 333.

원시 의식으로서의 마음은 뇌의 수반이 없이도 진리를 스스로 축적한 경험 기억을 소환함으로써 간단하게 터득한다. "신체는 뇌의 명령을 수행하는 수동적인 장치가 아니다. 신체는 미묘한 신호를 보내 당신의 결정에 영향을 주는"[36] 신비한 기능을 가지고 있다. 그런 기능 덕분에 "사람은 반드시 죽는다"라는 이 삼단논법의 심오한 진리는 뇌의 해석이 전제되지 않아도 할아버지, 할머니 또는 아버지, 어머니나 병환으로 일찍 죽은 형제자매, 친척, 지인을 통해 쉽게 마음으로 터득한다. 마음의 앎을 위해서는 뇌가 소환될 필요 없이 감각 정보만 제공되면 가능하다. 그리고 모든 감각 정보는 외부 자극만 있으면 자연적으로 정보가 생산되며 신체는 즉각적으로 반응하는데 그렇게 생성된 결과물이 다름 아닌 마음이다.

마음은 외부 감각 정보와 신체 내부 생리 지극에 대해 자동으로 반응하는 원시 심리 현상이다. 이렇게 탄생한 마음에 "왜?"라는 의문이 붙으면 마음은 이미 자신의 한계를 벗어나 뇌로 진입해 해석 단계로 전환되며 진화 의식 상태가 된다. 예컨대 "사람은 반드시 죽는다"라는 마음에 "왜 죽어야 하는가"라는 질문이 수반되면 그 순간부터 진화 의식의 단계로 이전된다. 마음의 내용은 뇌로 전달되지 않고 변연계 차원에서 불확실하고 모호하게 처리된다. 모든 포유류는 동일하다. 마음이 변연계 수준에서 해석이나 판단을 거치지 않고 호불호의 간단명료

---

36   『具身认知：身体如何影响思维和行为』贝洛克Sian Beilock著. 李盼译. 机械工业出版社. 2016. 7. p.156. 身体不是执行大脑命令的被动设备。你的身体会发送微妙的信号来影响你的决定。

한 가름만 받기 때문에 항상 뚜렷하게 설명이 되지 않는다. 불명확성과 모호함은 모든 원시 의식의 공통된 특징이다. 마음의 상황을 자세하게 요해하려면 어쩔 수 없이 진화 의식인 뇌의 도움을 받을 수밖에 없지만 그렇게 해도 추측에 그칠 뿐 명석하게 인식되지는 않는다. 그래서 사람의 마음은 신비하다고 하는 것이다.

제2절

진화 의식과
언어

1. 언어의 탄생

언어는 "의사소통을 위한 도구"[1]로서 신호를 전달하기 위해서만 탄생한 것은 아니다. 의사소통의 필요성은 다른 동물들에게도 똑같지만 그럼에도 그들에게는 지금까지도 언어가 존재하지 않는다. 인간이 다른 동물들과 구별되는 종으로 갈라져 나올 수 있었던 결정적인 진화가 이족보행이라는 사실은 이미 앞에서 언급했다. 그리고 이 직립보행은 인간의 구강 구조에 변화를 일으킨 획기적인 사건으로서 언어의 탄생에도 중요한 기여를 했다. 사족 보행을 할 때에는 인간의 구강 구조도 침팬지나 다른 영장류 동물들과 다를 바 없었다. 그러나 직립하면서 과일을 먹으려고 돌출하게 튀어나왔던 입 구조가 상하 수직으로 편평하게 들어가면서 후두와 성대도 덩달아 목 아래로 하강하게 되었고 말

---

1 『语言与思维关系新探』伍铁平著. 上海教育出版社. 1990. 5. p.36. 语言只是交际……的工具。

을 할 수 있는 생리학적 조건이 마련되었던 것이다.

[사진 34] 인류의 사족 보행에서 이족보행으로의 진화. 뇌의 진화에 도움을 주었을 뿐만 아니라 말할 수 있는 구강 구조 변화에도 도움을 주었다.

흥미로운 점은 후두의 해부학적 위치가 인간의 진화 과정에서 아래로 내려가면서 혀가 수직과 수평으로 움직일 수 있게 되었다는 것이다. 이로 인해 인류가 만들어 내는 음성 종류에 대한 식별의 가능성을 훨씬 확장할 수 있게 되었다. 반면에, 표준 포유류의 혀는 긴 입안에 평평하게 눕혀져 있기 때문에 'beet'의 Iii 또는 'boot'의 /u/와 같은 음성을 만들어 낼 수 없다.[2]

2   『语言的认知神经科学』戴维·凯默勒著. 王穗苹译. 浙江教育出版社. 2017. 12. p.150. 有趣的是，喉头的解剖位置在人类进化的进程中发生了下降，这使得舌头能够垂直和水平地运动，这极大地扩展了人类产生可辨别语音的种类.与之相反，标准的哺乳动物的舌头是平躺在很长的口腔中，因此它不能够产生如"beet" 中的Iii 或"boot" 中的/u/ 之类的元度。

처음에 호흡과 음식 섭취만을 위하여 발달하였던 기관이 혀의 모양, 후두의 위치와 이들을 지탱하고 있는 두개골의 골격 구조 변화에 의해 새로운 기능인 '말하기'에 적응하게 된 것이다.

두개골 기초와 성도의 형태학적 특징은 직립 자세 또는 원시인류의 두뇌 용적 증대에 적응하면서 만들어진 것이라고 볼 수 있다.[3]

나는 언어의 탄생에서 혀의 구조 변화만 중요하다고 할 수는 없다고 생각한다. 사족 보행을 하는 동물은 발성 기관의 연결이 위쪽 혀 뒤에 폐쇄적으로 모여 있을 뿐만 아니라 후두 부위가 ㄱ형으로 휘어든 반면, 직립보행을 하게 된 인간의 발성 기관은 혀 부위에서 분리되어 가슴 방향으로 내려오며 폐에서 후두에 이르는 통로가 수직선을 이루게 됐다. 침팬지는 휘어든 각도가 45도 정도나 된다. 후두의 위치 이동은 약 20만 년 전 인간이 호모 사피엔스로 진화하면서 정착된 직립보행으로 인해 비롯된 것이다. 후두가 가슴 방향으로 하강 이동하면서 혀에 밀착되어 막혔던 성대가 상하 양방향으로 개방되자 발성된 음량이 확장할 수 있는 보다 넓은 공명 공간이 확보되었고, 또 혀의 위치 변화와 성대의 곧음으로 발음의 명료도가 훨씬 높아지게 되었다. 다시 말해 구강 구조의 변화로 인해 인간은 입안에만 국한되었던 공명 공간을 가슴까지 확장하면서 발성 음량을 최대한으로 높이는 한편 곡선형

---

3 『언어의 탄생: 왜 인간만이 언어를 사용하는가?』 필립 리버만(Philip Lieberman) 지음. 김형엽 옮김. 글로벌콘텐츠. 2014. 8. 31. pp.81, 85.

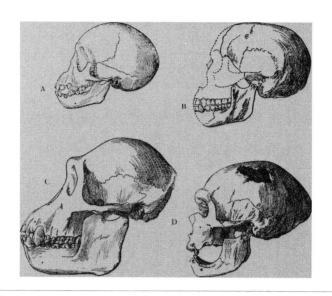

A. 어린 침팬지 두개골   B. 필트다운인의 두개골
C. 성체 수컷 침팬지 두개골   D. 네안데르탈인(스미스 우드워드 이후)의 두개골

[사진 35] 인류는 사족 보행에서 이족보행으로 진화하면서 두뇌가 수평 형태로 변화했다. 그것은 성대의 모양에도 영향을 줌과 동시에 구강 구조의 영역이 상하로 확장되면서 말을 할 수 있는 음량의 공명 공간을 확보하게 되었다.

의 폐쇄된 구강 구조에서 해방되어 발음을 정확하게 할 수 있는 조건을 갖추게 된 것이다. 그리고 직립보행에 의한 두뇌 형태의 변화는 확실히 성대 변화에 영향을 주었다고 할 수 있다. 네 발로 엎드려서 이동할 때 뇌 형태는 뒤쪽이 아닌 이마 쪽에 집중적으로 쏠아지며 뒷머리쪽에 빈 공간이 생겨 구강 구조가 상승했을 수 있지만 직립 이후에는수평으로 되면서 뇌가 뒷머리까지 펴지면서 구강이 아래로 밀려 내려갔을 가능성이 있기 때문이다. 이는 직립에 따른 뇌 구조의 변화에 구강 구조 위치가 영향을 받은 케이스라고 할 수 있다. 물론 "직립과 뇌의 성장이 현대 인간이 지닌 성도 구조를 형성하는 데 중요한 조건이 된다고 보았던 주장들을 재고"[4]해야 된다고 생각하는 사람들도 있지만 어린이의 경우를 대입해 보면 직립과 뇌의 형태 변화가 성도 변화의 전제 조건이 되었음을 알 수 있다. "갓 태어난 유아들은 다른 영장류들과 비슷한 초후두부성도를 지니고 있고, 초기 유년기 동안 동물과 유사한 모습의 초후두부기도를 유지"하는 이유 역시 보행법과 연관시켜 생각해 볼 필요가 있을 것이다.

인간의 신생아들은 인간 이외의 영장류가 가진 기도와 매우 흡사한 구조를 가지고 있다. 아기들이 정상적으로 성장하는 동안에 입안의 구개는 두개골의 밑바닥을 따라 차츰 뒤쪽으로 이동한다. 성장을 바탕으로 한 주요 변화들은 3개월이 될 때까지 발생하며, 이런 과정은 대략 5살까지 빠른 속도로 계속되며, 실제로는 청년기까지 끝나지 않고 진행되기도 한다.[5]

아기들은 직립이 불가능하기 때문에 바닥에 엎드려서 기어다닐 수밖에 없다. 즉 네발 보행을 한다는 뜻이다. 신기하게도 네발 보행을 하는 이 기간 동안 아기들의 성도는 동물들과 같을 뿐만 아니라 동물처

---

4   『언어의 탄생: 왜 인간만이 언어를 사용하는가?』 필립 리버만(Philip Lieberman) 지음. 김형엽 옮김. 글로벌콘텐츠. 2014. 8. 31. p.91.

5   동상서. pp.81, 86.

럼 말도 하지 못한다. 걸음마를 떼고 직립보행을 시작해서야 비로소 정상적으로 말을 할 수 있다. 직립을 하여 입안의 구개가 점차 뒤쪽으로 이동하면서 발화가 가능해지는 것이다. 이런 현상은 직립보행과 성도의 위치 변화 및 발성이 얼마나 중요한 관계를 가지고 있는지를 설명해 준다. 모르긴 해도 인간이 직립보행을 하지 못했으면 언어를 가지지 못했을 뿐만 아니라 뇌의 발달과 그로 인한 진화 의식도 없었을 것이다. 직립보행은 뇌의 진화와 언어의 탄생은 물론 신체 각 부위의 발달에도 결정적인 영향을 미쳤다. 눈두덩과 입이 평평해지고 팔은 짧아지고 다리는 길어졌으며 키도 늘어나 장신이 되었다. 이 모든 진화의 결과는 대부분이 직립보행 때문에 가능했던 것이다. 그리고 직립보행보다 더 중요하고 우선적인 것은 인류가 직립보행을 하지 않으면 안 되도록 추동한 생명 보존 법칙이다. 숲이 사라지자 인류로 하여금 먹을 것을 찾아 나무에서 내려오도록 만든 장본인은 다름 아닌 생명 보존 법칙이기 때문이다. 이 법칙에 따르면 생명체는 어떤 상황에서도 자신의 안전을 도모하고 그 기반 위에서 먹어야 한다. 언어는 바로 생명 보존 법칙이 가르치는 안전 시스템과 먹잇감 확보를 위한 치열한 움직임으로부터 생성된 것이다. 그러면 아래에 생명 보존 법칙에 따라 언어가 어떤 발전 궤적을 그려 왔는지 살펴보도록 하자.

뇌의 언어 영역이 운동피질 근처에서 발달한 것은 말이 생기기 전에 의사소통에 쓰인 기본 형태가 손짓이었기 때문이라는 주장이 있다. ……

말이 생기기 전에 원시인들은 원숭이들이 입술을 탁탁 치듯이 몸짓이나 손짓으로 의사를 교환했을 것으로 추측한다.[6]

일부 학자들은 인간의 언어는 영장류의 울음소리에서 진화했다고 간주한다. 또 다른 관점은 구어가 유인원의 수어手語에서 발전했다는 견해이다. 하지만 구어는 이 둘의 결합체일 가능성이 높다.[7]

나는 언어 이전의 의사소통 수단이 손짓 즉 수화와 영장류의 울음소리라는 점에 주목한다. 수화는 지금도 농아인들의 주요 의사소통 수단이 되고 있다. 말이 어떤 의미를 가지고 있다면 손짓 혹은 몸짓에도 그에 상응하는 의미가 있기 때문에 소통 수단이 될 수 있는 것이다. 우리는 손가락으로 장소와 물체를 가리키며 손사래를 젓는 제스처로 부정이나 없음을 표현하기도 한다. 간단한 얼굴 표정으로도 반감이나 호감 같은 의미를 표달할 수 있다. 이런 기능은 언어에만 존재하는 것이 아니다. 단지 언어는 의미를 상징화하고 간단하게 기표화함으로써 표현과 전달에서 정확하고 빠르다는 장점이 존재할 따름이다. 그렇다면 구어 즉 인간의 말이 단지 손짓, 영장류의 울음소리로부터 유래했다

---

6   『마인드해킹』 탐 스태포드, 메트 웹 지음. 최호영 옮김. 황금부엉이. 2006. 3. 30. p.341.

7   『人类进化史 火,语言,美与时间如何创造了我们』加亚·文斯Gaia Vance著. 贾青青, 李静逸, 袁高喆, 于小岭译. 中信出版集团. 2021. 9. p.112. 一些学者认为, 我们的口语是从灵长类的叫声进化而来的。另一种观点则认为口语是从猿类的手势发展而来的。不过最有可能的是, 口语是这两者的结合体。

고 단정 지을 수는 없을 것이다. 언어의 탄생에 결정적인 기여를 한 것은 인간의 유전자적인 기능이다. 인간의 유전적인 모방 능력은 어린이들에 대한 관찰에서도 분명하게 드러난다. 어린이들이 말을 배우는 과정은 전적으로 이 모방 능력 덕분이다. 심지어 말을 배우기 위해서 특별히 사전이나 학원 같은 것도 다닐 필요가 없다. 설령 사전이 있고 언어 학원이 있다고 치더라도 아기들은 글을 모른다. 그들이 기댈 언덕은 단 하나 모방 능력이다. "아기들은 생후 6개월부터 어른들의 동작을 이것저것 모방하기 시작"하면서 말도 덩달아 모방한다.

다음 단계인 약 1세부터 어린이는 자신의 일관된 동작을 형성하기 위해 의도적으로 어른들의 동작을 모방하기 시작한다. 이때 상상을 초월하는 그런 모방 능력이 점차 형성된 아이들은 말을 배우기 시작할 뿐만 아니라 때로는 사전의 도움도 문법과 단어를 외울 필요도 없이 서로 다른 두 언어를 동시에 배우기도 한다.[8]

유아들은 주변 사람들이 말하는 언어에 유의하기 시작한다. 그들은 사람들의 얼굴, 특히 말하는 사람의 입술을 자주 쳐다본다. 그들은 입 모양

---

8 『动物有意识吗?』阿尔茨特，[德]比尔梅林著．马怀琪，陈琦译．北京理工大学出版社．2004. 5. pp.217~218. 从6个月他们(幼儿)就开始亦步亦趋地模仿成人的动作。在下一个阶段，大约一岁左右，孩子就已经开始故意模仿大人的动作，以便能形成自己的连贯动作。这时那种超乎想像的模仿能力也逐渐形成，孩子们开始学说话，有时甚至同时学两种不同的语言，而且不用借助字典，也不用啃语法和背单词。

과 목소리 사이의 어떤 조화를 기대하는 듯하다. 아기들에게 사람들이 말
하는 영상을 보이면 그들은 목소리와 일치하는 입 모양과 목소리와 일치
하지 않는 입 모양의 차이를 보아낼 수 있다.[9]

아기는 생후 7~8개월이 되면 대화 상대가 말을 할 때 조용해지고, 상
대방이 말을 멈추면 소리를 내어 응대할 것이다.[10]

어른들의 대화에 대한 아이들의 모방 특징은 단어가 담고 있는 뜻
도, 의미도 모르는 백지상태에서 단순히 음성과 입 모양만 흉내 낸다
는 것이다. 상대가 말을 할 때 조용해지는 이유는 보고 듣기 위해서며
그래서 아이들의 모방은 지연 모방인 것이다. 성인의 말이 끝난 다음
입술의 움직임과 음성의 차이를 자신의 음성과 입술에 그대로 본받아
옮기는 행위라고 할 수 있다. 외국어도 의미를 모른 채 음성과 입술 모
방으로만 배운다. 의미를 모른다는 말은 모방 행위에 뇌가 간섭하지
않음을 설명한다. 이렇게 모방된 백지 언어는 입과 청각이 기억한다.
그런 까닭에 우리는 말은 하지만 뜻을 모르는 단어들이 종종 발생하게

---

9   『人是如何学习的：大脑、心理、经验及学校』约翰·D·布兰斯福特等编著. 程
     可拉等译. 华东师范大学出版社. 2013. 1. p.83. 幼儿开始留意到周围的人
     所讲的语言。他们被人的面容吸引，尤其是常常观看说话人的嘴唇。他们似
     乎期望口形与声音之间存在某种协调。当给他们观看人们谈话的录像时，婴
     儿可能觉察到与声音同步与不同步的口形差异。

10   『发展心理学：儿童与青少年』谢弗(Shaffer,D.R.)等著. 邹鸿等译. 中国轻工业
     出版社. 2016. 1. p.346. 到7~8个月大的时候婴儿在同伴讲话的时候很安静，
     等到对方停止讲话时, 他会发出声音作为回应。

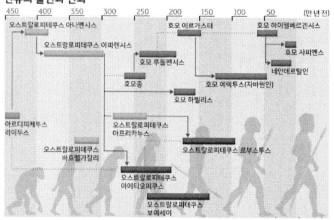

인류의 출현과 진화

「인류 진화의 '잃어버린 고리' 찾았다.」 박견형 기자. 조선일보. 2015. 3. 5.

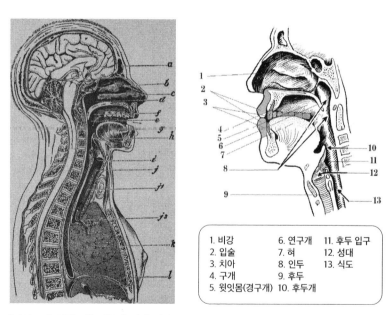

1. 비강	6. 연구개	11. 후두 입구
2. 입술	7. 혀	12. 성대
3. 치아	8. 인두	13. 식도
4. 구개	9. 후두	
5. 윗잇몸(경구개)	10. 후두개	

[사진 36] 직립보행 덕분에 혀에 밀착되어 막혔던 성대가 상하 양방향으로 개방되면서 발성된 음량이 확장할 수 있는 보다 넓은 공명 공간이 가슴까지 확보되었고 혀의 위치 변화와 성대의 곧음으로 발음의 명료도가 훨씬 높아지게 되었다. 또한 이족보행으로 뇌가 수평으로 넓게, 뒤쪽까지 퍼지게 되면서 구강이 아래로 밀려 내려갔을 가능성도 있다.

제5장. 진화 의식과 뇌, 마음, 언어

되는 것이다. 단어의 뜻도 모르면서 말을 하는 것은 그 입 모양과 음성을 입과 귀가 기억했음을 증명한다. 언어 기억은 여러 기관이 분담한다. 의미는 뇌, 발음은 구강, 음운은 청각, 문자는 시각이 각각 나누어 기억한다. 의미는 생각나는데 발음이 안 되거나 발음은 되는데 의미는 모르겠고 음운은 익숙한데 의미는 모르겠고 발음도 잘 안 되고, 문자는 익숙한데 발음이나 의미는 모르겠고……. 그 이유는 분해된 단어를 특성에 따라 여러 기관이 각자 분담하여 기억하기 때문이다. 말의 의미는 아이가 성장한 후 어른들의 설명을 듣거나 공부를 하여 글을 배운 다음에야 뇌를 통해 해석하고 기억한다. "안녕하세요, 다녀가세요"라는 상용 인사말이나 "야, 멋있다!", "깜짝이야!" 같은 감탄사나 철수, 영옥이와 같은 이름, "뭔가 하면" 등의 습관 언어는 의식이 아니라 입(입술, 혀, 구강 등)에 올라 자연스럽게 말이 되어 나가고(같은 단어의 외국어는 말이 나가지 않는다) 귀에 올라 금방 알아듣는다. 일종의 원시 의식인 셈이다. 물론 원시 의식도 수시로 진화 의식의 감시를 받는다. 그러나 문제가 발생하기 전에는 개입하지 않고 원시 의식의 재량에 맡겨둔다. 언어는 진화 의식이긴 하지만 그 기능이 사고와 해석이 아닌 선에서는 원시 의식에 관할권을 양도한다. 물론 의미를 해석하는 순간 언어는 진화 의식으로 전이된다.

  그들은 언어의 기원을 구석기 시대의 크로마뇽인들이 동굴벽화를 그리고 정교한 석기를 조각했던 만 년 전 시대로 추정한다. …… 그러므로

언어 본능은 석기시대 말기 이전에 벌써 형성되었을 가능성이 있다.[11]

위의 예문이 맞다면 인간이 언어를 장악하게 된 역사는 불과 만년 정도밖에 되지 않는다. 그렇다면 언어 이전의 그 기나긴 세월에 인간은 두말할 것도 없이 원시 의식의 통제 아래 살아왔을 것으로 추정할 수 있다. 당연히 언어는 "석기시대 말기 이전"의 어느 날 태양이 솟아오르듯 갑자기 생겨나지는 않았을 것이다. 탄생 오래전부터 간고하고 험난하며 우여곡절의 장구한 '임신' 과정을 거쳤을 것이다. 아기를 낳으려고 해도 10개월간 임신해야 한다. 하물며 저 기적 같은 언어의 탄생에 대해서야 더 말해 무엇하랴. 학계에서 언어 탄생의 기원으로 주장하는 수화도 당연히 언어 임신 과정에 속할 것이다. 하지만 그 하나로는 언어를 '수태'하기가 힘들 것이다. 심지어는 수화 단계 가설에 대해 이의를 제기하는 학자들도 있을 정도였으니까. 그들은 "밤에는 수화로 의사소통을 할 수 없다."라는 반론과 "손 작업할 때 노동과 수화가 서로 방해"[12]한다는 논리를 들고 반박한다. 수화 가설이 합리적이든 설득력이 부족하든지를 떠나서 다니엘 리베르만과 그의 동료들은 "호

---

11 『语言本能·人类语言进化的奥秘』史蒂芬·平克著. 欧阳明亮译. 浙江人民出版社. 2015. 5. p.371. 他们将语言的起源时间顶在万年前, 即旧石器时期的克鲁玛努人绘制洞穴壁画, 雕刻精美石器的时代.…… 因此, 语言本能很可能远在石器时代晚期之前已经形成。

12 『语言与思维关系新探』伍铁平著. 上海教育出版社. 1990. 5. p.10. 夜间无法用手势语言进行交际。用手进行操作时劳动和手势语言会相互妨碍。

모 사피엔스가 나타나기 전에는 언어가 말할 수 없이 유치"[13]했을 것
으로 추정했다. 언어가 유치했던 이 시기는 상당히 오래되었을 것으로
추정된다. 언어가 적어도 준비 단계와 완성 단계로 분류되어 발전했다
는 것만은 확실하다. 준비 단계에서는 노천 생활을 하던 인류와 자연
과의 교감 중에서 싹트기 시작했으며 자연의 위협에 공동으로 대처하
기 위한 생명 보존 법칙의 시스템에 의해 점차 개발되었다. 당시 인류
는 밖에서 생활했기 때문에 포식자나 자연의 위협에 고스란히 노출될
수밖에 없었으며 생존을 위해서는 공동으로, 적어도 가족 단위로 위협
에 대처하지 않을 수 없었다. 언어는 그런 장기간의 대처 과정에서 점
차 개발되었던 것이다.

언어 사용이 1만 년 전이라는 가설을 받아들일 때 인류가 직립보행
을 하게 된 200만 년 전부터 계산하면 무려 199만 년 동안 언어의 준
비 단계를 거쳤다는 걸 짐작할 수 있다. 이 기나긴 준비 단계의 발생은
포식자와 자연의 위협으로부터 생명 안전을 도모하기 위해 발동된 생
명 보존 법칙의 시스템에 의해 비롯된 역사적 사건이었다. 험난한 언
어 준비 과정의 특징은 생명을 위협하는 포식자와 자연재해의 위협에
대해 구성원들 간에 정보를 공유하기 위해 필요했던 의성, 의태어적인
모방 단계이기도 하다.

---

13   『语言本能·人类语言进化的奥秘』史蒂芬·平克著. 欧阳明亮译. 浙江人民出
版社. 2015. 5. p.372. 在现代智人出现之前, 语言一定是无比幼稚的。

원시 언어는 현대 언어보다 손짓으로 하는 수화에 중점을 두며 거기에 소리가 추가된다.[14]

추가된 이 소리의 모방 원천은 포식자의 울음소리와 자연의 소리다. 일단 포식자를 만나면 잡아먹히지 않기 위해 인간은 비명(인간의 최초의 말이기도 한 감탄사는 유일하게 모방이 아니다)을 질러 자신과 구성원들에게 위험 신호를 발송한다. 또한 포식자의 정체와 위치를 동료에게 알리기 위해 울음소리의 모방을 통해 정보를 전달한다. 이 밖에도 안전한 이동을 저해하는 강물이 범람하는 소리, 화재로 불길이 번지는 소리, 폭우와 우렛소리, 태풍과 같은 바람 소리는 의성, 의태어 모방을 통해 구성원들이 공유함으로써 위험에 미리 대처했다. 이러한 자연의 소리들은 생명 안전과 직접적으로 연관되기 때문에, 이에 대한 소리 모방은 구성원들과 정보를 교환하며 위험에 공동으로 대처하기 위해 반드시 필요한 절차이다. 이런 모방은 시간이 흐르며 수도 없이 반복되는 과정을 통해 자연스럽게 언어의 모습을 갖추기 시작했다. 호랑이나 늑대, 멧돼지의 울음소리, 물결 소리, 불붙는 소리, 바람 소리 중에는 자음과 모음은 물론 받침까지 언어의 모든 발음 기교가 포함되어 있다. 그 모방으로 의미 전달이 충분하게 표현이 되지 않는 부분은 수화나 몸짓 또는 얼굴 표정으로 보완했을 것이다. 언어는 거기서부터 시작하

---

14 『人类的天性：基因、文化与人类前景』保罗·R·埃力克著. 李向慈, 洪佼宜译. 金城出版社. 2014. 10. p.148. 原始语言比现代语言更着重用手势比画, 再配合声音。

여 한 걸음 한 걸음 힘겹게 앞으로 전진했다.

여기까지는 언어 준비 단계로서 주로 수화에 더해 의성, 의태어가 섞여 있는 자연 현상에 대한 수동적 모방이었다. 그러나 언어의 완성 단계에 이르러서는 상징적 기표가 단순한 의성, 의태어를 대신하게 되는데 이때가 되어서야 진정한 언어가 탄생하는 시기이다. 예를 들어 "쏴-쏴-"하는 의성 모방으로 표현되던 자연풍은 '바람'이라는 기표로, "꿀꿀꿀"은 멧돼지로 대체되었다. 기표는 임의로 생산되어 구성원들 간에 약속되면 사용 가능해진다. 자연에 대한 단순 모방의 준비 단계에서 이미 모음, 자음, 쌍자음, 받침에 대한 발음 훈련이 충분히 진행된 다음에 문법이 형성되기 시작했다. 초창기 문법의 형성도 자연 현상과 분리해 생각할 수 없다. 처음에는 언어학도 문법학 이론도 존재하지 않았으며 그냥 자연적으로 형성되었을 것이기 때문이다. 언어조차도 아직 형성 단계에 있던 당시로서는 언어 이론 같은 것이 존재할 리가 만무했다. 단지 생명 보존 법칙의 필요 때문에 개발되었을 따름이다.

전 세계 수많은 언어의 문법의 다양성은 자연의 지형적 특성에 의해 분류되었을 가능성이 많다. 산악 지대 언어와 평야, 초원, 사막 지대 언어의 문법적 차이를 보면 전자는 주어(나는)—목적어(밥을)—술어(먹었다)순인데 반해 후자의 경우에는 주어(我)—술어(吃)—목적어(饭)순이며 특히 영어에서는 상황어가 목적어 뒤에 온다. 중국어 문법과 영어 문법이 주술목 구조인 원인은 중국의 중원, 영국의 아일랜드가 평지 또는 초원 지대이기 때문이다. 한국, 일본은 산악 지대이다. 산악 지대에서는 제일 먼저 시야에 가까이 보이는 것이 장소(환경)이고 다음은 물체(대상)이며 마지막으로 움직임인 데 반해 평탄하고 넓은 평원, 초원에서는 동서남북 외에는 딱히 장소 개념이 없으며 시야에는 무엇보다 먼저 먼 곳의 움직임(동사 술어)이 희미하게 감지되고 다음에 물체(목적어)가 분명해지며 마지막으로 장소(상황어)가 확정된다. 이러한 현상은 평야 지대인 러시아어와 프랑스어에서도 일정하게 나타나지만 산악 지대인 몽골어에서는 그 반대 경향을 보이고 있다는 점에서도 입증된다.

총적으로 언어의 탄생은 직립보행의 혜택으로 구강 구조가 발화에 적합하게 변화한 결과라고 단언할 수 있다. 직립보행의 혜택은 거기서 멈추지 않고 뇌의 안착 상태를 평면화시켜 후두와 성대를 가슴 아래로 하강하게 함으로써 음량의 폭을 늘릴 수 있도록 공명 공간을 확장하고 명료한 발음이 가능하도록 유도했다. 그렇게 가능성을 획득한 언어는 기나긴 준비 단계를 거쳐 최종 완성 단계에 이르게 되며 드디어 진화 의식으로 승화됨으로써 뇌의 의미 해석과 사고에서 중추적인 역할을 담당하는 '고차원의 의식'으로 승격될 수 있었던 것이다. 언어가 진화 의식에서 차지하는 비중은 표현할 수 없을 만큼 지대하다. 하지만 그렇다고 해서 우리는 언어 이전부터 존재하며 생명 보존 법칙을 위해 신체를 조절해 온 원시 의식의 중대한 공로를 망각해서는 안 된다. 애초에 원시 의식이 존재하지 않았다면 진화 의식도 없었을 것이며 언어의 탄생도 기대할 수 없었을 것이다. 원시 의식의 위력은 그래서 아직도 언어의 무리한 간섭에서 자유롭다. 원시 의식은 지금도 자신의 고유한 방식대로 독립적으로 작동하며 언어와 나란히 정신의 레일 위에서 평행선을 달린다. 원시 의식과 진화 의식은 생명 보존 법칙의 철길 위에서 유기체를 견인하는 두 개의 바퀴이다. 어느 한쪽만 없어도 유기체는 생존을 유지할 수 없다.

2. 언어와 사유

언어의 탄생은 생명 보존 법칙의 필요에 의해 인간이 발명한 안전 보조 시스템이다. 그러면 당연히 언어적 사유도 시초에는 생명 보존 법칙의 수요와 무관하지는 않을 것이다. 최초에 언어가 생기기 시작했을 때 인간은 생명의 지속에 영향을 미치는 자연 현상에 대해 관심을 가질 수밖에 없었다. 인간의 생존에 막대한 영향을 미치는 기후를 지배하는 하늘이라든지 바람은 물론 신비한 출산과 죽음 등의 사건은 당시 인류의 최대 관심사였다고 할 수 있다. 이런 의미에서 볼 때 인류의 최초의 사유는 천기 변화와 생육, 죽음 그리고 이 모든 것을 관장하는 어떤 신비한 존재—신에 대한 생각이었을 것이다. 상술한 것들은 모두 인간의 생명과 연관된 영역들이며 동물의 사유는 여기서 인간과 분리된다. 포식자를 피해 달아나고 불어난 물에 빠질 것이 두려워 도하를 포기하는 동물의 생각과 판단은 일상적이고 물질적인 자연과의 교류에 국한되는 데 반해 인간의 사유는 거침없이 발전해 추상적인 영역에까지 범위를 확장하면서 동물과 궤를 달리한 것이다.

사유에 대해서는, 그 기원을 인류의 도구 제작과 연결시키려는 시도들이 공개적으로 존재한다. 그들의 논리는 "노동 도구의 발전은 인류의 사유 인식 능력과 노동 기술의 발달과 보조를 맞춘다"[15]라는 유물주의적 관점이다. 위의 담론에서 언급했듯이 사유 역시 언어와 마찬가지로 도구 제작과 노동이 아니라 생명 보존 법칙의 수요에 의해 생성된 것이다. 초창기 인간은 도구보다 먼저 짝짓기, 임신, 출생, 죽음, 먹잇감 획득이라는 비상 상황에 직면하게 되고 이것에 직접적으로 영향을 미치는 신비한 천기 변화에 관심을 가질 수밖에 없었으며 언어와 사유는 바로 이 지점에서 스타트를 뗀 것이다. "초기 인류 사유의 대상은 주로 먹잇감과 포식자였으며 그것은 삶의 주된 내용이자 사유의 주된 내용이기도 했다." [16] 다시 말하지만 초기 인류에게는 도구보다도 포식자로부터 생명을 보호하는 안전과 먹잇감 확보가 더 시급했다. 도구 제작의 기능이 인간에게만 있다는 사실과 침팬지조차도 도구를 사용만 했지 제작하지 못한다는 조건을 인간과 동물의 경계로 삼으려는 학자들이 있다. 그리고 그 도구 제작이야말로 인간이 동물과 다른 고급 사유를 하게 된 계기라고 주장하고 있다. 그러나 내가 보건대 침팬지가 도구를 사용만 하고 만들지 못하는 것은 사유 기능 때문이 아니

---

15   『思维与语言 认识与真理』张浩著. 社会科学文献出版社. 2017. 10. p.57. 人类劳动工具的发展与人类思维认识能力和劳动技能的发展是同步的。

16   동상서. p.58. 早期人类思维的对象, 主要是食物和敌人。觅食和御敌是生活的主要内容, 也是思维的主要内容。

라 보행 도구이기도 한 손의 특이한 구조 때문이다. 침팬지의 손은 보행이나 나뭇가지를 휘어잡기에 적합한 적응적 구조이다. 엄지가 다른 손가락과 떨어져 아래로 처져 있으며 짧고 가늘다. 그런 손 모양은 도구 제작에 적합하지 않다. 다른 동물들은 손이 앞발이 되어 걷기 위한 구조를 가지고 있어 도구를 제작하지 못한다. 따라서 도구 제작은 인간과 동물을 분류하는 조건이 될 수 없다.

결국 언어와 사유의 관계에 대한 담론 혹은 연구는 이 지점에서부터 시작해야 할 것이다. 담론에서 제기되는 문제는 언어와 사유 또는 뇌의 관계에 대한 정의이다. 언어와 사유는 떼려야 뗄 수 없는 동반 관계에 있는가, 아니면 그 둘은 서로 독립적으로 존재하는 현상인가 하는 문제는 심리학 또는 언어학계의 오래된 쟁론 주제이기도 하다. 언어와 사유의 분리는 언어를 대신할 새로운 사유의 도구가 필요함을 의미하며 언어와 사유의 공존은 언어 발생 이전 생명체의 사유에 대해 믿을 만한 설명이 필요할 것이다. 신체 내에서 언어를 대신할 사유 도구를 찾기가 어려운 것처럼 언어가 없었던 시기의 인류나 동물적 사유를 설명하기도 쉽지만은 않다. 그런 이유로 이 쟁론은 예로부터 오늘날까지 지속되고 있는 실정이다.

사유와 언어에 관한 과거의 연구에 따르면 고대로부터 현재까지 제기된 모든 이론은 두 가지 측면인데 하나는 사유와 언어의 동일시(identification) 또는 융합(fusion)이고, 다른 하나는 똑같이 절대적이고 거의

형이상학적인 분리(disjunction)와 격리(segregation)이다.[17]

첫 번째는 언어가 사유보다 먼저라는 가설인데 널리 퍼져 있다. 이 견해를 가진 사람들은 "언어는 사유의 도구이며 인간은 언어가 없이는 사고가 불가능하다."라고 생각한다. 두 번째는 동시 발생 가설이다. 이 견해는 사유와 언어가 동시에 발생하고 보조를 맞춰 발전한다는 견해이다. …… 세 번째는 사유가 언어보다 먼저라는 견해이다.

나는 발생학적인 시점에서 볼 때 인간은 먼저 사유 또는 사유 능력이 있은 다음에야 비로소 언어가 점차 생겨났다고 생각한다. …… 고대 인류학 자료에 따르면 언어가 생겨나기 훨씬 이전부터 인간은 도구를 만들 때의 물리적 행동 사유(직관적 행동 사유 혹은 직관적 사유라고도 한다)와 암각화 등 예술 작품을 창작할 때의 표상 이미지 사유 등 다양한 유형의 무언 사유를 가지고 있었다.[18]

---

17   동상서. p.2. 以往关于思维与语言的研究表明, 从古至今提出的所有理论不出乎两个方面：一个方面是思维与语言的同意或联合, 另一个方面则是同样绝对的、几乎是形而上学的分离和隔断。

18   동상서. p.95. 其一, 是语言先于思维说。这种观点流传甚广, 持这种观点的人认为'语言是思维的工具。没有语言, 人就不可能进行思考'。其二, 是同步说。这种观点认为, 思维和语言是同时产生、同步发展的。……其三, 是思维先于语言说。 p.105. 笔者认为, 从发生学的角度看, 人类是先有了思维或思维能力之后, 才逐步产生了语言的。……据古人类学的资料证明, 早在语言产生之前, 人类已经有了制造工具时的实物动作思维(亦称' 观动作思维'或'直观思维' 和创作岩刻岩画等艺术作品时的表象形象思维等各种类型的无词思维。

[사진 37] 도구 제작은 사물의 형태에 대한 모방의 기술이다. 사유 같은 건 필요 없이도 가능하다.

언어가 사유보다 선행했고 또 언어가 없이는 사유가 불가능하다면 언어를 가지고 있지 않은 동물의 사유는 설명할 수 없게 되며 동물에서 시작한 인류의 진화 또한 부정될 수밖에 없을 것이다. 동시 발생설역시 동물이나 인류가 동물이던 시기의 사유를 설명할 수 없기는 마찬가지다. 사유가 언어보다 앞선다는 가설은 언어가 없을 때에도 사유가 가능한데 하필이면 왜 언어가 개발되었으며 사유에 개입하는가 하는 난제에 봉착한다. 그렇다면 언어는 단지 생각이나 마음을 타자에게 전달하기 위한 목적에서 창조되었다고 할 수밖에 없다. 그러나 아이러니하게도 인간이 사용하는 언어에는 전달이 필요하지 않은 부분도 동시에 존재한다. 예를 들면 많은 학자들이 주장하는 "마음의 언어" 또는 "내면 언어"가 바로 그것이다. 소리 없는 말, 이른바 혼잣말은 누구에게도 전달되지 않으며 속으로 혼자만 생각하는 비교제성 언어이다. 실제로 대부분의 생각은 이 마음의 언어를 사용하며, 누구나 남이 들으면 안 되기 때문에 혼자 마음의 말을 하는 경우를 자주 경험했을 것이다. 사실 언어는 예나 지금이나 모든 사람들에게서 교제보다는 마음의 언어로 사용되는 경우가 훨씬 더 많다. 그런 의미에서 인류의 언어 개발은 교제하기 위해서도, 사유하기 위해서도 아니며 단지 생명 보존 법칙에 의해 위험 상황에서 탈출하기 위한 하나의 방어 수단으로 탄생했을 따름이다. 언어는 포식자에 대한 위협이고 자신에 대한 경고 메시지이며 동료에게 알리는 신호이다. 언어는 생명 안전과 연관된 자연현상에 대해 의미를 통해 획득하는 이해이다.

내면 언어에 관한 관련 실험을 통해 그것의 존재가 객관적이고 실제적이며 신뢰할 수 있음이 입증되었다.[19]

---

19   『意识的认知理论』伯纳德·J.巴尔斯著. 安晖译. 科学出版社. 2014. 1. p.18.
      内部语言的有关实验证明它的存在是客观的、真实可靠的。

발음되지 않는 무음(無音), 무언(無言)의 언어, 즉 밀러의 유명한 정의에 따르면 음성이 없는 언어를 내적 언어라고 한다.

내적 언어는 자기 자신을 위한 언어이고, 외적 언어는 타인을 위한 언어다. …… 외적 언어는 생각이 말로 전환되는 과정이며, 생각의 물질화·객관화다. 여기서 반대의 과정, 즉 밖에서 안으로 진행되는 과정은 언어가 생각으로 기화되는 과정이다.[20]

내면 언어란 사실 뇌 언어 영역의 수용에 의해 소환되어 재현된 청각적 음성 기억이다. 내적 언어는 "밖에서 안으로"가 아니라 안에서 안으로, 즉 뇌의 부름에 호응하는 청각 기억이 청각 영역에서 재생이 진행되는 내부 처리 과정이다. "밖에서"라는 표현은 외부 자연을 지칭하는데 내면 언어의 그 어느 측면도 외부와는 상관이 없다. 철저하게 내면에서의 진행이다. 내면 언어는 무음인데도 청각에서 소리가 들리고 소리가 재생되는 순간 관련된 발음 기관(혀, 입술 등)이 긴장된다. 이는 소리의 기억 위치가 뇌가 아니라 발음 기관임을 입증한다.

그리고 이보다 더 중요한 것은 내면 언어 즉 내면 사유는 정보 전달을 목적으로 하는 대화 언어와는 질적으로 구분된다는 점이다. 언어의 전달은 오로지 대화를 통해서만 가능하지만 생각(사유)은 내면 사유의 방식을 택한다. 내면 사유는 의미의 전달보다는 어떤 사물, 사건, 현상

---

20   『사고와 언어』 레프 세묘노비치 비고츠키 지음. 이병훈 외 옮김. 연암서가.
        2021. 4. 30. pp.478, 480.

에 대한 이해와 판단을 근거로 결론을 도출하기 위해 사적인 차원에서 은밀하게 진행된다. 솔직하게 말해 누구든지 한 사람의 인생에서 타자와 정보를 교환하고 의미를 전달하는 대화 언어를 사용하기보다는 혼자서 진행하는 무언의 사유 활동 시간이 훨씬 더 많을 것으로 추정된다. 대화는 의미의 전달이 목적이지만 사유는 의미에 대한 이해가 목적이다. 사유의 대부분이 그렇지만 특히 내면 사유일 경우에는 상대가 필수인 대화와는 달리 대상을 필요로 하지 않는다. 따라서 언어가 교제나 의미의 전달을 위해 창제되었다는 가설에는 설득력이 부족하다고 해야 할 것이다. 아마도 초창기에 이러한 혼자만의 내면 사유는 생명 보존 법칙이 수요하는 영역에 국한되었을 것이다.

그리고 이른바 "물리적 행동 사유"라고 불리는 도구 제작을 사유의 기원으로 간주하는 견해에도 문제가 존재한다. 원시인류가 사용한 도구인 돌도끼나 창의 제작 과정은 엄밀하게 말해 사유를 전제하지 않는 단순노동에 속한다. 그것은 일단 직관적 경험의 결과물이며 그 결과물에 대한 단순 모방이다. 인류의 조상들은 야외 활동 중에서 날카롭고 견고한 재질의 물체가 나무를 자를 수 있고 뾰족한 나뭇가지가 짐승을 찔러 죽일 수 있다는 사실을 목격함으로써 경험을 가지게 되었다. 그 경험은 현물을 모방하여 견고한 돌이나 나무로 도끼 또는 창을 만들게 되었다. 진정한 사유는 도구 제작에서 시작된 것이 아니라 생명 보존 법칙에 따른 먹잇감 확보에서 첫발을 내디뎠다. 먹잇감인 짐승을 포획할 때 추격 방법을 사용할지 숲속에 잠복했다가 갑자기 나타나 돌이나 몽둥이로 때려잡을지, 사방으로 몰아서 포위할지, 아니면 구덩이를 파 안에 빠뜨려 잡을지, 넝쿨 올가미 같은 것을 사용할지를 생각하거나 기획하는 것이야말로 명실상부한 사유라고 할 수 있다. 한 걸음 더 나아가 출산의 신비, 죽음에 대해 의문이 들어 왜라는 질문을 던지고 답할 때 사유는 드디어 발동한다. 예를 들어 맏아들은 장성했으나 죽지 않았는데 둘째 아들은 태어난 지 얼마 되지 않아 죽었다면 원시인류인 엄마는 자식의 죽음에 대해 아쉬워하고 원망하고 의문을 가질 것이다. 인류의 이런 사유가 시간이 흐르며 축적되고 깊어 지면서 결국에는 무속과 종교가 생성되었던 것이다. 물론 그에 대한 사유는 먼저 존재했

[사진 38] 로댕의 <생각하는 사람>(왼쪽). 사유는 언어를 활용할 수 있는 최상의 기능이다. 언어적 사유가 있음으로 하여 감각 정보에 대한 해석이 가능하게 되었고 생각과 의미를 타인에게 전달할 수 있게 되었다. 사유는 인간을 동물과 구별 짓는 결정적인 경계선 역할을 한다. 또한 원시 의식인 원유의 이미지 사유에 언어가 개입하면서 한 단계 높은 은유로 진화하게 되었다.

으나 무속이나 종교는 언어가 생성한 뒤에 나타났을 것이다.

이처럼 사유는 언어가 없이도 수행이 가능한데 왜 하필 언어가 필요해졌을까? 언어는 어떤 면 때문에 사유에 없어서는 안 될 중요한 요소로 부상했을까? 언어가 사용되었을 때의 사유와 언어가 배제된 상황에서의 사유가 동일하다면 인간은 절대로 언어를 삶에 받아들이지 않았을 것이다. 그럼에도 일부 학자들은 언어 내부에 존재하는 특징이 무無언어 사유의 특징과 동일하다고 주장한다. 심지어 루돌프 아른하임(Rudolf Arnheim) 같은 학자는 언어가 사유 기능을 가질 수 있게 된 이유를 시각 이미지와 같은 외부 이미지를 포함하고 있기 때문이라고 주장한다. 언어가 시각 이미지를 가졌기 때문에 사유가 가능하다면 구태여 언어를 사용할 필요 없이 그냥 시각 이미지로 사유하면 더 편리할 것이다. 인류가 시각 이미지가 있음에도 불구하고 똑같은 이미지를 가진 언어를 군더더기처럼 사용하는 데에는 반드시 그럴만한 이유가 존재할 것이다. 적어도 나는 그렇게 생각한다. 그렇지 않으면 동일한 구조와 기능을 가진 두 개의 중복된 시스템을 번거롭게 사용할 만큼 어리석은 인간이 아니기 때문이다. 언어에는 무언어 사유에는 없는 혹은 그것과는 다른 무언가가 반드시 있을 것이다.

개념은 지각적 이미지이며, 사유 활동은 그러한 이미지들을 파악하고 처리하는 것이다.

언어가 하나의 완전한 지각 형상(청각적, 운동 감각적, 시각적)의 집합체인 이상 그것이 구조적 특징에 대한 인간의 파악에 도대체 어느 정도 기여하는가 하는 점을 묻지 않을 수 없다.

우리는 사유가 보다 적합한 매개체—시각적 이미지—의 도움을 받아 진행되며 언어가 창조적 사유에 도움이 되는 이유는 사유가 전개될 때 그 이미지를 제공할 수 있기 때문이라고 생각한다.

사유 활동에서 시각적 이미지가 일종의 훨씬 더 고급적인 매개체가 되는 것은 그것이 주로 물체, 사건, 관계의 모든 특성에 대해 구조적 등가물(또는 동일한 사물)을 제공할 수 있기 때문이다.

많은 사유 활동과 문제 해결 활동은 직관적 인식(또는 직관적 인식을 통해) 속에서 진행된다. 언어는 일종의 음성이나 부호로 조성된 지각 매개체이며 그 자체는 다만 몇 가지 종류의 사유 성분에 형태를 부여할 뿐이라는 사실이 증명되었다.[21]

21　『视觉思维』鲁道夫·阿恩海姆著. 腾守尧译. 四川人民出版社. 2019. 6. p.283. 概念是一种知觉意象, 思维活动就是把握和处理这样一些意象。p.286. 既然语言是一整套知觉形状(听觉的, 动觉的, 视觉的)的集合, 我们就要问一问, 它究竟在多大程度上使人类对于结构特征的把握做出贡献？pp.288~289. 我们认为, 思维是借助于一种更加合适的媒介---视觉意象---进行的, 而语言之所以对创造性思维有所帮助, 就在于它能在思维展开时把这种意象提供出来。在思维活动中, 视觉意象之所以是一种更加高级地多的媒介, 主要是由于它能为物体、事件和关系的全部特征提供结构等同物(或同物体)。pp.291, 300. 大量的思维活动和解题活动都是在直觉认识(或通过直觉认识)中进行的。事实证明, 语言是一种由声音或符号组成的知觉媒介, 它本身只能为很少几种思维成分赋予形状。

저자는 "언어가 지각 형상의 집합체"이며 또 지각(시각) 이미지는 곧 언어적 개념이라고 주장하지만 내가 보기에는 언어가 표현하는 대상 즉 사물 이미지와 언어 이미지는 동일하지 않다. 지각 또는 시각 이미지는 개별적, 구체적, 현실적인 데 반해 언어가 표시하는 대상 이미지는 일반적, 추상적, 비현실적이다. 산이나 강, 돌의 경우 지각 이미지에서는 대상이 구체적이고 개별적이지만 단어의 경우 산의 이미지는 여러 가지 모양을 가진 세상의 수많은 산을 모두 포섭하고 융합하는 일반적이고 추상적인, 즉 여러 이미지가 하나로 압축된 특수한 형태의 이미지 개념이다. 청각도 마찬가지다. 이러한 개념으로 사유하면 추상적이고 일반적이며 개개의 이미지들을 초월함으로써 사유 속도가 빠르다. 뿐만 아니라 중요한 특징은 지각적 이미지에는 의미가 없다. 눈에 보이는 그대로가 전부다. 산은 개별적인 산, 강은 개별적인 강일 뿐이다. 반면 언어적 이미지는 의미가 첨부되면서 개념이 된다. 산은 기억 속의 형상 외에도 "평지보다 썩 높이 솟아 있는 땅덩이"라는 개념적인 의미가 추가된다. 그리고 재생된 기억 속의 지각 이미지는 본 것에만 한정되고 개별적, 구체적이라면 재생된 기억 속의 언어 이미지는 의미의 압축이 풀리며 여러 가지 이미지가 동시에 노출될 뿐만 아니라 그 개념에 기대어 새로운 이미지가 생성되기도 한다. 이 지점이 바로 문학과 미술이 탄생하는 자궁 역할을 한다. 단어의 의미 때문에 미술에서 여러 가지 형태의 산이 화폭에 창조된다. 언어의 일반적인 개념이 내포하고 있는 추상성은 예술 창작에 필요한 무한한 상상의 공간을 제공한다. 한 가지 더 보태자면 언어에는 아예 이미지가 없지만 버젓이 존재하는 단어도 존재한다. 예를 들면 공기, 바람, 타자의 마음, 신神, 시간, 피와 같은 개념들이다. 공기나 바람의 경우 눈에 보이지 않아 시각적 이미지는 존재하지 않는데도 언어에는 표현이 존재한다는 말이다. 특히 신의 경우에는 시각적 이미지에는 포착되지 않음에도 언어 때문에 그 존재감이 지금까지도 종교나 무속을 통해 명을 유지하고 있다. 언어의 이러한 차이를 무시하지 않고서는 언어가 시각적 이미지와 동일하게 사유할 수 있다는 주장 같은 건 나오지 않을 것이다.

시각 또는 형상적 사유의 귀납법이 다양한 감각 경험들의 공통점과 차이점에서 기초적인 판단을 유도한다면 언어적 개념 사유의 연역법은 귀납에서 얻은 기호 명제에서 논리적 절차를 밟아 결론을 도출한다. 전자의 경우는 질료적 해석으로서 비교를 통해 단어의 물질적 생성의 기원(다리-강물을 건너기 위해 만든 건축물)을 도출해 내며 후자의 경우는 추상적 해석으로서 물질적 생성의 기원과 현존 상황 또는 행위와의 차이 또는 유사성(정의-사회나 공동체를 위한 옳고 바른 도리)이라는 개념의 원초적 생성의 기원을 추리해 낸다. 우리는 물에 빠진 노인을 건지려다가 숨진 젊은이의 행위를 타인을 위한 희생이 정의라는 약속된 개념과 지금의 상황을 대비하여 의로운 행동이라고 판단한다.

나는 언어적 또는 개념적 사유에는 다섯 가지 방식이 존재한다고 생각한다. 이 다섯 가지 방식은 매번 구체적인 상황에 따라 그 내용과 의미가 달라진다.

1. 언어가 지칭할 사물 또는 현상의 특징을 의미화하기

2. 약속된 언어(단어)의 의미를 이해하고 수정하기

3. 약속된 언어의 의미와 현재의 상황 또는 사건과 비교하여 행위를 할지 말지를 결정하며 공통점과 차이에서 후자가 속한 영역을 확인하기

4. 여러 가지 이유로 단어를 교체하여 은유를 만들거나 교체된 단어가 생성한 은유의 원본 의미를 밝혀내기

5. 자연의 일상적인 현상을 통해 그것과 관련된 자연의 법칙을 발견하기(사과가 떨어진 것에서 만유인력의 법칙을 발견한 경우가 그렇다.)

이 모든 사유 방법의 최종 정확도는 언어가 표현하려는 대상 즉 질료적 사물 또는 현상과 언어와의 사이를 벌려 놓는 차이를 좁히고 양자 간 유사성의 근사치를 높이는 것이다. 여기서 반드시 한 가지 짚고 넘어가야 할 것은 은유의 문제에 대해서다. 은유의 탄생은 언어의 개념이 가지고 있는 다양한 개별적 현상들을 압축하고 녹여서 다시 합성한 그 포괄적 이미지들의 공존 때문에 가능해진다. 압축된 여러 가지 이미지들의 포괄성으로 인해 은유의 원천인 교체될 단어가 미리 다양하게 준비되어 있고 사유의 소환에 부응하기 위해 항상 대기하고 있는 것이다. 시각 정보를 비롯한 지각적 이미지가 은유를 생성하지 못하는 이유는 바로 그것의 개별적 단일성 때문이다. 부분적 측면에서의 의미는 유사하지만 부동한 단어의 교체를 통해 싹트는 은유이기에 단일 이미지밖에 없는 지각 이미지로는 교체가 가능한 잉여 이미지가 대기하고 있지 않기 때문이다. 그런 의미에서 이미지에 더하여 의미를 부여

받은 언어가 없으면 문학도 미술도 철학도 당연히 존재할 수 없다. 철학과 예술은 은유의 천당이다.

> 은유는 일련의 '해석 가능한 모순' 현상, 즉 단어의 의미가 부정확한 일종의 형식이다. 단어의 의미가 확실하지 않은 이러한 형식은 의도적으로 단어의 의미 조합 규칙을 위반했기 때문에 발생한다.
> 은유는 결합에 대한 제한을 없애고 포괄적이고 색채가 선명하지 않으며 다양한 유형의 주체를 통합할 수 있는 술어를 만들어 낸다.
> 은유는 이성적 세계에서 본질적으로 언어에 속하지 않는(수사적 추가 의미를 제외하면), 흔히 단어의 부가적 의미로 불리는 그 영역을 활용하여 논리적 개념 객체와 물체의 종류에 관한 개념 객체 사이의 차이를 구성하기를 좋아한다.[22]

단어의 의미가 부정확하고 확실하지도 않다는 말은 단어가 품고 있는 의미 중에 여러 가지 개별적 현상들이 녹아서 하나로 압축된 것들도 포함되어 있기 때문이다. 속된 표현으로 경우에 따라서는 이것도 되고 저것도 될 수 있다는 뜻이다. 이것 때문에 서로 다르지만 이미 개

---

22 『语言与人的世界(上)』 Н. Д. 阿鲁玖诺娃著. 赵爱国,李洪儒译. 北京大学出版社. 2012. 12. p.298. 隐喻被看作是一系列'可阐释的悖异'现象, 即是语义不正确的一种形式, 这种不正确形式的产生是因为有意违反词汇意义组合的规律。 p.303. "隐喻取消了对搭配性的限制, 使得可以创造出概括性的,色彩不鲜明地,可以联合不同类型主体的述谓词。 p.308. 隐喻喜欢利用理性世界中实质上不属于语言的(如果抛开修辞性附加意义的话),通常被称作词的附加意义的那个区域, 构成逻辑概念客体与关于物体类别概念客体之间的差异。

념 속에 포함된 여러 가지 의미 중에서 어느 한 가지에서 유사성을 가지고 있는 다른 단어들이 언어 조합 규칙을 위반하면서까지도 교체될 수 있는 것이다. 의도적으로 단어의 의미 조합 규칙을 위반했다 함은 다름 아니라 유사한 의미를 가진 단어로 원래 단어가 교체되었음을 의미한다. 단어 교체는 그것으로 끝나는 것이 아니라 곧바로 의미의 교체로 전환된다. 물론 그 출발점은 달라지지 않는다. 아마 인간에게 언어가 없었더라면, 지각만 존재했더라면 비록 이미지는 있다고 쳐도 문학예술이나 철학 같은 인문학은 문명 사회에 태어나지조차 않았을 것이다. 이 하나의 조건만으로도 언어가 창제된 이유가 충분하다는 걸 알 수 있을 것이다. 결국 일종의 특이한 기능을 가지고 있는 언어의 덕분에 사유의 영역이나 지평은 훨씬 넓어졌으며 추상적 깊이도 진리를 향해 더 들어갔다고 단언할 수 있다. 총적으로 언어는 비록 인간의 사유에 반드시 전제되어야 하는 필수 기능은 아니더라도 결코 없어서는 안 될 만큼 중요한 역할을 담당하는 시스템이라고 할 수 있다. 이렇게 보면 언어는 원시 의식이 아닌 진화 의식임이 분명하다는 것을 알 수 있다. 그것은 진화 의식을 주관하는 대뇌피질이 전제되는 한에서만 비로소 생성이 가능하다. 왜냐하면 언어의 발음 측면과 음성 측면은 뇌가 아닌 구강과 청각 부위에서 기억하지만 의미는 오로지 뇌의 브로카 영역에서만 컨트롤이 가능하기 때문이다. 언어는 소리이며 물리적 발화이지만 동시에 정신적 또는 추상적인 의미이기도 하기 때문이다. 그런데 발음 기관과 청각 부분에서는 의미를 기억할 수 있는 해당 기능이 없다. 반대로 뇌에는 발음과 음성을 기억하는 기능이 별도로 존재하지 않는다.

원시 의식과 진화 의식에 대한 담론은 아쉽지만 여기서 마침표를 찍으려고 한다. 우리는 지금까지 구체적인 논리적 검토를 통해 의식 및 뇌와 관련된 거의 모든 심리학 분야에 대해 두루 점검해 보았다. 나는 이 책의 담론을 통해 뇌가 인체의 물질적, 정신적인 모든 것을 지배하는 신적 존재가 아니며, 뇌의 특정한 해석 기능이 미치지 못하는 몸과 일부 정신 현상들은 원시 의식에 의해 컨트롤된다는 새로운 과학적 진실을 제시했다. 그리고 한 걸음 더 나아가 원시 의식은 생명 최초에 체내에 설계된 생명 보존 법칙의 시스템에 종속된다는 견해도 피력했다. 아울러 심리학에서 빼놓을 수 없는 감각, 감정, 마음, 욕망, 꿈, 상상에 대해서도 나만의 독특한 주장을 첨부하여 취급했다.

책의 내용을 인내심 있게 끝까지 읽어 주신 독자 여러분들에게 감사의 인사를 드린다.

원시 의식과 진화 의식

초판 1쇄 발행일 2024년 11월 25일

지은이 장혜영

펴낸이 박영희
편　집 조은별
디자인 김수현
마케팅 김유미
인쇄·제본 제삼인쇄

펴낸곳 도서출판 어문학사
주　소 시울특별시 토봉구 해릉도 357 나녀올카쿤너 1승
대표전화 02-998-0094　**편집부1** 02-998-2267　**편집부2** 02-998-2269
홈페이지 www.amhbook.com
e-mail am@amhbook.com
등　록 2004년 7월 26일 제2009-2호

X(트위터) @with_amhbook
인스타그램 amhbook
페이스북 www.facebook.com/amhbook
블로그 blog.naver.com/amhbook

ISBN 979-11-6905-036-4(93470)
정　가 20,000원